B.I.-Hochschultaschenbücher
Band 138

D1723245

Mathematik
für Studienanfänger

Herausgegeben von
Heinrich Behnke
Detlef Laugwitz

Einführung in die Algebra

von
Prof. Dr. Egon Joachim
Pädagogische Hochschule Kiel
2. Auflage

Bibliographisches Institut Mannheim/Wien/Zürich
B. I.-Wissenschaftsverlag

CIP-Kurztitelaufnahme der Deutschen Bibliothek

Joachim, Egon:
Einführung in die Algebra / von Egon Joachim. –
2. Aufl. – Mannheim, Wien, Zürich: Bibliographisches Institut, 1980.
  (BI-Hochschultaschenbücher; Bd. 138: Mathematik für Studienanfänger)
  ISBN 3-411-05138-8

© Bibliographisches Institut AG, Mannheim 1980
Druck und Bindearbeit: Hain-Druck KG, Meisenheim/Glan
Printed in Germany
ISBN 3-411-05138-8

Inhalt

Meiner lieben Frau gewidmet

Vorwort

Das für Studenten der Anfangssemester gedachte Lehrbuch setzt sich zur Aufgabe, einen Einblick in die Algebra unter modernen Gesichtspunkten zu geben.

Nach einem Abriß der Mengenlehre werden in einem Kapitel, das eine Art Schlüsselstellung einnimmt, die allgemeinen algebraischen Strukturen eingeführt, denen sich die spezielleren Strukturen der Gruppen, Ringe und Körper unterordnen. Diese Methode entspricht dem Vorgehen in dem grundlegenden Werk von N. Bourbaki [2] (Zahlen in eckigen Klammern weisen auf das Literaturverzeichnis hin), dessen Terminologie wir uns im übrigen weitgehend anschließen. Die Vektorräume (lineare Algebra) werden nur insoweit behandelt, als sie für die anschließende Körpertheorie gebraucht werden, die bis zur Theorie von Galois hinführt. Auch Fragen der (algebraischen) Zahlentheorie werden in diesem Zusammenhang angesprochen. Den Abschluß bildet ein Kapitel über geordnete algebraische Strukturen.

Um den Überblick zu wahren, werden im Haupttext nur die wichtigsten Tatsachen aufgenommen. Die in der Überschrift mit einem Stern versehenen Abschnitte können überdies beim ersten Studium übergangen werden und sind für das Verständnis der nachfolgenden Abschnitte ohne Stern nicht von Bedeutung. In dem ausführlich gehaltenen Aufgabenteil befinden sich neben leichten bis mittelschweren Aufgaben (die möglichst zusammen mit den entsprechenden Stellen des Haupttextes durchgearbeitet werden sollen) schwierigere Aufgaben (mit einem Stern gekennzeichnet) und eine Reihe von ergänzenden Aufgaben (mit zwei Sternen gekennzeichnet), so daß sich, wenn man alles berücksichtigt, der Stoff inhaltlich einer Algebravorlesung mittlerer Semester annähert. Im Anhang werden die Lösungen sämtlicher Aufgaben angegeben.

Die vorliegende Darstellung entstand aus meiner Arbeit an der Technischen Hochschule Aachen und der Pädagogischen Hochschule Rheinland, Abteilung Neuss. An dieser Stelle möchte ich auch die

Bonner Vorlesungen (zu Anfang der sechziger Jahre) meines verehrten Lehrers, Herrn Prof. Dr. Dr. h. c. W. Krull, anführen, die mir in lebhafter Erinnerung sind und in denen mein Interesse an der Algebra geweckt wurde. Besonderen Dank schulde ich den Herren Prof. Dr. K. Honnefelder und Oberschulrat a. D. P. Knabe, die das Manuskript durchgesehen und viele wertvolle Ratschläge gegeben haben. In der vorliegenden Neuauflage wurden einige kleinere Druckfehler und Unstimmigkeiten berichtigt.

Koblenz, März 1980

Egon Joachim

I. MENGENLEHRE

1. Mengen

Um die Darstellung weitgehend unabhängig lesbar zu halten, beginnen wir mit einer Schilderung der Grundbegriffe der Mengenlehre. Hierbei nehmen wir den sogenannten „naiven" Standpunkt ein, d. h., wir geben für den Begriff der Menge die auf Cantor (1845–1918) zurückgehende, mehr beschreibende Definition an, die für die Zwecke der Algebra voll ausreicht. In der reinen Mengentheorie käme man allerdings in Schwierigkeiten, da dann Begriffe wie etwa „die Menge aller Mengen" zugelassen wären, die zu Widersprüchen führen („Antinomien" der Mengenlehre).

Gehen wir von der Anschauung aus und denken an eine Schale voll Obst, so können wir von der *Menge* oder der *Gesamtheit* (wir verwenden beide Worte gleichbedeutend) der Früchte darin sprechen. Diese nennen wir die *Elemente* der Menge.

Man kann die Menge aller Studenten in einem Hörsaal bilden. Alle Studenten, die sich in dem betrachteten Hörsaal befinden, sind Elemente der Menge.

Die Figuren auf einem Schachbrett können ebenfalls zu einer Menge zusammengefaßt werden, deren Elemente eben diese Figuren sind.

Definition 1. *Eine Menge M ist die Zusammenfassung von wohlbestimmten und wohlunterschiedenen Objekten zu einem Ganzen. Gehört ein Objekt x zu M, so sagt man, x ist ein Element von M, in Zeichen: $x \in M$ (gehört x nicht zu M, so schreibt man: $x \notin M$).*

Wir setzen die Zahlen und ihre elementaren Eigenschaften wie z. B. Teilbarkeit und Ordnungsbeziehungen voraus. Bekanntlich kann man, ausgehend von den natürlichen Zahlen, die verschiedenen Zahlbereiche konstruktiv aufbauen, worauf wir nicht näher eingehen (wir verweisen etwa auf [22] und [24]). Die Zahlen liefern uns wiederum viele Beispiele von Mengen.

Für ihre Gesamtheiten wollen wir einige im ganzen Buch einheitliche Symbole einführen. $\mathbb{N}$ bezeichne die Menge der natürlichen Zahlen (beginnend mit 1), $\mathbb{Z}$ die Menge der ganzen, $\mathbb{Q}$ die Menge der gebrochenen oder rationalen Zahlen ($\mathbb{Q}$ soll an Quotient erinnern), $\mathbb{R}$ die Menge der reellen und $\mathbb{C}$ die Menge der komplexen Zahlen. Dabei ist die Kenntnis von $\mathbb{C}$ für das Folgende nicht von Bedeutung. Wir kommen erst in Kapitel VI darauf zurück.

Wir können jetzt etwa schreiben: $1 \in \mathbb{N}$, $7 \in \mathbb{N}$, $-2 \notin \mathbb{N}$, $\frac{1}{2} \in \mathbb{Q}$, $\frac{1}{2} \notin \mathbb{Z}$, $\sqrt{3} \in \mathbb{R}$, $\sqrt{3} \notin \mathbb{Q}$.

Wenn wir eine Menge durch die Angabe ihrer Elemente kennzeichnen wollen, so verfahren wir folgendermaßen: $\{1, 2, 3\}$ bezeichnet die aus den Zahlen 1, 2 und 3 bestehende Menge. Genauso bildet man: $\{-1, -2\}$ oder $\{1, 4, 9, 16\}$, die Mengen, bestehend aus -1 und -2 bzw. aus den ersten vier natürlichen Quadratzahlen.

Die Klammerschreibweise benutzt man auch, wenn man eine Menge durch eine Eigenschaft charakterisiert. $\{x \mid x \in \mathbb{N}$ und x ist teilbar durch $4\}$ bezeichnet die Menge der natürlichen Zahlen, die durch 4 teilbar sind, also die Zahlen 4, 8, 12 usw. Wir schreiben diese Menge auch kürzer: $\{x \in \mathbb{N} \mid x$ ist teilbar durch $4\}$. Ein weiteres Beispiel ist $\{x \in \mathbb{R} \mid x^2 > 2\}$, die Menge der reellen Zahlen, deren Quadrat größer als 2 ist, oder $\{x \in \mathbb{R} \mid x > 0\}$, die Menge der positiven reellen Zahlen.

Wir wollen zwei Dinge hervorheben, die sich aus der Definition der Menge ergeben. Erstens muß von einer Menge feststehen, welche Objekte zu ihr gehören und welche nicht. Das ergibt sich aus der Bedeutung des Wortes *wohlbestimmt*. Geht man noch einmal die Beispiele durch, so sieht man, daß dies immer der Fall war. Zum Beispiel gehören alle natürlichen Zahlen zu $\mathbb{N}$ und keine anderen Zahlen oder sonstigen Dinge, und eine reelle Zahl gehört zu $\{x \in \mathbb{R} \mid x > 0\}$, wenn sie positiv ist, sonst nicht.

Zweitens dürfen in einer Menge nicht zwei Elemente doppelt vorkommen, die Elemente sollen *wohlunterschieden* sein. Das heißt, $\{1, 2, 2, 3\}$ bezeichnet formal keine Menge, wohl aber $\{1, 2, 3\}$.

Gehen wir von den beiden Mengen $\{1, 2, 3\}$ und $\mathbb{N}$ aus, so können wir sagen, jedes Element der ersten ist auch Element der zweiten Menge. Diese Situation wollen wir besonders kennzeichnen.

Definition 2. *Eine Menge M_1 heißt Teilmenge einer Menge M_2, in Zeichen: $M_1 \subseteq M_2$, wenn jedes Element von M_1 ebenfalls Element von M_2 ist.*

Zwei Mengen M_1 und M_2 heißen gleich: $M_1 = M_2$, wenn $M_1 \subseteq M_2$ und $M_2 \subseteq M_1$ gilt.

In der Definition müßte es eigentlich heißen „genau dann, wenn". Um den Text nicht zu schwerfällig zu gestalten, bedienen wir uns der vom logischen Standpunkt aus gesehen lässigen Formulierung bei Definitionen.

Wir führen noch die Bezeichnung ein: $M_1 \subset M_2$ (*echte* Teilmenge) soll heißen, M_1 ist Teilmenge von M_2, aber $M_1 \neq M_2$.

Damit können wir schreiben: $\{1, 2\} \subseteq \{1, 2, 3, 4\}$, $\{1, 2\} \subseteq \{1, 2, 3, 4\}$, $\{x \in \mathbb{N} \mid x$ ist teilbar durch $6\} \subseteq \{x \in \mathbb{N} \mid x$ ist teilbar durch $2\}$, $\mathbb{N} = \{x \mid x \in \mathbb{N}\}$, $\mathbb{N} \subseteq \mathbb{Z} \subseteq \mathbb{Q} \subseteq \mathbb{R} \subseteq \mathbb{C}$.

Wir kommen jetzt auf eine besonders „wichtige" Menge zu sprechen. Dazu denken wir an das Beispiel des Schachspiels zurück und stellen uns vor, daß sich keine Figur auf dem Brett befindet. Dann ist die Menge der Figuren auf dem Brett „leer".

Definition 3. *Die leere Menge ist diejenige Menge, die kein Element enthält. Sie wird mit dem Symbol Ø bezeichnet.*

Aufgrund der Definition ist die leere Menge Teilmenge einer jeden Menge M: $\emptyset \subseteq M$. Da sie kein Element enthält, trifft nämlich Definition 2 zu. Sieht man diesen Schluß als logisch unzureichend an, so kann man die Eigenschaft mit in die Definition aufnehmen. Die Bedeutung der leeren Menge besteht darin, daß durch sie die im folgenden besprochenen Mengenoperationen immer ausführbar sind. Betrachtet man von zwei Mengen die Gesamtheit derjenigen Elemente, die zu beiden gehören, so gelangt man zu einer neuen Menge. Hier haben wir bereits ein erstes Beispiel einer Mengenoperation vor uns.

Definition 4. M_1 *und* M_2 *seien gegebene Mengen.*

a) *Unter dem Durchschnitt* $M_1 \cap M_2$ *von* M_1 *und* M_2 *versteht man die Gesamtheit derjenigen Elemente, die zu* M_1 *und* M_2 *gehören, d. h.*

$$M_1 \cap M_2 = \{x \mid x \in M_1 \text{ und } x \in M_2\} \text{ (Fig. 1)}.$$

b) *Unter der Vereinigung* $M_1 \cup M_2$ *von* M_1 *und* M_2 *verstehen wir die Gesamtheit derjenigen Elemente, die in* M_1 *oder* M_2 *vorkommen, d. h.*

$$M_1 \cup M_2 = \{x \mid x \in M_1 \text{ oder } x \in M_2\} \text{ (Fig. 2)}.$$

c) *Unter der Differenzmenge* $M_1 - M_2$ *versteht man die Gesamtheit der Elemente von* M_1*, die nicht zu* M_2 *gehören, d. h.*

$$M_1 - M_2 = \{x \mid x \in M_1 \text{ und } x \notin M_2\} \text{ (Fig. 4)}.$$

Zu b) bemerken wir noch, daß hier das nicht-ausschließende „oder" gemeint ist, d. h., ein Element $x \in M_1 \cup M_2$ muß mindestens in einer der Mengen M_1 und M_2 vorkommen, es kann in beiden enthalten sein.

Beispiele:

1. $\{1, 2, 3\} \cap \{3, 4, 5\} = \{3\}$, $\{1, 2, 3\} \cap \{4, 5\} = \emptyset$, $\{x \in \mathbb{Z} \mid x \text{ ist teilbar durch } 4\} \cap \{x \in \mathbb{Z} \mid x \text{ ist teilbar durch } 6\} = \{x \in \mathbb{Z} \mid x \text{ ist teilbar durch } 12\}$, $\mathbb{Q} \cap \mathbb{N} = \mathbb{N}$.

2. $\{1, 2\} \cup \{3\} = \{1, 2, 3\}$, $\{1, 2\} \cup \emptyset = \{1, 2\}$, $\{x \in \mathbb{Z} \mid x \text{ ist teilbar durch } 4\} \cup \{x \in \mathbb{Z} \mid x \text{ ist teilbar durch } 6\} = \{x \in \mathbb{Z} \mid x \text{ ist teilbar durch } 2\}$, $\mathbb{Q} \cup \mathbb{N} = \mathbb{Q}$.

3. $\{1, 2, 3, 4, 5\} - \{1, 2, 3\} = \{4, 5\}$, $\{1\} - \{1\} = \emptyset$, $\{1\} - \{1, 2\} = \emptyset$.

Für die in Definition 3 auftretenden Symbole ∩ und ∪ gelten eine Reihe von Regeln:

Satz 1. *Für Mengen M, M_1, M_2 und M_3 gilt:*

a) $M \cap M = M$, $M_1 \cap M_2 = M_2 \cap M_1$,
$M_1 \cap (M_2 \cap M_3) = (M_1 \cap M_2) \cap M_3$

b) $M \cup M = M$, $M_1 \cup M_2 = M_2 \cup M_1$, $M_1 \cup (M_2 \cup M_3)$
$= (M_1 \cup M_2) \cup M_3$

c) $M_1 \cap (M_2 \cup M_3) = (M_1 \cap M_2) \cup (M_1 \cap M_3)$,
$M_1 \cup (M_2 \cap M_3) = (M_1 \cup M_2) \cap (M_1 \cup M_3)$

Wir zeigen zwei dieser Gesetze (Beweis der übrigen als Aufgabe 3) und kommen dabei allgemein auf den Beweis der Gleichheit zweier Mengen M_1 und M_2 zu sprechen. Gemäß Definition 2 wählt man im ersten Schritt ein beliebiges Element aus M_1 und zeigt, daß es auch in M_2 enthalten ist. Dann zeigt man das Umgekehrte. Manchmal kann man die Aussagen äquivalent umformen wie im

Beweis von $M_1 \cap M_2 = M_2 \cap M_1$. $x \in M_1 \cap M_2$ ist gleichwertig mit $x \in M_1$ und $x \in M_2$, dies mit $x \in M_2$ und $x \in M_1$, dies wiederum mit $x \in M_2 \cap M_1$, w. z. b. w. (Abkürzung für: was zu beweisen war).

Beweis von $M_1 \cap (M_2 \cup M_3) = (M_1 \cap M_2) \cup (M_1 \cap M_3)$.
Sei $x \in M_1 \cap (M_2 \cup M_3)$. Dann folgt: $x \in M_1$ und $x \in M_2 \cup M_3$, hieraus: $x \in M_1$ und ($x \in M_2$ oder $x \in M_3$), dann: ($x \in M_1$ und $x \in M_2$) oder ($x \in M_2$ und $x \in M_3$), dann: $x \in M_1 \cap M_2$ oder $x \in M_2 \cap M_3$, zuletzt: $x \in (M_1 \cap M_2) \cup (M_1 \cap M_3)$. Durch Rückwärtslesen ergibt sich der Beweis der Gegenrichtung.

Neben Zahlenmengen kann man auch Punktmengen der Ebene als Beispiele für Mengen heranziehen. Letztere eignen sich besonders zur Veranschaulichung der Begriffsbildungen von Definition 3 und der Regeln im Satz 1.

Die schraffierten Gebiete geben die Durchschnitts- bzw. die Vereinigungsmenge an. Die zuletzt bewiesene Regel kann dann so veranschaulicht werden (Fig. 3):

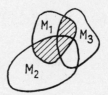

Fig. 1: $M_1 \cap M_2$ Fig. 2: $M_1 \cup M_2$ Fig. 3   Fig. 4: $M_1 - M_2$

Aufgaben

1. Bestimme:

   a) $\{1, 2, 3\} \cap \{2, 5\}$ b) $\{1, 2, 3\} \cup \{2, 5\}$

   c) $(\{1, 2, 3, 7\} \cup \{4, 7\}) \cap \{2, 3\}$ d) $(\{1, 2, 3, 7\} \cap \{4, 7\}) \cup \{2, 3\}$

   e) $\{1, 2, 4\} - (\{1, 2, 4\} - \{1, 2, 7, 8\})$ f) $\{x \in \mathbb{R} \mid x^2 + 7x + 6 = 0\}$

   g) $\{x \in \mathbb{R} \mid x^2 - 9 = 0\} \cap \mathbb{N}$

2. Für Mengen A und B zeige:

   a) $A \cap B = A - (A - B)$

   b) $A \subseteq B$ ist gleichwertig mit $A \cap B = A$

   c) $B \subseteq A$ ist gleichwertig mit $A \cup B = A$

   Verwende jeweils Veranschaulichungen durch ebene Punktmengen.

3. Beweise die im Text nichtbewiesenen Regeln von Satz 1 und betrachte entsprechende ebene Punktmengen.

4. In einer gegebenen Menge M betrachte die Gesamtheit aller Teilmengen von M. Die so entstandene neue Menge nennt man die
   Potenzmenge von M, Bezeichnung: $\mathfrak{P}$ (M). Ihre Elemente stellen
   also wiederum Mengen dar.

   Bestimme die Potenzmenge für:

   a) $M = \emptyset$ b) $M = \{2\}$ c) $M = \{1, 2\}$

   d) $M = \{2, 3, 4\}$ e) $M = \{1, 2, 6, 7\}$

5*. Aus wieviel Elementen besteht die Potenzmenge einer Menge M,
   die n Elemente enthält? Beweise die Antwort durch vollständige
   Induktion über n. (Das Beweisprinzip der vollständigen Induktion
   setzen wir ebenso wie die übrigen Eigenschaften der natürlichen
   Zahlen als bekannt voraus.)

6*. Es sei eine Gesamtheit von Mengen M_i gegeben, die durch eine
   Indexmenge I indiziert werde. Entsprechend Definition 4 verstehen
   wir unter dem *Durchschnitt* $\bigcap\limits_{i \in I} M_i$ der M_i, $i \in I$, die Menge derjenigen Elemente, die in jedem der M_i enthalten sind:

   $$\bigcap\limits_{i \in I} M_i = \{\, x \mid x \in M_i \text{ für alle } i \in I \,\},$$

   und unter der *Vereinigung* $\bigcup\limits_{i \in I} M_i$ der M_i, $i \in I$, die Menge derjenigen Elemente, die in (mindestens) einem der M_i enthalten
   sind:

   $$\bigcup\limits_{i \in I} M_i = \{x \mid x \in M_i \text{ für ein } i \in I\}.$$

Ist $I = \{1, \ldots, n\}$, so vereinbaren wir auch die Schreibweisen:
$$\bigcap_{i=1}^{n} M_i = M_1 \cap \ldots \cap M_n \quad \text{und} \quad \bigcup_{i=1}^{n} M_i = M_1 \cup \ldots \cup M_n.$$

Zeige, daß bei einer weiteren gegebenen Menge M in Verallgemeinerung von Satz 1. c gilt:

a) $M \cap \left(\bigcup_{i \in I} M_i \right) = \bigcup_{i \in I} (M \cap M_i)$

b) $M \cup \left(\bigcap_{i \in I} M_i \right) = \bigcap_{i \in I} (M \cup M_i)$

Für $I = \{1, \ldots, n\}$ ergeben sich damit speziell die Formeln:
$$M \cap (M_1 \cup \ldots \cup M_n) = (M \cap M_1) \cup \ldots \cup (M \cap M_n),$$
$$M \cup (M_1 \cap \ldots \cap M_n) = (M \cup M_1) \cap \ldots \cap (M \cup M_n).$$

2. Abbildungen

Wir denken uns eine endliche Anzahl von Punkten in der Ebene gegeben: $a_1, \ldots, a_4, b_1, \ldots, b_3$ (Fig. 5) und bilden mit ihnen die Mengen $M_1 = \{a_1, \ldots, a_4\}$ und $M_2 = \{b_1, b_2, b_3\}$.

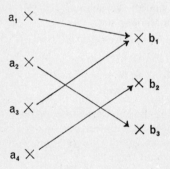

Fig. 5

Wie durch die Pfeile angegeben, ordnen wir jedem Element aus M_1 ein Element aus M_2 zu, wodurch wir eine *Abbildung* von M_1 in M_2 erhalten.

Definition 5. *Unter einer Abbildung (oder Funktion) f von einer Menge M_1 in eine Menge M_2 versteht man eine Vorschrift f, die jedem Element x aus M_1 ein Element y aus M_2 zuordnet. M_1 heißt der Argumentbereich, M_2 der Wertebereich von f und y das Bild von x (unter f).*

Wir führen folgende Symbole ein:
$$f:\ M_1 \to M_2,\ x \to y = f(x).$$

Beispiele:

1. Wie zu Anfang beschrieben, läßt sich bei Mengen, bestehend aus endlich vielen Elementen, eine Abbildung dadurch kennzeichnen, daß man die Bildelemente durch Pfeile angibt.

2. Aus der Schule geläufig sind Abbildungen (Funktionen), die durch eine Abbildungsvorschrift wie z. B. $x^2 + 1$, $\sin x$ usw. gegeben werden. In unserer Schreibweise handelt es sich um Abbildungen $f: \mathbb{R} \to \mathbb{R}$ mit der Zuordnungsvorschrift $x \to x^2 + 1$ bzw. $x \to \sin x$.

3. Einen weiteren Typ von Abbildungen erhält man durch:

   $f: \mathbb{N} \to \mathbb{Q}$, $n \to \dfrac{1}{n}$. Schreibt man die Bilder von $1, 2, 3, \ldots$ hintereinander, so ergibt sich die „Folge" $1, \frac{1}{2}, \frac{1}{3}, \ldots$ Jede beliebige reelle Zahlenfolge $a_1, a_2, \ldots$, läßt sich ebenso als Abbildung $f: \mathbb{N} \to \mathbb{R}$, $n \to a_n$, ansehen.

Definition 6. *$f: M_1 \to M_2$ sei eine Abbildung von M_1 in M_2. f heißt:*

a) *injektiv (oder: eineindeutig), wenn stets aus $x, y \in M_1$, $x \neq y$, folgt $f(x) \neq f(y)$ (m. a. W., wenn für beliebige $x, y \in M_1$ mit $x \neq y$ auch $f(x) \neq f(y)$ gilt),*

b) *surjektiv (oder: f bildet M_1 auf M_2 ab), wenn es zu jedem $y \in M_2$ (mindestens) ein $x \in M_1$ gibt mit $f(x) = y$,*

c) *bijektiv (oder: f bildet M_1 eineindeutig auf M_2 ab), wenn f injektiv und surjektiv ist.*

Die Bedeutung der Definition macht man sich klar, wenn man Beispiele vom Typ 1 heranzieht.

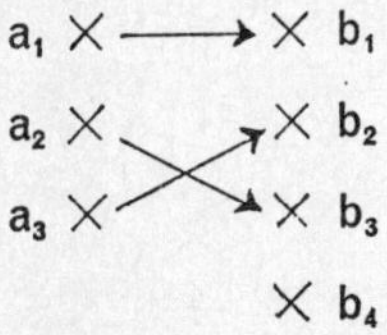

Fig. 6 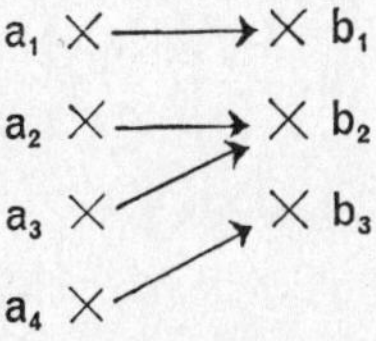   Fig. 7 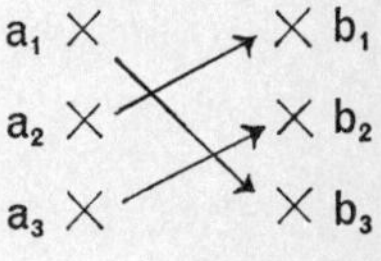   Fig. 8

In den Fig. 6–8 sind die Fälle a)–c) der Reihe nach aufgeführt. Die in Fig. 6 beschriebene Abbildung ist injektiv, denn je zwei verschiedene Punkte a_i haben jeweils verschiedene Bilder (Bildelemente) b_i. Dagegen ist die Abbildung nicht surjektiv, da b_4 nicht Bildpunkt (Bildelement) eines der a_i ist.

In Fig. 7 liegt eine surjektive Abbildung vor, da jedes b_i Bild eines Punktes a_i ist. Die Abbildung ist nicht injektiv, da a_2 und a_3 das gleiche Bild b_2 besitzen.

Schließlich ist die in Fig. 8 dargestellte Abbildung injektiv und surjektiv, d. h. also bijektiv.

Auch die übrigen Abbildungsbeispiele lassen sich unter diesem Aspekt betrachten. Zum Beispiel ist die Funktion x^2 nicht injektiv, denn für ein beliebiges $y \in \mathbb{R}$ mit $y > 0$ gilt $f\left(\sqrt{y}\right) = f\left(-\sqrt{y}\right) = y$, und auch nicht surjektiv, denn zu einem $y \in \mathbb{R}$ mit $y < 0$ gibt es kein $x \in \mathbb{R}$, so daß $f(x) = y$. Die durch die Folge $a_n = \frac{1}{n}$ gegebene Abbildung ist injektiv, denn aus $m \neq n$, $m, n \in \mathbb{N}$, folgt $\frac{1}{m} \neq \frac{1}{n}$.

Kommen wir noch einmal auf das in Fig. 8 dargestellte Beispiel zurück. Indem wir die dort angegebenen Pfeile umkehren, erhalten wir eine neue Abbildung. Sei allgemein eine eineindeutige Abbildung $f : M \to N$ von einer Menge M auf eine Menge N gegeben. Jedes Element y aus N ist Bild eines (und wegen der Eineindeutigkeit von f eindeutig bestimmten) Elementes x aus M, das wir als Bild von y unter der *Umkehrabbildung,* Bezeichnung: $\bar{f}^1$, erklären. $\bar{f}^1$ ist dann eine Abbildung von N auf M:

$$\bar{f}^1 : N \to M, \; y \to \bar{f}^1(y) = x.$$

Im folgenden seien Abbildungen $f : M_1 \to M_2$ von der Menge M_1 in die Menge M_2 und $g : M_2 \to M_3$ von M_2 in die Menge M_3 gegeben. Da der Wertbereich von f mit dem Argumentbereich von g übereinstimmt, lassen sich f und g *hintereinanderschalten,* d. h., wir erklären eine neue Abbildung h, die *Komposition* von f und g, in Zeichen: $h = g \circ f$, durch die Festsetzung $h(x) := g(f(x))$ [1], $x \in M_1$ beliebig. Wir ordnen x also zunächst das Element $y = f(x)$ zu, dem dann das Bild $z = g(f(x))$ unter g zugeordnet wird. Die Verhältnisse sehen schematisch so aus:

$$M_1 \xrightarrow{f} M_2 \xrightarrow{g} M_3$$
$$x \longrightarrow y \longrightarrow z$$
$$\overline{\qquad h = g \circ f \qquad}$$

In Fig. 9 ergibt z. B. die Hintereinanderschaltung der Abbildungen f und g die Abbildung h.

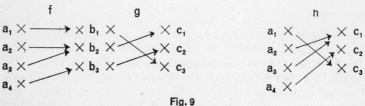

Fig. 9

Weitere Beispiele behandeln wir in den Aufgaben.

[1] $a := b$ (oder $b =: a$) bedeutet: a wird als b definiert.

In unseren Beispielen hatten wir es öfters mit Mengen zu tun, die aus einer endlichen Anzahl von Punkten der Ebene gebildet wurden. Es ist naheliegend, solche Mengen selbst *endlich* zu nennen. Die Endlichkeit kann so beschrieben werden, daß es möglich ist, sie eineindeutig auf einen Abschnitt $\{1, 2, \ldots, n\}$, d. h. die Menge der natürlichen Zahlen $1, 2, \ldots, n$ eineindeutig abzubilden.

Kann man eine bijektive Abbildung zwischen einer Menge M und der Menge $\mathbb{N}$ aller natürlichen Zahlen finden, dann bedeutet das, daß M mit Hilfe der natürlichen Zahlen *abgezählt* werden kann.

Definition 7.

a) *Man nennt zwei Mengen M_1 und M_2 gleichmächtig, in Zeichen: $M_1 \sim M_2$, wenn es eine bijektive Abbildung $f: M_1 \to M_2$ von M_1 auf M_2 gibt.*

b) *Eine Menge M heißt endlich (im gegenteiligen Fall unendlich), wenn M zu einem Abschnitt $\{1, 2, \ldots, n\}$ der natürlichen Zahlen gleichmächtig ist.*

c) *Eine unendliche Menge M heißt abzählbar (im gegenteiligen Fall überabzählbar, wenn M zu $\mathbb{N}$ gleichmächtig ist.*

Wir erwähnen (ohne Beweis mit Verweis auf Bücher der Mengenlehre, etwa [17] und [19]), daß $\mathbb{Z}$ und $\mathbb{Q}$ abzählbar, dagegen $\mathbb{R}$ und $\mathbb{C}$ überabzählbar sind.

Zum Schluß dieses Abschnitts führen wir eine weitere Mengenoperation ein. Unter der *Paarmenge* oder dem *kartesischen Produkt* $M_1 \times M_2$ der Mengen M_1 und M_2 versteht man die Menge aller Paare (x_1, x_2) mit $x_1 \in M_1$ und $x_2 \in M_2$. Dabei ist es wichtig, zwischen der ersten und zweiten *Komponente*, x_1 und x_2, zu unterscheiden, denn zwei Paare (x_1, x_2) und (y_1, y_2) heißen *gleich*, wenn $x_1 = y_1$ und $x_2 = y_2$ ist. Der Name kartesisches Produkt erinnert an die Koordinatensysteme des Descartes (Cartesius), wodurch jedem Punkt der Ebene ein Zahlenpaar (x_1, x_2) zugeordnet wird.

In Verallgemeinerung definiert man als kartesisches Produkt $M_1 \times \ldots \times M_n$ der Mengen $M_1, \ldots, M_n$ die Gesamtheit aller n-*Tupel* $(x_1, \ldots, x_n)$ mit $x_1 \in M_1, \ldots, x_n \in M_n$. Dabei heißen zwei n-Tupel $(x_1, \ldots, x_n)$ und $(y_1, \ldots, y_n)$ *gleich*, wenn $x_1 = y_1$ und $\ldots$ und $x_n = y_n$ gilt.

Der Grund, warum wir das kartesische Produkt an dieser Stelle einführen, liegt darin, daß man es auf den Abbildungsbegriff zurückführen kann. Das kartesische Produkt $M_1 \times \ldots \times M_n$ der Mengen $M_1, \ldots, M_n$ kann man nämlich mit der Gesamtheit der Abbildungen $f: \{1, \ldots, n\} \to M_1 \cup \ldots \cup M_n$ identifizieren, für die $f(1) \in M_1, \ldots, f(n) \in M_n$ gilt, wie man sich unmittelbar überlegt.

Aufgaben

7. Untersuche im Hinblick auf Definition 6 die folgenden reellen Funktionen $f: \mathbb{R} \to \mathbb{R}$, die gegeben werden durch die Zuordnung $x \in \mathbb{R}$, $x \to$

   a) $x + 1$ b) $2x$ c) x^3

   d) $x^3 - 2x^2 - x + 2$ e) x^4 f) $\sin x$.

8. Bestimme:

   a) die Umkehrabbildungen der Funktionen

   b) die Hintereinanderschaltungen je zweier Funktionen aus den Aufgaben 1a)–1c).

9. Zeige (zunächst an Abbildungen ebener Mengen):

   a) Das Kompositum zweier injektiver Abbildungen ist injektiv.

   b) Das Kompositum zweier surjektiver Abbildungen ist surjektiv. Aus a) und b) folgt sofort, daß das Kompositum zweier bijektiver Abbildungen bijektiv ist.

   c) Die Umkehrabbildung einer bijektiven Abbildung ist bijektiv.

10*. Gegeben sei eine Menge M. Mit Id_M bezeichnen wir diejenige bijektive Abbildung von M auf sich, bei der alle Elemente $x \in M$ unverändert bleiben (*Identität* oder *identische* Abbildung von M). $f: M \to N$ sei eine Abbildung von der Menge M in die Menge N. Zeige:

   a) $f: M \to N$ ist genau dann injektiv, wenn es eine Abbildung $g: N \to M$ gibt, so daß $g \bigcirc f = \mathrm{Id}_M$.

   b) $f: M \to N$ ist genau dann surjektiv, wenn es eine Abbildung $g: N \to M$ gibt, so daß $f \bigcirc g = \mathrm{Id}_N$.

   Treffen die Voraussetzungen von a) und b) zu, so ist also f bijektiv und $g = \bar{f}^1$ die Umkehrabbildung von f.
   Betrachten wir die Gesamtheit aller eineindeutigen Abbildungen einer Menge M auf sich (*Permutationen* von M), so haben wir in den Aufgaben 3 und 4 bereits deren Gruppeneigenschaft nachgewiesen (vgl. Abschnitt III. 2).

11*. $f: M \to N$ sei eine Abbildung von der Menge M in die Menge N. Für eine Teilmenge A von M erklären wir die Menge f (A) (*Bild* von A) als Gesamtheit der Bilder f (x) mit $x \in A$:

$$f(A) := \{f(x) \mid x \in A\}.$$

Für eine Teilmenge B von N erklären wir die Menge $\bar{f}^1$ (B) (*Urbild* von B) als die Gesamtheit derjenigen Elemente von M, deren Bilder in B liegen:

$$\bar{f}^1(B) := \{x \in M \mid f(x) \in B\}.$$

Zeige die einfachen Regeln:

a) $A \subseteq \bar{f}^1 (f(A))$ (A Teilmenge von M)

b) $f(\bar{f}^1 (B)) \subseteq B$ (B Teilmenge von N)

c) Gib Beispiele dafür an, daß in a) und b) das Gleichheitszeichen nicht zu gelten braucht.

Zeige:

d) f ist genau dann injektiv, wenn für jedes $y \in N$ $\bar{f}^1 (\{y\})$ aus höchstens einem Element besteht, d. h. entweder leer ist oder ein einziges Element enthält.

e) f ist genau dann surjektiv, wenn $f(M) = N$.

f) Ist f bijektiv, so ist $\bar{f}^1 (\{y\}) = \{\bar{f}^1 (y)\}$ für alle $y \in N$.

12**. a) Zeige: Das kartesische Produkt zweier abzählbarer Mengen ist abzählbar.

b) Folgere aus a) die Abzählbarkeit der Menge $\mathbb{Q}$ der rationalen Zahlen.

3. Relationen

Gilt für zwei reelle Zahlen a und b „a ist kleiner gleich b", so stehen sie in einer gewissen *Relation,* der Kleiner-gleich-Beziehung zwischen reellen Zahlen. Eine andere Relation wird durch die Teilbarkeit etwa der ganzen Zahlen gegeben. Durch die Aussagen „3 ist ein Teiler von 15" oder „−2 ist ein Teiler von 4" stehen die Zahlen 3 und 15 bzw. −2 und 4 in dieser Relation. Abstrakt kann man sagen, daß eine Relation in einer Menge M durch Auszeichnung einer Teilmenge R der Paarmenge $M \times M$ gegeben wird. Im Falle der Teilbarkeit wäre R etwa die Menge aller Paare (m, n) von ganzen Zahlen m und n, bei denen m ein Teiler von n ist.

Definition 8. *Eine Relation in einer Menge M ist eine Teilmenge R von* $M \times M$.

Wir schreiben a R b, (a *steht in Relation zu* b), wenn $(a, b) \in R$ gilt. Wir haben schon zwei Beispiele von Relationen kennengelernt:

1. $M = \mathbb{R}$, a R b genau dann, wenn $a \leq b$ (wir können hier also den Buchstaben R durch das Zeichen $\leq$ ersetzen).

2. $M = \mathbb{Z}$, a R b genau dann, wenn: a ist ein Teiler von b. Wir führen hierfür das Symbol a | b (a *teilt* b) ein. Es gilt also etwa 3 | 15, −2 | 4, −1 | 2 usw.

Weitere Beispiele sind:

3. M bezeichne die Gesamtheit aller Geraden der Ebene. Für a, b $\in$ M sei a R b genau dann, wenn a zu b parallel ist.

Wir erhalten die Relation der Parallelität von Geraden.

4. $M = \mathbb{Z}$. Ferner sei m $\in$ N eine feste Zahl. Wir setzen jetzt a R b genau dann, wenn m | a − b. Die so erhaltene Relation heißt die

Kongruenzrelation nach dem *Modul* m und ist von großer Bedeutung, worauf wir später ausführlich eingehen. Schreiben wir a ≡ b (m) (a ist *kongruent modulo* m) anstatt a R b, so gilt etwa: 3 ≡ 3 (5), 3 ≡ 8 (5), −7 ≡ 8 (5), 1 ≡ 3 (2), 3 ≡ 5 (2), −1 ≡ 1 (2).

Im ersten Beispiel gilt a ≤ a für jede reelle Zahl a. Ferner folgt aus a ≤ b und b ≤ c (a, b, c ∈ ℝ), daß a ≤ c ist. Im dritten Beispiel ergibt sich aus der Parallelität von a und b die von b und a. Wir können demnach bei Relationen eine Reihe von Eigenschaften unterscheiden.

Definition 9. *Es sei eine Relation R in einer Menge M gegeben. R heißt*
a) *reflexiv, wenn a R a für jedes a ∈ M,*
b) *transitiv, wenn aus a R b und b R c (a, b, c ∈ M) folgt a R c,*
c) *symmetrisch, wenn aus a R b (a, b ∈ M) folgt b R a,*
d) *antisymmetrisch, wenn aus a R b und b R a (a, b ∈ M) folgt a = b,*
e) *total, wenn für beliebige a, b ∈ M gilt: a R b oder b R a.*

Untersuchen wir die Beispiele 1–4 auf diese Eigenschaften, so stellen wir fest (Aufgabe 13): Für 1 gelten a), b), d) und e), für 2 a) und b), für 3 und 4 a), b) und c).

Definition 10. *Eine Relation mit den Eigenschaften a), b) (a), b), d); a), b), d), e)) heißt eine Vorordnung (Ordnung; totale Ordnung). Entsprechend heißt die Menge, in der eine solche Relation gegeben ist, vorgeordnet (geordnet; totalgeordnet).*
Eine Relation mit den Eigenschaften a), b) und c) heißt eine Äquivalenzrelation.

Durch die ≤-Relation sind demnach die reellen Zahlen totalgeordnet. Durch die Teilbarkeit erhält man eine Vorordnung in den ganzen Zahlen.

Bei den Beispielen 3 und 4 liegen Äquivalenzrelationen vor. Weitere Äquivalenzrelationen erhält man durch die Gleichheit (von Elementen in einer beliebigen Menge M) und die Gleichmächtigkeit (hier müßte man allerdings die Menge aller Mengen zulassen, was wir aus den auf Seite 1 angegebenen Gründen vermeiden wollen).

Wie bereits angedeutet, beschäftigen wir uns ausführlicher mit Beispiel 4. Wir nannten zwei ganze Zahlen a und b kongruent modulo m (m feste natürliche Zahl): a ≡ b (m), wenn m ein Teiler von b − a ist. Anders ausgedrückt bedeutet das, b − a ist ein Vielfaches von m, oder: a und b unterscheiden sich um ein Vielfaches von m:

$$b = a + k \cdot m, \quad k \in \mathbb{Z}.$$

Neben a ≡ a (m) ergibt sich aus a ≡ b (m), daß b ≡ a (m), denn wenn b = a + k · m, dann a = b − k · m. Ferner folgt aus a ≡ b (m) und c ≡ b (m), daß c ≡ a (m), denn wenn sich a und b und ebenfalls b und c um ein Vielfaches von m unterscheiden, so gilt dies auch für a und c. Die genannten Eigenschaften sind die einer Äquivalenzrelation, die wir auf diese Weise nachgewiesen haben. Führen wir für die Äquivalenzrelation das Zeichen $\sim$ ein, so lauten ihre Grundeigenschaften also: $a \sim a$,

aus $a \sim b$ folgt $b \sim a$,

aus $a \sim b$ und $c \sim b$ folgt $a \sim c$.

Hierbei sind in diesem Fall a, b, c beliebige ganze Zahlen.

Im folgenden setzen wir $m = 5$. Wir teilen die ganzen Zahlen in gewisse *Klassen* ein. Die Klasse $\Re_0$ bestehe aus den Vielfachen von 5 oder, anders ausgedrückt, aus den ganzen Zahlen, die bei der Division durch 5 den Rest 0 ergeben (d. h. kongruent 0 modulo 5 sind):

$$\Re_0 = \{5\,k \mid k \in \mathbb{Z}\}.$$

Analog werde mit $\Re_1$ die Klasse der ganzen Zahlen bezeichnet, die bei der Division durch 5 den Rest 1 ergeben (d. h. kongruent 1 modulo 5 sind): $\Re_1 = \{5\,k + 1 \mid k \in \mathbb{Z}\}$.

Entsprechend definiere man $\Re_2$, $\Re_3$ und $\Re_4$. Die Klasse $\Re_5$ brauchen wir nicht mehr einzuführen, denn sie würde mit $\Re_0$ übereinstimmen. Jede ganze Zahl kommt in einer dieser Klassen vor, d. h., es gilt $\Re_0 \cup \Re_1 \cup \Re_2 \cup \Re_3 \cup \Re_4 = \mathbb{Z}$. Außerdem ist der Durchschnitt je zweier Klassen leer, da jede ganze Zahl nach der Division durch 5 genau eine der Zahlen 0, 1, 2, 3 und 4 als Rest ergibt. Damit haben wir eine *Einteilung* von $\mathbb{Z}$ in Klassen gewonnen, die *Restklassen* nach dem Modul 5 genannt werden.

Entsprechend gehen wir allgemein vor. Das heißt, es sei eine Äquivalenzrelation $\sim$ in einer Menge M gegeben. Wir bezeichnen mit $\Re_a$, $a \in M$, die Menge aller Elemente von M, die zu a *äquivalent* sind, d. h. $\Re_a := \{b \in M \mid a \sim b\}$, und behaupten: Je zwei Klassen $\Re_a$ und $\Re_b$ sind entweder disjunkt, d. h. $\Re_a \cap \Re_b = \emptyset$ oder fallen zusammen, d. h. $\Re_a = \Re_b$.

Beweis. Sei $\Re_a \cap \Re_b \neq \emptyset$, d. h., es gibt ein $c \in M$ mit $c \in \Re_a$ und $c \in \Re_b$. Aufgrund der Definition folgt daraus $a \sim c$ und $b \sim c$ und hieraus wegen der Transitivitätseigenschaft der Äquivalenzrelation $a \sim b$, d. h. $b \in \Re_a$. Sei jetzt d ein beliebiges Element aus $\Re_b$, also $b \sim d$. Aus $a \sim b$ folgt wiederum mit der Transitivitätseigenschaft $a \sim d$, d. h. $d \in \Re_a$. Da d beliebig aus $\Re_b$ gewählt war, ist also $\Re_b \subseteq \Re_a$. Ebenso zeigt man $\Re_a \subseteq \Re_b$. Insgesamt ergibt sich $\Re_a = \Re_b$, d. h. $\Re_a$ und $\Re_b$ fallen zusammen.

Jedes Element $a \in M$ ist in einer der Klassen, nämlich in $\Re_a$, enthalten. Für die Einteilung von M verwenden wir von jeder der zusammenfallenden Klassen jeweils nur eine, so daß dann je zwei verschiedene Klassen einen leeren Durchschnitt besitzen.

Definition 11. *Unter einer Klasseneinteilung in einer Menge M verstehen wir eine Menge von Teilmengen* $\mathfrak{K}_i$, $i \in I$ *(I Indexmenge, vgl. Aufgabe 6 von Abschnitt I. 1) mit den Eigenschaften*

$$a)\ \mathfrak{K}_i \cap \mathfrak{K}_j = \emptyset,\ \text{wenn}\ i \neq j,\quad b)\ \bigcup_{i \in I} \mathfrak{K}_i = M.$$

Das vorher erreichte Ergebnis kann damit so formuliert werden:

Satz 2. *Jeder Äquivalenzrelation in einer Menge M läßt sich eine Klasseneinteilung von M zuordnen.*

Im Falle der Kongruenzrelation der ganzen Zahlen nach dem Modul 5 ergeben sich die fünf Klassen $\mathfrak{K}_0$, $\mathfrak{K}_1$, $\mathfrak{K}_2$, $\mathfrak{K}_3$ und $\mathfrak{K}_4$. Allgemein (Modul m) erhält man die m-Klassen $\mathfrak{K}_0$, $\mathfrak{K}_1$, ..., $\mathfrak{K}_{m-1}$.
Die Klassenzahl braucht keineswegs immer endlich zu sein, wie man am Beispiel 3 erkennt. Hier besteht jede Klasse aus der Gesamtheit aller Geraden, die zu einer festen Geraden parallel sind, und es gibt unendlich viele solcher Klassen.

Von Satz 2 gilt auch die Umkehrung, d. h., jeder Klasseneinteilung einer Menge kann man eine Äquivalenzrelation von M zuordnen, die man erhält, indem man zwei Elemente von M genau dann äquivalent nennt, wenn sie in einer Klasse liegen. Wir übergehen die Einzelheiten. Insgesamt ergibt sich ein umkehrbar eindeutiger Zusammenhang zwischen der Menge der Äquivalenzrelationen in M und der Menge der Klasseneinteilungen von M.

Aufgaben

13. Weise die im Text (S. 20) angegebenen Eigenschaften für die in den Beispielen 1–4 angegebenen Relationen nach.

14. Untersuche die Eigenschaften der Relationen
    a) $<$ (echt kleiner) in der Menge $\mathbb{Z}$ der ganzen Zahlen,
    b) $=$ und
    c) $\neq$ für die Elemente einer Menge M,
    d) $\subseteq$ und
    e) $\subset$ für Teilmengen einer Menge M.

15. a) $f: M \to N$ sei eine Abbildung von einer Menge M in eine Menge N. Durch die Festsetzung $a \sim b$ (a, b $\in$ M) genau dann, wenn $f(a) = f(b)$, wird eine Relation in M definiert. Zeige, daß eine Äquivalenzrelation vorliegt.
    b) Wir bezeichnen mit $\mathbb{Z}_5$ die Menge der Restklassen der ganzen Zahlen nach dem Modul 5 und erklären eine Abbildung $f: \mathbb{Z} \to \mathbb{Z}_5$, indem wir jeder ganzen Zahl die sie enthaltende Restklasse zuordnen.
    Zeige, daß die f nach a) zugehörige Äquivalenzrelation in $\mathbb{Z}$ mit der ursprünglich gegebenen Kongruenzrelation nach dem Modul 5 übereinstimmt.

16. Gib alle Restklassen der ganzen Zahlen nach den Modulen 2, 3 und 4 an.

17. Jede Abbildung f: M → N von einer Menge M in eine Menge N liefert eine Relation (hier allerdings zwischen verschiedenen Mengen M und N, was wir sonst ausschließen) durch Auszeichnung der Teilmenge R von M × N, bestehend aus den Paaren (x, f(x)), wobei x ∈ M beliebig. Man nennt R den *Graphen* der Funktion f. Er wird zur Veranschaulichung in der Ebene verwendet (Fig. 10).

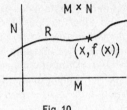

Fig. 10

Bestimme die Graphen der in Aufgabe 7 angegebenen Funktionen.

II. ALGEBRAISCHE STRUKTUREN

Die „Algebra"[1] als mathematische Disziplin ist aus der Verallgemeinerung des Zahlenrechnens entstanden. Bekanntlich gibt es für Zahlen eine Addition und eine Multiplikation. Es liegen damit zwei *Verknüpfungen (Operationen)* vor, die je zwei Zahlen a und b bestimmte andere Zahlen, ihre Summe a + b bzw. ihr Produkt a · b zuordnen. Wir können demnach eine Verknüpfung als eine Abbildung der Paarmenge $M \times M$ des jeweiligen Zahlbereichs M in M auffassen ((a, b) → a + b bei der Addition und (a, b) → a · b bei der Multiplikation).

Definition 1. *Eine (binäre) Verknüpfung (Operation) in einer Menge M ist eine Abbildung* $\bigvee: M \times M \to M$ *von* $M \times M$ *in M.*

Für die *Produkte* $\bigvee$ (a, b) führen wir als Symbol ein: $a \bigcirc b := \bigvee (a, b)$. Statt $\bigcirc$ können auch andere Zeichen, wie $\square$, $\triangle$, +, · verwendet werden. Liegen mehrere Verknüpfungen vor, so werden die einzelnen Produkte durch verschiedene Zeichen unterschieden.

Bei der Summenbildung von Zahlen kommt es auf die Reihenfolge der Summanden nicht an: es ist a + b = b + a. Diese Eigenschaft trägt den Namen *kommutatives Gesetz*, da es die Vertauschung von Zahlen erlaubt. In der folgenden Definition fassen wir dieses und eine Reihe weiterer Gesetze zusammen.

Definition 2. *In einer Menge M sei eine Verknüpfung* $\bigcirc$ *gegeben. Wir bezeichnen die folgenden Eigenschaften dieser Verknüpfung.*

a) *Kommutatives Gesetz: Es gilt* $a \bigcirc b = b \bigcirc a$ *für beliebige* $a, b \in M$.

b) *Assoziatives Gesetz: Es gilt* $a \bigcirc (b \bigcirc c) = (a \bigcirc b) \bigcirc c$ *für beliebige* $a, b, c \in M$.

c) *Existenz eines neutralen Elements: Es gibt ein* $e \in M$, *so daß:* $a \bigcirc e = e \bigcirc a = a$ *für alle* $a \in M$.

d) *Existenz von inversen Elementen: Unter der Voraussetzung von c) gilt: Zu jedem* $a \in M$ *gibt es ein* $a' \in M$, *so daß:* $a \bigcirc a' = a' \bigcirc a = e$.

Denken wir an die ganzen Zahlen ($M = \mathbb{Z}$) und die Verknüpfung + allein, so sind a) und b) erfüllt. c) ist erfüllt, wenn man e = 0 setzt, und d) gilt für a' = −a, denn: a + (−a) = (−a) + a = 0.

---

[1] Das Wort ist arabischen Ursprungs und geht auf den Titel einer Aufgabensammlung des al-Hwârazmî (um 840) zurück.

Durch die Vorgabe von Verknüpfungen prägen wir einer Menge eine *algebraische Struktur* auf.

Definition 3. _Unter einer algebraischen Struktur in einer Menge M versteht man die Vorgabe einer oder mehrerer Verknüpfungen (die einem Teil der Gesetze von Definition 2 genügen können)._
Eine (allgemeine) Algebra ist eine Menge, die mit einer algebraischen Struktur versehen ist.

Wir verwenden für eine Algebra A immer einen einzigen Buchstaben, in den die algebraische Struktur miteinbezogen ist. Wenn die Verknüpfungen besonders gekennzeichnet werden sollen, werden sie jeweils angegeben.

Die ganzen Zahlen $\mathbb{Z}$ lassen sich je nach der Betrachtungsweise mit einer algebraischen Struktur, bestehend aus einer Verknüpfung $+$ und den Eigenschaften a)–d) der Definition 2 („Gruppe", vgl. Kap. III) oder aus zwei Verknüpfungen $+$ und $\cdot$ („Ring", vgl. Kap. IV) versehen.

Während wir bisher nur Verknüpfungen zwischen Elementen einer Menge M (*innere* Verknüpfungen) betrachtet haben, ist es auch denkbar, Elemente von M mit Elementen einer weiteren Menge S zu verknüpfen (*äußere Verknüpfungen*). In diesem Fall erhalten wir eine Abbildung $S \times M \to M$, (s, m) $\to s \cdot m$. Diese Situation liegt z. B. bei einem Vektorraum vor (vgl. Kap. V). Hier bezeichnet S den *Skalarenbereich*, etwa die Menge der reellen Zahlen und M die Menge der Vektoren (in der Ebene, im Raum usw.). Liegen zwei (innere oder äußere) Verknüpfungen $\bigcirc$, $\square$ in einer Menge M vor, so kann man ein Gesetz formulieren, das eine Beziehung zwischen beiden herstellt:
$$a \bigcirc (b \square c) = (a \bigcirc b) \square (a \bigcirc c),\ a, b, c \text{ beliebig aus M (bzw. S).}$$
Es heißt das _links-distributive Gesetz_ (das _rechts-distributive Gesetz_ bildet man analog). Setzt man $M = \mathbb{N}$, $\bigcirc = +$ und $\square = +$, so tritt es uns in der bei den natürlichen Zahlen geläufigen Form entgegen.

Für das folgende gehen wir noch einmal von den ganzen Zahlen aus und wählen einen festen Modul m. Nach dem vorigen Abschnitt heißen zwei ganze Zahlen a und b kongruent modulo m: $a \equiv b$ (m), wenn b und a sich um ein Vielfaches von m unterscheiden: $b = a + k \cdot m$, $k \in \mathbb{Z}$. Aufgrund der Äquivalenzrelation $\equiv$ gibt es m verschiedene Restklassen $\mathfrak{R}_0, \mathfrak{R}_1, \ldots, \mathfrak{R}_{m-1}$, für die wir die Symbole $\bar{0}, \bar{1}, \ldots, \overline{m-1}$ einführen. $a \equiv b$ (wenn der Modul einmal festgelegt ist, geben wir ihn nicht bei jeder Rechnung erneut an) ist dann also gleichwertig mit $\bar{a} = \bar{b}$, denn $a \equiv b$ bedeutet, daß a und b in derselben Restklasse liegen.

Wir zeigen zwei wichtige Eigenschaften der Relation $\equiv$, die die Grundlage des Kongruenzrechnens darstellen. Unter der Voraussetzung $a \equiv a'$ und $b \equiv b'$ gilt:

$$1.\ a + b' \equiv b + b' \qquad 2.\ a \cdot a' \equiv b \cdot b'$$

Beweis: $a \equiv a'$ und $b \equiv b'$ bedeuten: $a' = a + k \cdot m$,
$b' = b + l \cdot m$, $k, l \in \mathbb{Z}$.

1. Es ist $a' + b' = (a + k\,m) + (b + l\,m) = a + b + (k + l)\,m$, also $a' + b' \equiv a + b$.

2. $a' \cdot b' = (a + k\,m) \cdot (b + l\,m) = a\,b + (k\,b + a\,l + k\,l\,m)\,m$. Daher: $a' \cdot b' \equiv a \cdot b$.

Aus den Regeln 1 und 2 ergibt sich etwa für den Modul $m = 12$: $3 + 11 \equiv 3 + (-1) \equiv 2$ oder $3 \cdot 9 \equiv 3 \cdot (-3) \equiv -9 \equiv 3$. Man darf bei Additionen und Multiplikationen jede Zahl durch eine zu ihr kongruente Zahl ersetzen.

Ausgedrückt in Restklassen, gehen 1 und 2 über in:

$$1'. \ \ \overline{a' + b'} = \overline{a + b} \qquad\qquad 2'. \ \ \overline{a' \cdot b'} = \overline{a \cdot b}$$

Die obigen Rechenbeispiele lauten dann: $\overline{3 + 11} = \overline{3 + (-1)} = \overline{2}$ und $\overline{3 \cdot 9} = \overline{3 \cdot (-3)} = \overline{-9} = \overline{3}$.

Jede Zahl aus einer Restklasse nennen wir einen *Repräsentanten* dieser Restklasse. Wir können $1'$ und $2'$ dann so ausdrücken: Das Ergebnis der Addition bzw. der Multiplikation ist unabhängig von der Wahl der Repräsentanten. Wir definieren $\overline{a + b}$ bzw. $\overline{a \cdot b}$ als die Summe bzw. das Produkt der Restklassen $\overline{a}$ und $\overline{b}$: $\overline{a} + \overline{b} := \overline{a + b}$, $\overline{a} \cdot \overline{b} := \overline{a \cdot b}$

Analog gehen wir allgemein bei beliebigen Äquivalenzrelationen vor.

Definition 4. *A sei eine Algebra mit den Verknüpfungen* $\bigcirc$, $\square$, ... *Eine Äquivalenzrelation* $\sim$ *in A heißt eine* Kongruenzrelation *(oder:* verträglich mit $\bigcirc$, $\square$, ...*), wenn aus* $a \sim a'$ *und* $b \sim b'$ *folgt* (*) $a' \bigcirc b' \sim a \bigcirc b$ *(entsprechend für* $\square$, ...*).*

In Restklassen $\overline{a}$ (wie vorher setzen wir $\overline{a} := \Re_a$) nach $\sim$ ergibt sich dann: $\overline{a' \bigcirc b'} = \overline{a \bigcirc b}$ (entsprechend: $\overline{a' \square b'} = \overline{a \square b}$, ...). Nennen wir wiederum jedes Element einer Restklasse einen Repräsentanten dieser Restklasse, so ist $\overline{a \bigcirc b}$ unabhängig von der Wahl der Repräsentanten der Klassen $\overline{a}$ und $\overline{b}$. Wir definieren $\overline{a \bigcirc b}$ daher als das „Produkt" der Restklassen $\overline{a}$ und $\overline{b}$: $\overline{a} \bigcirc \overline{b} := \overline{a \bigcirc b}$ (entsprechend für $\square$, ...). Bezeichnen wir mit $\overline{A}$ die Gesamtheit der Restklassen von A nach $\sim$, so sind damit in $\overline{A}$ die Verknüpfungen $\bigcirc$, $\square$, ... erklärt (wir verwenden aber in $\overline{A}$ die gleichen Verknüpfungszeichen wie in A), d. h., wir haben in $\overline{A}$ eine algebraische Struktur eingeführt.

Definition 5. *In einer Algebra A (mit den Verknüpfungen* $\bigcirc$, $\square$, ...*) sei eine Kongruenzrelation* $\sim$ *gegeben. Die in der Menge* $\overline{A}$ *der Restklassen von A nach* $\sim$ *eingeführte algebraische Struktur heißt die* Quotientenstruktur von A nach $\sim$.
$\overline{A}$ *heißt die* Quotientenalgebra von A *nach* $\sim$*, Bezeichnung:* $\overline{A} := A \, / \sim$.

Die Restklassen der ganzen Zahlen nach einem Modul m bildeten ein erstes Beispiel einer Quotientenalgebra, die wir mit $\mathbb{Z}_m$ bezeichnen.

In den folgenden Kapiteln werden wir weitere Beispiele kennenlernen. Die Quotientenbildung wird sich als wichtiges Prinzip der Algebra herausstellen.

Bei einer Quotientenalgebra $\overline{A}$ einer Algebra A nach einer Kongruenzrelation $\sim$ kann man eine Abbildung φ: $A \to \overline{A}$ von A auf $\overline{A}$ herstellen, indem man jedem $a \in A$ seine Restklasse $\overline{a}$ zuordnet: $\varphi(a): = \overline{a}$. Die Bedingung (*) von Definition 4 besagt dann: $\varphi(a \bigcirc b) = \varphi(a) \bigcirc \varphi(b)$ (entsprechend: $\varphi(a \square b) = \varphi(a) \square \varphi(b), \ldots$).

Definition 6. *A und A' seien Algebren mit den Verknüpfungen $\bigcirc$, $\square$, ... bzw. $\bigcirc'$, $\square'$, ... Eine Abbildung φ: $A \to A'$ von A in A' heißt ein* <u>*Homomorphismus*</u>, *wenn gilt:*

$$\varphi(a \bigcirc b) = \varphi(a) \bigcirc' \varphi(b)$$
$$(entsprechend: \varphi(a \square b) = \varphi(a) \square' \varphi(b), \ldots).$$

Ist zusätzlich φ bijektiv, so heißt φ ein <u>Isomorphismus</u> (die Umkehrabbildung $\overline{\varphi}^{1}$ erweist sich dann ebenfalls als ein Homomorphismus). A und A' heißen dann <u>isomorph</u>, in Zeichen: $A \cong A'$.

Die oben angegebene Abbildung φ: $A \to \overline{A}$ von A auf $\overline{A}$ stellt also einen surjektiven Homomorphismus dar. φ heißt der <u>*kanonische*</u> (oder <u>*natürliche*</u>) Homomorphismus von A auf $\overline{A}$.

Wir wollen die Verhältnisse in einer schematischen Zeichnung verdeutlichen (Fig. 11).

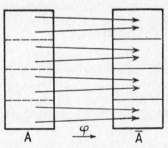

Fig. 11

Durch die Klasseneinteilung in A wird die Menge A gewissermaßen vergröbert: Man erhält $\overline{A}$. Unter φ werden alle Elemente von A, die in der gleichen Restklasse liegen, auf diese abgebildet. Dabei gilt für φ die Homomorphiebedingung von Definition 6.

Von dieser Tatsache gilt auch die Umkehrung.

Satz 1. $\varphi: A \to A'$ *sei ein Homomorphismus der Algebra A (Verknüpfungen $\bigcirc$, $\square$, ...) auf die Algebra A' (Verknüpfungen $\bigcirc'$, $\square'$, ...). Dann kann man in A eine Kongruenzrelation $\sim$ angeben, so daß die Quotientenalgebra $\overline{A} = A / \sim$ nach $\sim$ zu A' isomorph ist: $A / \sim \cong A'$.*
Satz 1 ist in der Algebra als <u>*Homomorphiesatz*</u> bekannt.

Beweis (Skizze): Wir erklären die Relation $\sim$, indem wir definieren: $a \sim b$ genau dann, wenn $\varphi(a) = \varphi(b)$.

1. Die Eigenschaften einer Äquivalenzrelation ergeben sich unmittelbar (vgl. Aufgabe I. 1a).

2. Es sei $a \sim a'$ und $b \sim b'$, d. h. $\varphi(a) = \varphi(a')$ und $\varphi(b) = \varphi(b')$. Da φ Homomorphismus, ergibt sich: $\varphi(a' \bigcirc b') = \varphi(a') \bigcirc \varphi(b') = \varphi(a) \bigcirc \varphi(b) = \varphi(a \bigcirc b)$, d. h. $a' \bigcirc b' \sim a \bigcirc b$ (entsprechend für $\square$, ...). $\sim$ ist also eine Kongruenzrelation.

3. Der Isomorphismus zwischen $\overline{A} = A / \sim$ und A' wird durch die Zuordnung $\bar{a} \rightarrow \varphi(a)$ gegeben.

Aufgaben

1. Welche Gesetze sind für die folgenden Verknüpfungen erfüllt?
   a) $+$ in $\mathbb{N}$ b) $+$ in $\mathbb{R}$ c) $\cdot$ in $\mathbb{N}$
   d) $\cdot$ in der Menge der geraden Zahlen
   e) $\cdot$ in $\mathbb{Z}$ f) $\cdot$ in $\mathbb{R}$ g) $\cdot$ in $\mathbb{R} - \{0\}$
   h) $\bigcirc$ in der Menge aller Abbildungen einer Menge M in sich
   i) $\bigcirc$ in der Menge aller eineindeutigen Abbildungen (Permutationen) einer Menge M in sich
   j) $\cap$ in der Potenzmenge einer Menge M (vgl. Aufgabe I, 4)
   k) $\cup$ in der Potenzmenge einer Menge M

2. a) Berechne sämtliche Summen und Produkte in $\mathbb{Z}_3$ und $\mathbb{Z}_4$. Welche Gesetze sind für die Verknüpfungen $+$ und $\cdot$ erfüllt in:
   b) $\mathbb{Z}_3$ und $\mathbb{Z}_4$ c) $\mathbb{Z}_3 - \{0\}$ und $\mathbb{Z}_4 - \{0\}$?

3. Bestimme alle Lösungen der folgenden Gleichungen in $\mathbb{Z}_4$:
   a) $\bar{3}x = \bar{1}$ b) $\bar{2}x = \bar{1}$ c) $\bar{2}x = \bar{2}$
   Dabei wird ein Element in $\mathbb{Z}_4$ gesucht, das, eingesetzt für x, eine richtige Gleichung ergibt.

4. Zeige, daß in $\mathbb{Z}_5$ jede Gleichung $\bar{a}x = \bar{b}$ mit $\bar{a} \neq \bar{0}$ eindeutig lösbar ist.

5. Zeige, daß 23 keine Nullstelle des Polynoms (ganzrationale Funktion) $3x^5 + x^3 - 7x - 2$ ist.
   Hinweis. Ergibt sich nach dem Einsetzen von 23 für x Null, so müßte dies auch beim Übergang zu den Restklassen nach dem Modul 3 gelten.
   Durch das Restklassenrechnen ergibt sich damit eine einfache Methode festzustellen, wann eine ganze Zahl nicht Nullstelle eines ganzzahligen Polynoms ist.

6. Begründe, warum die Definition von $\mathbb{Z}_m$ allein mit Hilfe der natürlichen Zahlen möglich ist. Daher können Restklassen bereits vor den ganzen Zahlen im Schulunterricht eingeführt werden.

7. Zeige, daß in den folgenden Fällen die Relation $\sim$ in den Algebren A eine Äquivalenzrelation ist, und entscheide, ob sie auch eine Kongruenzrelation ist.

a) $A = \mathbb{Z}$, $a \sim b$ genau dann, wenn $a = b$ oder $a = -b$.

b) $A = \mathbb{Z} \times (\mathbb{Z} - \{0\})$ (es handelt sich also um die Menge der Paare (a, b) ganzer Zahlen, deren zweite Komponente von Null verschieden ist), $(a, b) \sim (c, d)$ genau dann, wenn $ad = bc$. Die Verknüpfungen in A seien dabei wie folgt definiert:

$$(a, b) + (c, d) := (ad + bc, bd),$$
$$(a, b) \cdot (c, d) := (ac, bd).$$

8. $\varphi: A \to B$ sei ein Homomorphismus von der Algebra A in die Algebra B. Zeige, daß die zu φ gehörige Äquivalenzrelation (vgl. Aufgabe I, 14a) eine Kongruenzrelation in A ist.

9. Welche der folgenden Zuordnungen definiert einen Homomorphismus (Isomorphismus) von $\mathbb{Z}_4$ auf sich (zunächst bezüglich $-$ dann bezüglich $\cdot$, zuletzt bezüglich $+$ und $\cdot$)?

a) $x \to x$ b) $x \to x + \bar{1}$ c) $x \to \bar{2}x$

10. Bestimme sämtliche Homomorphismen (bezüglich der Verknüpfungen $+$ und $\cdot$) von $\mathbb{Z}_3$ in sich.

11. a) Zeige, daß durch die Exponentialfunktion $(x \to e^x, x \in \mathbb{R})$ ein Homomorphismus von $\mathbb{R}$ in $\mathbb{R}$ definiert wird. Dabei wird für $\mathbb{R}$ im ersten Fall (Argumentbereich) die Verknüpfung $+$ und im zweiten Fall (Wertebereich) die Verknüpfung $\cdot$ zugrunde gelegt.

b) Wie kann man hieraus einen Isomorphismus erhalten. Was ist dann die Umkehrfunktion (ebenfalls ein Isomorphismus)?

12*. Führe den Beweis von Satz 1 genau durch.

III. GRUPPEN

1. Definitionen und Beispiele

Bei den Zahlbereichen haben wir algebraische Strukturen mit zwei
Verknüpfungen + und · vorliegen.Systematisch fragt man zunächst
nach algebraischen Strukturen mit einer Verknüpfung.
Wir beginnen mit einem geometrischen Beispiel und
betrachten dazu die Menge aller Drehungen um einen
Punkt P der Ebene (Fig. 12).

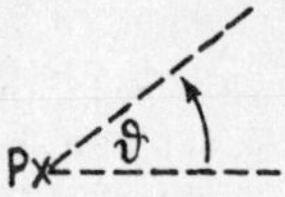

Fig. 12

Jede Drehung δ wird durch ihren (orientierten) Winkel ϑ bestimmt
(der als eindeutig bis auf Vielfache von 2π angesehen wird). Als
Produkt zweier Drehungen δ_1 und δ_2 verstehen wir die Drehung, die
man durch Hintereinanderschalten der beiden Drehungen erhält. Ihr
Winkel ϑ ist die Summe der Winkel ϑ_1, ϑ_2 von δ_1 und δ_2: $\vartheta = \vartheta_1 + \vartheta_2$.
Da für die Winkel gilt: $\vartheta_1 + \vartheta_2 = \vartheta_2 + \vartheta_1$, spielt die Reihenfolge der
Drehungen keine Rolle: $\delta_1 \bigcirc \delta_2 = \delta_2 \bigcirc \delta_1$. Ferner gilt das assoziative
Gesetz, d. h.: $\delta_1 \bigcirc (\delta_2 \bigcirc \delta_3) = (\delta_1 \bigcirc \delta_2) \bigcirc \delta_3$, da das entsprechende
Gesetz für Winkel gilt. Die Drehung um 0° läßt alle Punkte der Ebene
unverändert und fungiert als neutrales Element der Verknüpfung $\bigcirc$.
Zu jeder Drehung (Winkel ϑ) existiert eine inverse Drehung, die
Drehung im umgekehrten Sinne (mit dem Winkel $-\vartheta$). Wir haben
damit die Gültigkeit der Gesetze a)–d) von Definition II. 2 nachgewiesen.

Definition 1. *Unter einer Gruppe versteht man eine Menge G, in der
eine Verknüpfung gegeben ist, die den Gesetzen b)–d) von Definition II. 2
genügt.*
Gilt auch noch a) von Definition II. 2, so heißt G kommutativ (abelsch[1]).

Im obigen Beispiel haben wir also eine kommutative Gruppe (Verknüpfung $\bigcirc$), die _Drehgruppe,_ vor uns.
Die in der Definition geforderten neutralen und inversen Elemente
sind eindeutig bestimmt; denn nehmen wir an, e und e' seien neutrale
Elemente in einer Gruppe G (Verknüpfung ·).
Dann ist $e = e \cdot e' = e$, also $e = e'$.
Gilt etwa $a \cdot a' = a \cdot a''$, dann folgt $a' = a' \cdot e = a' \cdot (a \cdot a') = a' \cdot (a \cdot a'') = (a' \cdot a) \cdot a'' = e \cdot a'' = a''$ und damit $a' = a''$. Hierbei
wurde Gebrauch vom assoziativen Gesetz gemacht.

[1] Nach N. H. Abel (1802–1829)

Wir bezeichnen das inverse Element a' in Zukunft mit a^{-1}. Dies hat eine Bedeutung im späteren Potenzrechnen (2. Abschnitt).

Der Gruppenbegriff ist für die verschiedensten Gebiete der Mathematik von großer Bedeutung. Wir geben im folgenden eine Reihe von Beispielen hierfür an.

a) Gruppen in der Arithmetik (Zahlenrechnen)

Durch Weglassen einer der beiden Verknüpfungen eines Zahlbereichs erhält man Beispiele von Gruppen. Betrachten wir etwa (wie bereits im vorigen Abschnitt) in der Menge $\mathbb{Z}$ der ganzen Zahlen nur die Addition, so erhalten wir eine Gruppe, die wir zum Unterschied mit $\mathbb{Z}^{(+)}$ bezeichnen. Betrachten wir entsprechend bei den natürlichen Zahlen nur die Addition, Bezeichnung: $\mathbb{N}^{(+)}$, so gibt es kein neutrales Element (da wir vereinbarungsgemäß die Null nicht zu den natürlichen Zahlen rechnen) und keine inversen Elemente (diese wären negativ). Außer der Verknüpfungseigenschaft ist also nur das assoziative (und kommutative) Gesetz erfüllt. Wir sprechen hier von einer (kommutativen) *Halbgruppe*. Analoge Überlegungen lassen sich für die Multiplikation und die übrigen Zahlbereiche $\mathbb{Q}$, $\mathbb{R}$ und $\mathbb{C}$ durchführen. Wir stellen einige Ergebnisse zusammen (vgl. auch Aufgabe II. 1):

Kommutative Halbgruppe: $\mathbb{N}^{(+)}$
Kommutative Halbgruppen mit Einselement: $\mathbb{N}^{(\cdot)}$, $\mathbb{Z}^{(\cdot)}$, $\mathbb{Q}^{(\cdot)}$
Kommutative Gruppen: $\mathbb{Z}^{(+)}$, $\mathbb{Q}^{(+)}$, $(\mathbb{Q} - \{0\})^{(\cdot)}$

Wird eine Verknüpfung durch einen Punkt · *(Multiplikation)* bezeichnet, so nennt man das neutrale Element auch *Einselement.* In den Beispielen hätte man anstatt $\mathbb{Q}$ auch $\mathbb{R}$ und $\mathbb{C}$ nehmen können.

b) Gruppen in der Geometrie

Der Gruppenbegriff ermöglicht interessante Anwendungen in der Geometrie. Unser Beispiel zu Anfang dieses Abschnitts gehört etwa hierhin. Während dort eine Gruppe mit unendlich vielen Elementen vorlag, wenden wir uns nun endlichen Gruppen zu.

Zyklische Gruppen

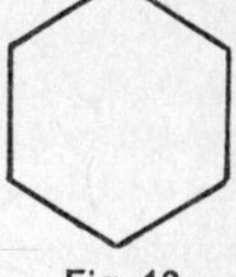

In der Ebene (bzw. im Raum) sei eine Figur gegeben (Fig. 13). Wir betrachten die Gesamtheit G aller eigentlichen Bewegungen (= orientierungs- und abstandserhaltende Abbildungen) der Ebene (des Raumes), die diese Figur auf sich abbilden. Mit den gleichen Begründungen wie bei der Drehgruppe bildet G eine Gruppe, die wir die *Symmetriegruppe* der Figur nennen. In unserem Beispiel des regelmäßigen Sechsecks (als ebene Bewegungsgruppe) besteht G aus sechs Symmetrieelementen, den Drehungen um 0° (identische Abbildung oder Identität genannt), 60°, 120°, 180°, 240° und 300° (G ist

Fig. 13

also eine endliche Teilmenge der Drehgruppe um den Mittelpunkt des Sechsecks). G wird durch ein einziges Element, die Drehung um 60°, *erzeugt*, d. h., durch mehrfache Ausführung der Drehung um 60° erhält man alle Elemente der Gruppe (die Identität etwa durch sechsfaches Ausführen). Wir nennen eine solche Gruppe *zyklisch*, hier der Ordnung 6 (siehe Abschnitt 3). Die Anzahl der Ecken gibt die *Gruppenordnung*, d. h. die Anzahl ihrer Elemente an. Die Symmetriegruppe Z_n eines regelmäßigen n-Ecks hat also die Ordnung n.

Diedergruppen $\mathfrak{D}_n$

Lassen wir bei Fig. 13 auch räumliche Bewegungen zu, so kommen noch sechs Klappungen um folgende Achsen hinzu:

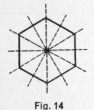

Bei einem regelmäßigen Fünfeck kommen fünf Klappungen hinzu:

Fig. 14   Fig. 15

Die erhaltenen Gruppen heißen *Diedergruppen* (von: Dieder = Zweiflächner, man sieht die Figuren so an, als wenn zwei Flächen zusammenfallen). Die Diedergruppe D_n des regelmäßigen n-Ecks hat die Ordnung 2n. Wir erhalten die gleichen Gruppen als ebene Symmetriegruppen, wenn wir uneigentliche Bewegungen, d. h. ohne Erhaltung der Orientierung, zulassen. Statt der Klappungen liegen dann Spiegelungen an den entsprechenden Achsen vor.

Polyedergruppen

Ausgehend von den regelmäßigen Polyedern Tetraeder (Fig. 16), Hexaeder (= Würfel), Oktaeder, Dodekaeder und Ikosaeder erhalten wir drei weitere Gruppen, die Tetraedergruppe $\mathfrak{A}_4$ (Ordnung 12), die Oktaedergruppe $\mathfrak{S}_4$ (Ordnung 24) und die Ikosaedergruppe $\mathfrak{A}_5$ (Ordnung 60). Die Symmetriegruppen der übrigen Polyeder fallen mit zwei der angegebenen Gruppen zusammen. Wir gehen hierauf nicht näher ein (vgl. etwa [3], [13]). Die Bedeutung der Bezeichnungen wird sich später herausstellen.

Fig. 16

Ornamentgruppen

Schließlich erwähnen wir noch die Ornamentgruppen als Beispiele von Symmetriegruppen unendlicher Ordnung. (Man kann übrigens zeigen, daß die vorher betrachteten Gruppen die einzigen endlichen

Gruppen von eigentlichen Bewegungen des Raumes sind.) Ein Ornament in besonders einfacher Gestalt sieht etwa folgendermaßen aus:

Ein _Symmetrieelement_ ist die _Translation_ um den Vektor, der in Fig. 17 durch den Pfeil beschrieben wird, d. h., alle Punkte der Ebene werden um diesen Pfeil verschoben. Man erkennt sofort, daß alle Gruppenelemente durch Hintereinanderschalten dieser „kleinsten" Translation gewonnen werden. Die entstandene Gruppe nennt man _unendlich zyklisch._

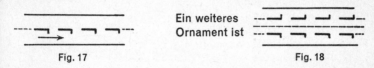

Fig. 17   Ein weiteres   Fig. 18
                 Ornament ist

Hier kommt noch die Klappung an der Symmetrieachse hinzu. Für eine ausführliche Beschreibung aller Ornamenttypen vom gruppentheoretischen Standpunkt verweisen wir auf [26]. Wir erwähnen bereits an dieser Stelle die Bedeutung des Symmetrieprinzips in der Körper- und Zahlentheorie (vgl. Kap. VII).

Aufgaben

1. Bestimme alle Produkte in der Diedergruppe eines gleichseitigen Dreiecks.

2. Gib Beispiele dafür an, daß die Diedergruppen des gleichseitigen Dreiecks und des Quadrats nicht kommutativ sind.

3. Zum Nachweis, ob eine Gruppe vorliegt, genügt es, schwächere Bedingungen anstatt c) und d) von Definition II. 2 zu prüfen: In der Menge G sei eine Verknüpfung $\cdot$ erklärt, die das assoziative Gesetz erfüllt (G Halbgruppe).

   Beweise: G ist dann und nur dann eine Gruppe, wenn gilt:

   c') Existenz eines _links-neutralen_ Elements: Es gibt ein $e \in G$, so daß: $e \cdot a = a$ für alle $a \in G$.

   d') Existenz von _Links-Inversen:_ Zu jedem $a \in G$ gibt es ein $a' \in G$, so daß: $a' \cdot a = e$.

   Hinweis. Zeige zunächst, daß a' auch _Rechts-Inverses_ von a ist, d. h.: $a \cdot a' = e$ gilt ($a \in G$ beliebig).

2. Permutationsgruppen

Die Bewegungen der Ebene (des Raumes) waren Beispiele von eindeutigen Abbildungen einer Menge auf sich, mit denen wir uns im folgenden beschäftigen. Gegeben sei eine endliche Menge M, etwa die Menge M der drei Punkte a_1, a_2 und a_3 der Ebene in Fig. 19.

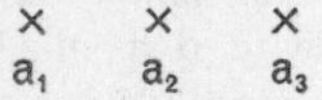

$$\times \qquad \times \qquad \times$$
$$a_1 \qquad a_2 \qquad a_3$$

Fig. 19

Wir bestimmen alle eineindeutigen Abbildungen von M auf sich. Wie in Abschnitt I. 2 ausgeführt, lassen sich die Abbildungen durch Pfeile kennzeichnen. Wir erhalten:

Wird ein Element auf sich selbst abgebildet, so wird dies durch einen geschlossenen Pfeil angedeutet. Bezeichnen wir die Punkte mit ihren Indizes 1, 2 und 3, so kann man für die Abbildungen folgende Symbole einführen (in Fig. 20 bereits geschehen): In die erste Zeile einer Klammer schreiben wir die Ausgangselemente 1, 2 und 3 und

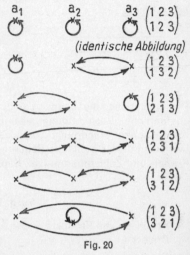

Fig. 20

garunter dann die jeweiligen Bildelemente. Insgesamt erhalten wir dechs Abbildungen. Wir definieren allgemein:

Definition 2. *Eine eineindeutige Abbildung einer beliebigen (endlichen oder unendlichen) Menge M auf sich heißt eine Permutation von M.*

Für endliche Mengen gilt:

Satz 1. *Die Anzahl der Permutationen einer n-elementigen Menge beträgt* $n! := 1 \cdot 2 \cdot \ldots \cdot n$.

Beweis (durch vollständige Induktion über n). Im Falle einer einelementigen Menge sind wir sofort fertig, da es hier nur eine einzige Permutation gibt, die dieses Element auf sich abbildet.

Nehmen wir die Gültigkeit des Satzes für beliebige n-elementige Mengen an und sei o. B. d. A. $M = \{1, 2, \ldots, n+1\}$ eine Menge, bestehend aus $n+1$ Elementen. Bei einer beliebigen Permutation von M werde 1 auf die Zahl h_1 abgebildet.

Wir halten h_1 im folgenden fest und überlegen uns, wie viele Permutationen von M möglich sind, bei denen 1 auf h_1 abgebildet wird. Sehen

wir von 1 und dem Bild h_1 ab, werden nur noch die Zahlen 2, ...,
$n + 1$ auf die Zahlen abgebildet, die von h_1 verschieden sind. Es
handelt sich also um eineindeutige Abbildungen der n-elementigen
Menge $\{2, ..., n + 1\}$ auf die n-elementige Menge $\{1, ..., \hat{h}_1, ..., n + 1\}$
(hierbei bedeutet $\hat{\ }$, h_1 ist wegzulassen). Ihre Anzahl beträgt nach
Induktionsvoraussetzung $n!$, da beide Mengen gleich viele Elemente
besitzen und daher für unseren Zweck identifiziert werden können.

Variieren wir weiter h_1, so kann h_1 alle Zahlen von 1 bis $n + 1$ durch-
laufen, d. h., es gibt $n + 1$ Möglichkeiten für h_1 und damit insgesamt
$(n + 1) \cdot n! = (n + 1)!$ eineindeutige Abbildungen von M auf sich,
w. z. b. w. $\square$

Da es sich bei Permutationen um Abbildungen handelt, kann man sie
hintereinander ausführen und erhält damit in der Menge aller Permutationen einer beliebigen Menge M (M darf unendlich sein) eine Verknüpfung (vgl. Aufgabe I. 9). Es gilt wiederum das assoziative Gesetz.
Einselement ist die identische Abbildung, und das Inverse einer
Permutation ist ihre Umkehrabbildung. Wir erhalten also eine Gruppe,
die wir mit $\mathfrak{S}_M$ bezeichnen.

Definition 3. *Die Gruppe $\mathfrak{S}_M$ aller Permutationen einer Menge M heißt
die symmetrische Gruppe von M.*

*Besteht M aus endlich vielen Elementen, etwa $M = \{1, ..., n\}$, so schrei-
ben wir $\mathfrak{S}_n := \mathfrak{S}_M$ (symmetrische Gruppe n-ten Grades).*
Betrachten wir wieder $\mathfrak{S}_3$, d. h. die Gesamtheit der Permutationen der
Zahlen 1, 2 und 3, und greifen das Element

$$\begin{pmatrix} 1 & 2 & 3 \\ 2 & 3 & 1 \end{pmatrix}$$

heraus. Bei dieser Permutation geht 1 über in 2, 2 in 3 und 3 weiter in 1,
d. h., wir haben einen *3gliedrigen Zyklus* vor uns, den wir kurz mit
(1 2 3) bezeichnen. Diese sogenannte *Zyklenschreibweise* ist sehr vor-
teilhaft, da sie viel Schreibarbeit erspart.
Sind $a_1, ..., a_n$ Elemente aus einer beliebigen Menge M, so schreiben
wir allgemein $(a_1 ... a_n)$ für diejenige Permutation von M, bei der a_1
in a_2, a_2 in a_3, ... und a_n in a_1 übergehen und die übrigen Elemente fest
bleiben.
In der Zyklengestalt schreiben sich die Elemente von $\mathfrak{S}_3$ dann folgendermaßen: $\mathfrak{S}_3 = \{(1), (1\,2), (1\,3), (2\,3), (1\,2\,3), (1\,3\,2)\}$. Es liegen also
ein 1-, drei 2- und zwei 3gliedrige Zyklen vor.
In $\mathfrak{S}_3$ ist jedes Element ein Zyklus. Das ist nicht bei allen Permutationen
der Fall. Statt dessen gilt:

Satz 2. *Jede Permutation einer endlichen Menge ist das Produkt elementfremder Zyklen.*

Beweis. Bei einer beliebigen Permutation von $M = \{1, \ldots, n\}$ gehe 1 etwa über in a_1, a_1 gehe über in a_2, $\ldots$, a_{h1} in a_1 (wegen der Endlichkeit von M muß einmal a_1 auftreten). Damit ist ein erster Zyklus gefunden. Wenn dadurch alle Elemente von M erfaßt worden sind, d. h. $\{a_1, \ldots, a_{h1}\} = M$, sind wir fertig. Sonst wählt man ein Element a_{h2}, das noch nicht vorgekommen ist: $a_{h2} \notin \{a_1, \ldots, a_{h1}\}$, und bildet einen neuen Zyklus, mit a_{h2} beginnend. Wegen der Endlichkeit von M muß das Verfahren nach endlich vielen Schritten abbrechen. Das Produkt der gefundenen, elementfremden Zyklen stellt dann die Permutation dar, von der wir ausgegangen sind. $\square$

Ein 2gliedriger Zyklus wird auch eine _Transposition (Vertauschung)_ genannt.

Satz 3. _Jede Permutation (einer endlichen Menge) ist als Produkt von Transpositionen darstellbar._

Die Anzahlen der in beliebigen Darstellungen einer Permutation auftretenden Transpositionen sind dabei stets gerade oder ungerade. (Dementsprechend heißt die Permutation _gerade_ oder _ungerade_.) Wir beweisen nur den ersten Teil. Für die zweite Aussage verweisen wir etwa auf [23].

Wir denken uns eine beliebige Permutation (einer endlichen Menge), in ein Produkt von (elementfremden) Zyklen zerlegt. Man rechnet unmittelbar nach, daß für einen beliebigen Zyklus $(a_1 \ldots a_n)$ folgende Zerlegung in Transpositionen möglich ist:

$$(a_1 \ldots a_n) = (a_1\, a_2) \circ (a_2\, a_3) \circ \ldots \circ (a_{n-1}\, a_n)$$

(Aufgrund des assoziativen Gesetzes können wir in dem Produkt die Klammern weglassen, vgl. die allgemeinen Bemerkungen auf S. 39) Zerlegt man jeden Zyklus der Permutation auf diese Art, so erhält man eine Zerlegung der genannten Permutation in Transpositionen.

Aufgaben

4. Berechne:

a) $\begin{pmatrix} 1 & 2 & 3 \\ 3 & 1 & 2 \end{pmatrix} \circ \begin{pmatrix} 1 & 2 & 3 \\ 2 & 1 & 3 \end{pmatrix}$

b) $\begin{pmatrix} 1 & 2 & 3 & 4 & 5 \\ 2 & 1 & 4 & 3 & 5 \end{pmatrix} \circ \begin{pmatrix} 1 & 2 & 3 & 4 & 5 \\ 2 & 5 & 1 & 2 & 3 \end{pmatrix}$

c) $\begin{pmatrix} 1 & 2 & 3 & 4 & 5 & 6 & 7 & 8 \\ 3 & 1 & 2 & 4 & 5 & 7 & 8 & 6 \end{pmatrix} \circ \begin{pmatrix} 1 & 2 & 3 & 4 & 5 & 6 & 7 & 8 \\ 8 & 1 & 3 & 5 & 6 & 2 & 4 & 7 \end{pmatrix}$

d) $\left(\begin{pmatrix} 1 & 2 & 3 & 4 \\ 2 & 1 & 4 & 3 \end{pmatrix} \circ \begin{pmatrix} 1 & 2 & 3 & 4 \\ 4 & 1 & 2 & 3 \end{pmatrix} \right) \circ \begin{pmatrix} 1 & 2 & 3 & 4 \\ 2 & 4 & 1 & 3 \end{pmatrix}$

e) $\begin{pmatrix} 1 & 2 & 3 & 4 \\ 2 & 1 & 4 & 3 \end{pmatrix} \circ \left(\begin{pmatrix} 1 & 2 & 3 & 4 \\ 4 & 1 & 2 & 3 \end{pmatrix} \circ \begin{pmatrix} 1 & 2 & 3 & 4 \\ 2 & 4 & 1 & 3 \end{pmatrix} \right)$

f) $(3\ 4\ 5\ ) \circ (4\ 5\ 6)$ g) $(4\ 5\ 6) \circ (3\ 4\ 5)$

h) $(1\ 4\ 3\ 2) \circ (1\ 2\ 3)$ i) $(1\ 2\ 3) \circ (1\ 4\ 3\ 2)$

j) $\big((1\ 2) \circ (2\ 3)\big) \circ \big((3\ 4) \circ (4\ 5)\big)$

k) $\big((1\ 2) \circ \big((2\ 3) \circ (3\ 4)\big)\big) \circ (4\ 5)$

√5. Zerlege in ein Produkt elementfremder Zyklen und anschließend in ein Produkt von Transpositionen:

a) $\begin{pmatrix} 1\ 2\ 3\ 4 \\ 2\ 1\ 4\ 3 \end{pmatrix}$ b) $\begin{pmatrix} 1\ 2\ 3\ 4\ 5\ 6 \\ 1\ 3\ 4\ 2\ 6\ 5 \end{pmatrix}$ c) $\begin{pmatrix} 1\ 2\ 3\ 4\ 5\ 6 \\ 2\ 3\ 4\ 6\ 1\ 5 \end{pmatrix}$

d) $\begin{pmatrix} 1\ 2\ 3\ 4\ 5\ 6\ 7\ 8 \\ 2\ 1\ 4\ 8\ 7\ 6\ 5\ 3 \end{pmatrix}$ e) $\begin{pmatrix} 1\ 2\ 3\ 4\ 5\ 6\ 7\ 8 \\ 4\ 8\ 6\ 5\ 2\ 1\ 3\ 7 \end{pmatrix}$

√6. Gib die Elemente von $\mathfrak{S}_4$ als Produkte elementfremder Zyklen an.

7. Bestimme alle Produkte in der Gruppe $\mathfrak{S}_3$. Vergleiche das Ergebnis mit dem von Aufgabe 1.

8. Zeige:
   a) Das Produkt zweier gerader Permutationen und das Inverse einer geraden Permutation sind wiederum gerade.
   b) Bestimme alle geraden Permutationen in $\mathfrak{S}_3$ und $\mathfrak{S}_4$.

3. Untergruppen und Gruppengraph

Die Symmetriegruppe eines regelmäßigen Sechsecks ist eine Teilmenge der allgemeinen (ebenen) Drehgruppe, die selbst eine Gruppe bildet. Dieselbe Feststellung läßt sich machen, wenn wir in das Sechseck ein Dreieck einbeschreiben (gestrichelt in Fig. 21).

Fig. 21

Definition 4. *Eine Teilmenge M einer Gruppe G heißt eine Untergruppe von G, wenn sie bezüglich der in G vorhandenen Verknüpfung selbst eine Gruppe bildet.*[1])

Als Kriterium, ob eine Teilmenge einer Gruppe eine Untergruppe bildet, dient:

Satz 4. *Eine Teilmenge U einer Gruppe G ist genau dann eine Untergruppe, wenn gilt:*

1. *aus a, b ∈ U folgt a · b ∈ U,*
2. *aus a ∈ U folgt a^{-1} ∈ U.*

1. und 2. lassen sich zusammenfassen in der Forderung:

   aus a, b ∈ U folgt a · b^{-1} ∈ U (Beweis als Übung).

[1]) In der allgemeinen Terminologie des II. Kapitels würde man von einer *Unterstruktur* (der Gruppenstruktur von G) sprechen.

Beweis von Satz 4. Aus der Untergruppeneigenschaft von U folgen sofort 1. und 2.

Sind 1. und 2. erfüllt, so folgt die Existenz eines neutralen Elements. Denn sei a $\in$ U beliebig, dann gilt nach 2. $a^{-1} \in$ U und damit nach 1. $a \cdot a^{-1} = e \in$ U. Die Existenz des Inversen wird in 2. formuliert. Das assoziative Gesetz gilt allgemein in G, also auch für die Elemente aus U. $\square$

Als Beispiel bestimmen wir alle Untergruppen der symmetrischen Gruppe $\mathfrak{S}_3$ dritten Grades. Ihre Elemente sind: (1), (1 2), (1 3), (2 3), (1 2 3), (1 3 2). Die aus (1) allein bestehende Menge bildet eine Untergruppe von $\mathfrak{S}_3$. Eine Untergruppe ist {(1), (1 2)}, da (1 2) $\bigcirc$ (1 2) = (1), ebenso: {(1), (1 3)}, {(1), (2 3)}. Ausgehend von (1 2 3) erhalten wir eine weitere Untergruppe {(1), (1 2 3), (1 3 2)}, denn (1 2 3)^2 = (1 3 2) und (1 2 3) $\bigcirc$ (1 3 2) = (1).

Insgesamt haben wir eine Untergruppe der Ordnung eins (aus dem Einselement allein bestehend), drei (zyklische) Untergruppen der Ordnung zwei und eine (zyklische) Untergruppe der Ordnung drei.

Bevor wir in der Behandlung der Untergruppen weitergehen, geben wir einige Folgerungen aus den Gruppenaxiomen an. Zunächst formulieren wir in einer besonderen Definition den bereits im Text öfters verwendeten Begriff der *Gruppenordnung*.

Definition 5. *Unter der* Ordnung *(endlich oder unendlich) einer Gruppe versteht man die Anzahl ihrer Elemente.*

Ist eine Gruppe *endlich*, d. h. von endlicher Ordnung, so kann ihre Verknüpfung (etwa ·) in einer *Gruppentafel* angegeben werden. Bei einer Gruppe, bestehend aus den drei Elementen g_1, g_2 und g_3, sieht diese folgendermaßen aus:

·	g_1	g_2	g_3
g_1	$g_1 \cdot g_1$	$g_1 \cdot g_2$	$g_1 \cdot g_3$
g_2	$g_2 \cdot g_1$	$g_2 \cdot g_2$	$g_2 \cdot g_3$
g_3	$g_3 \cdot g_1$	$g_3 \cdot g_2$	$g_3 \cdot g_3$

In der linken Spalte stehen also die Elemente des ersten Faktors des jeweiligen Produktes, in der oberen Zeile die Elemente des zweiten Faktors.

Als Beispiel geben wir die Gruppentafel der Restklassen der ganzen Zahlen nach dem Modul vier an, wobei wir nur die Addition als Verknüpfung berücksichtigen.

+	$\bar{0}$	$\bar{1}$	$\bar{2}$	$\bar{3}$
$\bar{0}$	$\bar{0}$	$\bar{1}$	$\bar{2}$	$\bar{3}$
$\bar{1}$	$\bar{1}$	$\bar{2}$	$\bar{3}$	$\bar{0}$
$\bar{2}$	$\bar{2}$	$\bar{3}$	$\bar{0}$	$\bar{1}$
$\bar{3}$	$\bar{3}$	$\bar{0}$	$\bar{1}$	$\bar{2}$

Die Kommutativität der Addition äußert sich übrigens darin, daß die Tafel symmetrisch zu der gestrichelten Winkelhalbierenden ist.

Es folgen einige Bemerkungen über das Rechnen in Gruppen. Aus dem assoziativen Gesetz ergibt sich die Unabhängigkeit des Klammernsetzens. Es gilt etwa: $\left(a_1 \left((a_2 \, a_3) (a_4 \, a_5)\right)\right) = \left((a_1 \, a_2) (a_3 \, a_4)\right) \cdot a_5$ $= (a_1, a_2) \, a_3 \, (a_4 \, a_5)$ usw. Man kann daher in Produkten die Klammern weglassen.

Sei a ein beliebiges Element einer Gruppe G. Wir definieren: $a^0 := e$, $a^1 := a$, $a^2 := a \cdot a$. Allgemein: $a^n := a \cdot a^{n-1}$ $(n \geq 1)$. Der Ausdruck a^n heißt die n-*te Potenz* von a. Wie beim Zahlenrechnen gilt die Regel

$$(*) \quad a^{m+n} = a^m \cdot a^n,$$

m, $n \in \mathbb{N} \cup \{0\}$. Ist n negativ, $n \in \mathbb{Z}$, $n = -n'$, $n' \in \mathbb{N}$, so definiert man: $a^n := (a^{n'})^{-1}$. Die Regel (*) bleibt für beliebige ganze Zahlen m und n dann ebenfalls gültig. Wir übergehen den Beweis der Einzelheiten (Aufgabe 10).

In unserem Beispiel der Gruppe $\mathfrak{S}_3$ waren alle Untergruppen (bis auf $\mathfrak{S}_3$ selbst) *zyklisch,* d. h., sie bestanden aus den Potenzen eines einzigen *(erzeugenden)* Elements.

Definition 6. *Eine Gruppe heißt zyklisch, wenn sie aus den Potenzen eines ihrer Elemente besteht.*

Untersuchung der zyklischen Gruppen.

1. Fall: $a^n = e$ für alle $n \in \mathbb{N}$. Dann sind alle Potenzen von a verschieden. Die Gruppe G hat die Gestalt: $G = \{\ldots, a^{-2}, a^{-1}, e, a, a^2, \ldots\}$. G heißt unendlich zyklisch.

2. Fall: $a^n = e$ für ein $n \in \mathbb{N}$. Wir nehmen an, n sei die kleinste natürliche Zahl mit dieser Eigenschaft. Dann besteht die Gruppe G aus den Elementen: $G = \{e, a, a^2, \ldots, a^{n-1}\}$ (zum Beweis: $a^n = e$, $a^{n+1} = a \cdot a^n = a \cdot e = a$, $a^{-1} = a^{-1} \cdot e = a^{-1} \cdot a^n = a^{n-1}$ usw.). G heißt zyklisch von der Ordnung n.

Kennt man sämtliche Untergruppen einer Gruppe G, so hat man schon eine gewisse Übersicht über G. Zur anschaulichen Verdeutlichung bedient man sich dabei des Gruppengraphen, der für den Fall der symmetrischen Gruppe $\mathfrak{S}_3$ dritten Grades angegeben werde.

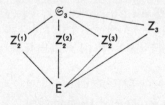

Fig. 22

Wir verwenden die Bezeichnungen: $E = \{(1)\}$, $Z_2^{(1)} = \{(1), (1\ 2)\}$, $Z_2^{(2)} = \{(1), (1\ 3)\}$, $Z_2^{(3)} = \{(1), (2\ 3)\}$, $Z_3 = \{(1), (1\ 2\ 3), (1\ 3\ 2)\}$.

Die Verbindungslinien geben an, wie die Untergruppen jeweils ineinander enthalten sind.

Wir führen im folgenden eine Systematik der endlichen Gruppen nach ihren Ordnungen durch und bestimmen anschließend in einigen Fällen ihren Gruppengraphen.

Hierzu benötigen wir noch einen Hilfsbegriff. Sind G_1 und G_2 Gruppen, so können wir ihr kartesisches Produkt $G := G_1 \times G_2$, d. h. die Menge aller Paare (g_1, g_2) mit $g_1 \in G_1$ und $g_2 \in G_2$ betrachten. Wir führen in G eine Verknüpfung ein durch die Festsetzung:

$$(g_1, g_2) \cdot (h_1, h_2) := (g_1 \cdot h_1, g_2 \cdot h_2),$$

wobei $g_1, h_1 \in G_1$ und $g_2, h_2 \in G_2$. Die *Multiplikation* in G erfolgt also *komponentenweise*. Die Gültigkeit des assoziativen Gesetzes für G_1 und G_2 überträgt sich auf G. Einselement in G ist das Paar $(e_1\ e_2)$, wobei e_1 das Einselement von G_1 und e_2 das Einselement von G_2 ist. Ferner ist (g_1^{-1}, g_2^{-1}) das Inverse von (g_1, g_2), $g_1 \in G_1$, $g_2 \in G_2$. In G sind damit alle Gruppenaxiome nachgewiesen. Wir nennen G das *direkte Produkt* von G_1 und G_2.

Entsprechend definiert man das direkte Produkt $G := G_1 \times \ldots \times G_n$ der Gruppen $G_1, \ldots, G_n$. Die Verknüpfung in G wird gegeben durch:

$$(g_1, \ldots, g_n) \cdot (h_1, \ldots, h_n) := (g_1 \cdot h_1, \ldots, g_n \cdot h_n),$$

$g_1, h_1 \in G_1, \ldots, g_n, h_n \in G_n$. Der Nachweis der Gruppeneigenschaft von G verläuft genauso.

Wir stellen jetzt alle Gruppen bis zur Ordnung acht zusammen. Der Nachweis, daß wir alle Gruppen (bis auf *Isomorphie*) erfaßt haben, wird teilweise im nächsten Abschnitt geführt. n bezeichne die Gruppenordnung der jeweiligen Gruppe G.

n = 1: Hier besteht G nur aus dem Einselement: $G = \{e\}$.

n = 2: Zu e kommt noch ein weiteres Element a hinzu, für das gelten muß $a \cdot a = e$ (wäre $a \cdot a = a$, dann würde durch Multiplikation mit a^{-1} von links folgen: $a = e$, a war aber als verschieden von e angenommen worden). G hat also die Gestalt: $G = Z_2 = \{e, a\}$ zyklische Gruppe der Ordnung zwei.

n = 3: Entsprechend ergibt sich: $G = Z_3 = \{e, a, a^2\}$ zyklische Gruppe der Ordnung drei.

n = 4: Hier treten zum erstenmal verschiedene Gruppentypen auf.

1. $G = Z_4$ zyklische Gruppe der Ordnung vier.
2. $G = V_4 := Z_2 \times Z_2$ *Kleinsche Vierergruppe* = direktes Produkt zweier zyklischer Gruppen der Ordnung zwei. V_4 kann beschrieben werden als $V_4 = \{e, a, b, c\}$ mit den *Relationen* (e Einselement): $a^2 = b^2 = c^2 = e$, $a \cdot b = c$, $a \cdot c = b$ und $b \cdot c = a$.

$\underline{n = 5}$: Hier ist G wieder zyklisch: $\underline{G = Z_5}$ zyklische Gruppe der Ordnung fünf.

$\underline{n = 6}$: Während bisher alle Gruppen kommutativ waren, tritt hier erstmals eine nichtkommutative Gruppe auf, die bereits bekannte symmetrische Gruppe $\mathfrak{S}_3$ dritten Grades. Eine weitere kommutative Gruppe ist:

$\underline{G = Z_6}$ zyklische Gruppe der Ordnung sechs.

$\underline{n = 7}$: $\underline{G = Z_7}$ zyklische Gruppe der Ordnung sieben.

$\underline{n = 8}$: Betrachten wir zunächst die kommutativen Gruppen.

1. $G = Z_2 \times Z_2 \times Z_2$ direktes Produkt dreier zyklischer Gruppen zweiter Ordnung.

2. $G = Z_2 \times Z_4$ direktes Produkt einer zyklischen Gruppe zweiter und einer zyklischen Gruppe vierter Ordnung.

3. $G = Z_8$ zyklische Gruppe achter Ordnung.

4. Als nichtkommutative Gruppe kennen wir schon $\underline{G = D_4}$, die Diedergruppe des Quadrats.

5. Eine weitere ist die *Quaternionengruppe* Q_8 (der Name rührt von den „Quaternionen", vierdimensionalen Vektoren, her) mit den Elementen $Q_8 = \{e, -e, i, -i, j, -j, k, -k\}$ und den Relationen (e Einselement): $ij = k$, $jk = i$, $ki = j$ *(zyklische Vertauschung)* und $ij = -ji$, $ik = -ki$, $jk = -kj$.

Der Gruppengraph der letzten beiden Gruppen sieht folgendermaßen aus (vgl. Aufgabe 24, ähnlich wie in Fig. 22 bezeichnen wir mit $Z_j^{(i)}$ zyklische Gruppen der Ordnung j, ferner mit $V_4^{(i)}$ Kleinsche Vierergruppen):

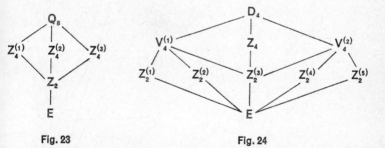

Fig. 23   Fig. 24

Die Anzahl der Untergruppen einer Gruppe G steigt unter Umständen sehr stark mit der Ordnung von G an. Als Beispiel ziemlich komplizierter Verhältnisse geben wir den Gruppengraphen der symmetrischen Gruppe $\mathfrak{S}_4$ vierten Grades an (Fig. 25, vgl. Aufgabe 19. d).

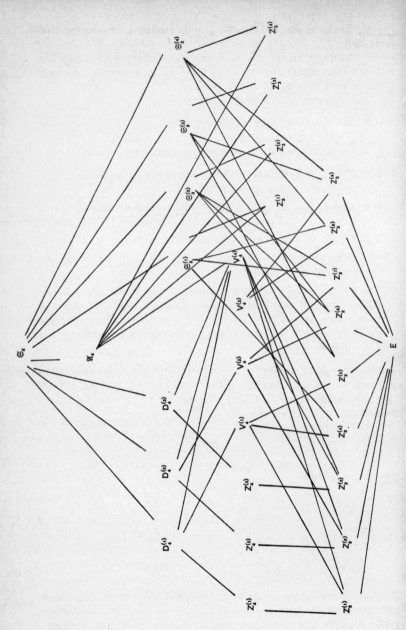

Fig. 25

Bereits an vielen Beispielen haben wir die Bedeutung der Permutations-gruppen (= Untergruppen der symmetrischen Gruppen) kennengelernt. Aufgrund des nachfolgenden Satzes könnte man sogar die gesamte Gruppen-theorie als Theorie dieser Permutationsgruppen auffassen.

Satz 5 (von Cayley[1]). Jede Gruppe ist zu einer Permutationsgruppe isomorph (im Sinne von Definition II. 6).

Obwohl der Beweis nicht schwierig ist, wollen wir ihn nicht durchführen, da wir von seiner Methode keinen Gebrauch machen. Jedesmal wenn wir eine geometrische Gruppe als Permutationsgruppe auffassen (z. B. die Dieder-bewegungen eines Quadrats als Permutationen seiner vier Ecken), haben wir einen solchen Isomorphismus vorliegen.

Aufgaben

9. a) Stelle die Gruppentafel von $\mathbb{Z}_3$, $\mathbb{Z}_5$, $\mathbb{Z}_6$ (Verknüpfung $+$), $\mathfrak{S}_3$ und D_4 (Diedergruppe des Quadrats) auf.

    b) Gib die erzeugenden Elemente der unter a) vorkommenden zyklischen Gruppen an.

    c) Bestimme alle Untergruppen (Gruppengraph) von $\mathbb{Z}_3$, $\mathbb{Z}_5$ und $\mathbb{Z}_6$ (Verknüpfung $+$).

10. a) Führe den Beweis der Regel (*) von S. 39 im einzelnen durch.

    b) Zeige, daß in einer Gruppe G gilt: $(a^m)^n = a^{m \cdot n}$ für beliebige $a \in G$, m, $n \in \mathbb{Z}$.

11. Gegeben seien eine Gruppe G und ein Element $a \in G$. Durch die Zuordnung $g \to a \cdot g$ ($g \in G$ beliebig) wird eine Abbildung von G in G festgelegt. Zeige, daß eine Permutation, d. h. eine einein-deutige Abbildung von G auf sich vorliegt. Jedem Gruppenele-ment läßt sich also eine Permutation zuordnen. Auf dieser Tat-sache beruht übrigens der Beweis von Satz 5 (von Cayley).

12. Endlich viele Elemente a_1, ..., a_n einer Gruppe G heißen ein *Erzeugendensystem* von G, wenn jedes $a \in G$ als (endliches) Produkt der a_1, ..., a_n geschrieben werden kann, wobei die a_i mehrfach auftreten dürfen. In dieser Ausdrucksweise können wir z. B. eine zyklische Gruppe dadurch charakterisieren, daß sie ein Erzeugendensystem, bestehend aus einem einzigen Element, besitzt.
    Zeige:

    a) $\mathfrak{S}_3$ und die Gruppe $\mathfrak{A}_4$ der geraden Permutationen vierten Grades (vgl. Aufgabe 8) werden durch jeweils zwei Elemente erzeugt, d. h. besitzen ein Erzeugendensystem, bestehend aus je zwei Elementen.

    b) Die Gruppe $\mathfrak{S}_4$ wird durch drei Elemente erzeugt.

    c) Die Diedergruppe D_n ($n \geq 3$) des regelmäßigen n-Ecks wird durch zwei Elemente erzeugt.

[1] A. Cayley (1821–1895).

d) Eine Gruppe G werde durch zwei Elemente a und b erzeugt, und es gelte: a b = b a. Dann ist G abelsch.

13. Zeige:

a) Der Durchschnitt zweier Untergruppen einer Gruppe G ist eine Untergruppe von G.

b) Die Vereinigung zweier Untergruppen einer Gruppe G ist im allgemeinen keine Untergruppe von G (Beispiel!).

c) Eine Gruppe G ist nicht als Vereinigungsmenge zweier *echter* (d. h. von G verschiedener) Untergruppen darstellbar.

14.*Zeige: Jede Untergruppe einer zyklischen Gruppe ist zyklisch.

15. Zeige:

a) Das direkte Produkt einer zyklischen Gruppe zweiter Ordnung und einer zyklischen Gruppe dritter Ordnung ist zyklisch von der Ordnung sechs.

b) Das direkte Produkt zweier abelscher Gruppen ist abelsch.

4. Quotientengruppen und Homomorphismen

In ein regelmäßiges Sechseck werden die beiden Dreiecke $\triangle$ und $\triangle'$ einbeschrieben (Fig. 26). Die Elemente der (ebenen) Symmetriegruppe G des Sechsecks (zyklisch von der Ordnung sechs) bilden $\triangle$ entweder auf sich oder auf $\triangle'$ ab. Wir führen eine Äquivalenzrelation $\sim$ in G ein, indem wir für Elemente a, b aus G definieren:

Fig. 26

a $\sim$ b genau dann, wenn a und b $\triangle$ (und damit $\triangle'$) auf das gleiche Bild abbilden. Die Eigenschaften einer Äquivalenzrelation sieht man unmittelbar ein. $\sim$ ist sogar eine Kongruenzrelation in G, d. h., aus a $\sim$ a' und b $\sim$ b' (a, a', b, b' $\in$ G) folgt a b $\sim$ a' b', denn bilden jeweils a, a' und b, b' $\triangle$ in gleicher Weise ab, dann auch a a', b b'.

Bezeichnen wir wie früher mit $\mathfrak{R}_a$ diejenige Restklasse nach $\sim$, die das Element a $\in$ G enthält, so erhalten wir im vorliegenden Fall die beiden Restklassen $\mathfrak{R}_e = \{\delta_0, \delta_{120}, \delta_{240}\}$ und $\mathfrak{R}\delta_{60} = \{\delta_{60}, \delta_{180}, \delta_{300}\}$, wobei die Indizes die jeweiligen Drehwinkel angeben. Die Elemente von $\mathfrak{R}_e$ lassen $\triangle$ (und $\triangle'$) unverändert, während durch die Elemente von $\mathfrak{R}\delta_{60}$ $\triangle$ auf $\triangle'$ (und $\triangle'$ auf $\triangle$) abgebildet wird.

Wir gehen jetzt von einer beliebigen Kongruenzrelation $\sim$ in einer Gruppe G aus und bezeichnen die das Einselement enthaltende Restklasse mit N : $\mathfrak{R}_e =: N$.

N ist eine Untergruppe von G: Sei a, b $\in$ N, d. h. a $\sim$ e und b $\sim$ e. Da $\sim$ Kongruenzrelation, folgt a $\cdot$ b $\sim$ e $\cdot$ e = e und a^{-1} $\sim$ e, also a $\cdot$ b $\in$ N und a^{-1} $\in$ N.

Weiter gilt für Elemente a, b ∈ G: b ~ a ist gleichwertig mit a^{-1} b ~ e (hier wird wieder die Eigenschaft der Kongruenzrelation ~ ausgenutzt), d. h. a^{-1} b ∈ N. Setzen wir a · N: = {a · c | c ∈ N}, so können wir hierfür auch schreiben: b ∈ a · N. Damit ergibt sich: $\Re_a$ = a · N. Entsprechend zeigt man: $\Re_a$ = N · a: b ~ a ist äquivalent mit b a^{-1}~ e, also b a^{-1} ∈ N, d. h. b ∈ Na.

Definition 7. *U sei eine Untergruppe von G. Die Teilmenge a U: = {a c | c ∈ U} von G heißt eine Linksnebenklasse von G nach U (a ∈ G beliebig).*

Entsprechend nennt man U a: = {c a | c ∈ U} eine Rechtsnebenklasse von G nach U (a ∈ G beliebig).

Wie wir gesehen haben, gilt für die von uns betrachtete Untergruppe N von G: a · N = N · a für beliebiges a ∈ G, mit anderen Worten, die Links- und Rechtsnebenklassen von G nach N stimmen überein. Wir sprechen in diesem Fall einfach von *Nebenklassen* von G nach N.

Definition 8. *Eine Untergruppe N einer Gruppe G heißt Normalteiler (invariant) in G, wenn gilt:*

$$a · N = N · a \text{ für alle } a ∈ G.$$

Die in der Definition angegebene Bedingung kann auch anders ausgedrückt werden: Eine Untergruppe N von G ist genau dann Normalteiler, wenn

$$a · N · a^{-1} = N$$

für alle a ∈ G. Hierbei wurde a · N · a^{-1}: = {a · c · a^{-1} | c ∈ N} gesetzt. Das bisher erreichte Ergebnis können wir nun folgendermaßen formulieren:

Satz 6. *Die Restklassen nach einer Kongruenzrelation in einer Gruppe G stimmen mit den Nebenklassen nach einer invarianten Untergruppe N von G überein.*

Dabei wird N als die das Einselement e ∈ G enthaltende Restklasse erhalten.

Der geschilderte Zusammenhang zwischen einer Kongruenzrelation und einem Normalteiler in G gilt auch umgekehrt, d. h., jeder Normalteiler N von G liefert eine Kongruenzrelation in G durch die Festsetzung b ~ a (a, b ∈ G) genau dann, wenn b a^{-1} ∈ N.

Unter den bisherigen Voraussetzungen bezeichnen wir mit $\overline{G}$ die Gesamtheit aller Restklassen nach ~ bzw. Nebenklassen nach N. Wie in Kapitel II ausgeführt, überträgt sich die Multiplikation von G auf $\overline{G}$, indem man setzt: $\Re_a · \Re_b$: = $\Re_{a·b}$, a, b ∈ G (in der Bezeichnungsweise des II. Kapitels: $\overline{a}$: = $\Re_a$, lautet die Festsetzung: $\overline{a} · \overline{b}$: = $\overline{a·b}$). In Nebenklassen geschrieben bedeutet das:

$$(a N) · (b N) = (a · b) N,$$

a, b ∈ G. Die Gültigkeit des assoziativen Gesetzes überträgt sich eben-

falls von G auf $\overline{G}$. Als Einselement in $\overline{G}$ fungiert die Nebenklasse N,
denn es gilt: $(a\,N) \cdot N = N \cdot (a\,N) = a\,N$. Das Inverse von a N ist die
Klasse $a^{-1}\,N$, da $(a\,N) \cdot (a^{-1}\,N) = (a^{-1}\,N) \cdot (a\,N) = (a\,a^{-1})\,N = (a^{-1}\,a)\,N$
$= e\,N = N$.

$\overline{G}$ ist damit als Gruppe erkannt.

Definition 9. *Die mit der soeben eingeführten Gruppenstruktur versehene Menge der Restklassen von G nach der Kongruenzrelation $\sim$ bzw. nach dem zugehörigen Normalteiler N heißt die Quotientengruppe*[1] *von G nach $\sim$ bzw. nach N. Symbol:* $\overline{G} = :\,G\,/\sim\,=\,:\,G\,/\,N.$

Kommen wir auf das zu Anfang behandelte Beispiel einer Kongruenz-relation zurück. Der zugehörige Normalteiler ist N = $\{\delta_0,\,\delta_{120},\,\delta_{240}\}$. Außer N gibt es nur noch eine weitere Restklasse: $\delta_{60} + $ N $= \{\delta_{60},\,\delta_{180},\,\delta_{300}\}$. $\overline{G}$ besteht in diesem Fall also aus zwei Elementen.

Wie wir aus dem ersten Abschnitt wissen, kann jede endliche zyklische Gruppe als Gruppe von Drehungen eines regelmäßigen Vielecks realisiert werden. Behandeln wir noch die Fälle eines Acht- und Neunecks (Fig. 27 und 28). In das
Achteck beschreiben wir zwei Quadrate ein, indem wir jeweils eine Ecke überspringen, in das Neuneck drei Dreiecke, indem wir jeweils zwei Ecken überspringen. Die entsprechende Quotientengruppe besteht im ersten Fall wiederum aus

Fig. 27   Fig. 28

zwei, im zweiten Fall aus drei Elementen. In $\overline{G}$ treten also jeweils so viel Elemente auf, wie verschiedene Dreiecke bzw. Quadrate einbeschrieben sind.

Wir wollen unseren Betrachtungen eine wichtige Ergänzung hinzu-fügen. Es sei eine beliebige Untergruppe U einer endlichen Gruppe G gegeben. Wir können die Linksnebenklassen a U, a $\in$ G, von G nach U bilden. Da ihre Gesamtheit eine Klasseneinteilung von G darstellt, liegt jedes Element von G in einer dieser Klassen. Jede Nebenklasse a U enthält gleich viele Elemente, nämlich so viele Elemente, wie U enthält (Beweis!). Da G endlich, ist auch die Anzahl der Nebenklassen von G nach U endlich. Sie heißt der *Index* von G nach U und wird mit $|\,G : U\,|$ bezeichnet. Führen wir für die Gruppenordnungen noch die Symbole $|\,G\,|$ und $|\,U\,|$ ein, so muß also gelten: $|\,G\,| = |\,U\,| \cdot |\,G : U\,|$.

Diese Feststellung wollen wir besonders formulieren:

Satz 7 *(von Lagrange*[2]*). Ist U eine Untergruppe einer endlichen Gruppe G, dann gilt:*

$$(*) \quad |\,G\,| = |\,U\,| \cdot |\,G : U\,|.$$

[1] In der Literatur bisher meist als *Faktorgruppe* bezeichnet.
[2] J. L. Lagrange (1736–1813)

46

Die Ordnung der Gruppe U teilt also die Ordnung der Gruppe G.
Im Falle eines Normalteilers N ist der Index von G nach N gleich der Gruppenordnung von $\overline{G} = G / N$. (*) geht dann über in:

$$|\,G\,| = |\,N\,| \cdot |\,G / N\,|.$$

Wir werden von diesem Satz später Gebrauch machen.

Die Quotientengruppe $\overline{G}$ einer Gruppe G ist ein Beispiel der Bildung einer Quotientenstruktur im Sinne von Kapitel II. Wir haben dort den Begriff des Homomorphismus und Isomorphismus für beliebige Algebren eingeführt und festgestellt, daß auf kanonische Weise ein surjektiver Homomorphismus von der Ausgangsalgebra auf die Quotientenalgebra hergestellt werden kann. Wegen der Wichtigkeit formulieren wir diese Tatsachen noch einmal für den Gruppenfall.

Definition 10. *G und G' seien Gruppen (die Verknüpfungen sollen in beiden Gruppen mit · bezeichnet werden).*
Eine Abbildung $\varphi : G \to G'$ *von G in G' heißt ein* <u>Homomorphismus,</u>
wenn gilt:

$$\varphi\,(a \cdot b) = \varphi\,(a) \cdot \varphi\,(b) \text{ für beliebige } a,\, b \in G.$$

Ist außerdem φ *bijektiv, so heißt* φ *ein* <u>Isomorphismus</u> *von G auf G'.*
G und G' heißen dann <u>isomorph: $G \cong G'$.</u>

Sei G eine Gruppe und N ein Normalteiler in G. Wir erhalten einen surjektiven Homomorphismus φ: $G \to G / N$ von G auf G / N, indem wir setzen: φ (a): $= a\,N$. Die Homomorphieeigenschaft gilt aufgrund der Multiplikationsdefinition in G / N:

$$\varphi\,(a\,b) = (a\,b)\,N = (a\,N)\,(b\,N) = \varphi\,(a) \cdot \varphi\,(b).$$

Satz 1 von Kapitel II liefert die Umkehrung dieses Sachverhalts:
Satz 8 *(Homomorphiesatz der Gruppentheorie).* φ: $G \to G'$ *sei ein Homomorphismus von einer Gruppe G auf eine Gruppe G'.*
Dann gibt es eine Kongruenzrelation $\sim$ *bzw. einen Normalteiler N in G, so daß:*

$$G\,/\sim\; = G\,/\,N \cong G'.$$

Zum Schluß machen wir noch eine Anwendung des Satzes von Lagrange. Ist a ein Element einer Gruppe G, so *erzeugt* a eine zyklische Untergruppe Z von G, wobei Z aus allen Potenzen von a besteht. Wir nennen die Ordnung dieser Gruppe Z (endlich oder unendlich) die *Ordnung* von a. Nach dem Satz von Lagrange ist im Falle einer endlichen Gruppe G die Gruppenordnung von Z und damit die Ordnung von a ein Teiler der Ordnung von G. Nach diesen Vorbereitungen können wir zeigen:

Satz 9. *Eine Gruppe von Primzahlordnung ist zyklisch.*
Beweis. G sei eine Gruppe von der Primzahlordnung p (p $\neq$ 1) und a ein vom Einselement e $\in$ G verschiedenes Element von G. Die Ordnung von a muß ein Teiler von p sein, ist also entweder 1 oder p.

1 kann nicht zutreffen, sonst wäre a = e. Daher bleibt nur p übrig, a erzeugt b, d. h., $G = \{e, a, \ldots, a^{p-1}\}$ und G ist zyklisch. □

Aufgrund dieses Satzes gibt es (bis auf Isomorphie) jeweils nur eine Gruppe für eine vorgegebene Primzahl als Gruppenordnung. Diese Tatsache ist für den Nachweis der Vollständigkeit der Aufzählung aller Gruppen bis zur Ordnung acht im vorigen Abschnitt von Interesse.

Wir behandeln noch den Fall der Gruppenordnung vier. Die Gruppe G besteht aus vier Elementen: $G = \{e, a, b, c\}$. Ist G nicht zyklisch, dann besitzt G kein Element vierter Ordnung. Die Ordnung der von e verschiedenen Elemente a, b, c muß dann zwei sein: $a^2 = b^2 = c^2 = e$. Ferner gilt: $a \cdot b = c, a \cdot c = b$ und $b \cdot c = a$ (aus $a \cdot b = a$ etwa würde folgen: b = e). G ist daher vom Typ der Kleinschen Vierergruppe.

Aufgaben

16. Bestimme alle Normalteiler und ihre Nebenklassen für folgende Gruppen:
    - a) $\mathbb{Z}_6$ (Verknüpfung +) b) $\mathfrak{S}_3$ c) D_4 d) Q_8

17. Zeige:
    - a) In einer abelschen Gruppe ist jede Untergruppe ein Normalteiler.
    - b) Jede Untergruppe vom Index zwei in einer Gruppe G ist ein Normalteiler in G.
    - c) Die Gruppe $\mathfrak{A}_n$ ($n \geq 2$) der geraden Permutationen n-ten Grades (vgl. Aufgabe 8) ist eine Untergruppe vom Index zwei (und damit ein Normalteiler in der Gruppe $\mathfrak{S}_n$ aller Permutationen n-ten Grades.
    - d) Der Durchschnitt zweier Normalteiler in einer Gruppe G ist ebenfalls ein Normalteiler in G.

18. Zeige:
    - a) Eine zyklische Gruppe ist entweder zu $\mathbb{Z}$ oder zu $\mathbb{Z}_n$ ($n \in \mathbb{N}$) isomorph (beidesmal Verknüpfung +).
    - b)* Jede Quotientengruppe nach einer zyklischen Gruppe ist wiederum zyklisch.

19. Zeige:
    - a) Die Diedergruppe D_3 des gleichseitigen Dreiecks ist zu $\mathfrak{S}_3$ isomorph.
    - b) Zu welcher Untergruppe von $\mathfrak{S}_4$ ist die Diedergruppe D_4 des Quadrats isomorph?
    - c) Die Tetraedergruppe ist zu $\mathfrak{A}_4$ isomorph.
    - d) * Die Hexaedergruppe ist zu $\mathfrak{S}_4$ isomorph.
      Hinweis zu d). Beschreibe die Symmetrieelemente des Hexaeders (Würfels) als Permutationen der vier Drehachsen, die durch gegenüberliegende Ecken verlaufen.

Mit Hilfe dieser geometrischen Interpretation läßt sich übrigens der Gruppengraph von $\mathfrak{S}_4$ (Fig. 25) aufstellen [10].

20. Eine Gruppe werde durch die Elemente a und b erzeugt, und es gelte: $a^2 = e$, $b^4 = e$, $ba = ab^{-1}$. Zeige, daß G zur Diedergruppe D_4 isomorph ist. Durch die genannten Relationen ist also das „Rechnen" in D_4 festgelegt.

21. a) Bestimme die Ordnungen aller Elemente von D_4.

b) Zeige: Eine Gruppe G, in der jedes Element die Ordnung zwei hat, ist abelsch.

c)* G sei eine endliche abelsche Gruppe, bestehend aus den Elementen $a_1, \ldots, a_r$ der Ordnungen $n_1, \ldots, n_r$. Zeige, daß es in G ein Element der Ordnung $n := $ k. g. V. $(n_1, \ldots, n_r)$ gibt.

22.** $\varphi: G \to G'$ sei ein Homomorphismus der Gruppe G in die Gruppe G', U eine Untergruppe von G und V eine Untergruppe von G'.

Zeige:

a) φ (U) ist eine Untergruppe von G'.

b) $\overline{\varphi}^{-1}$ (V) ist eine Untergruppe von G.

c) $\overline{\varphi}^{-1}$ ({e}) ist ein Normalteiler in G (*Kern* von φ).

d) φ ist genau dann injektiv, wenn $\overline{\varphi}^{-1}$ ({e}) = {e}.

23.*Beweise, daß die im 3. Abschnitt aufgestellte Liste aller Gruppentypen (d. h. aller Klassen von isomorphen Gruppen) bis zur Ordnung acht vollständig ist.

24.*Bestimme den Gruppengraphen für alle Gruppen achter Ordnung.

25. a) Zeige, daß in einer Gruppe G durch die Zuordnung $g \to cgc^{-1}$ (g ∈ G beliebig, c ∈ G fest gewählt) ein *(innerer)* Automorphismus von G definiert wird.

b) Zwei *Elemente* a und b heißen *konjugiert,* in Zeichen: $a \sim b$, wenn sie sich durch einen inneren Automorphismus von G ineinander überführen lassen, d. h., es ein c ∈ G gibt, so daß $b = cac^{-1}$. Zeige, daß eine Äquivalenzrelation vorliegt.

c) Bestimme die zu (13) in $\mathfrak{S}_3$ konjugierten Elemente.

d)* Zeige, daß die Anzahl der in einer Konjugiertenklasse, d.h. in einer Äquivalenzklasse $\mathfrak{R}_a$ (a ∈ G) nach $\sim$ liegenden Elemente gleich dem Index der Untergruppe (!) $N_a := \{g \in G \mid ag = ga\}$ (*Normalisator* von a in G) in G ist. Zwei *Untergruppen* U und V einer Gruppe G heißen *konjugiert,* wenn sie durch einen inneren Automorphismus von G auseinander hervorgehen, d. h., es ein c ∈ G gibt, so daß

$$V = cUc^{-1} = \{cgc^{-1} \mid g \in U\}.$$

e) Zeige, daß wiederum eine Äquivalenzrelation vorliegt.

f) Bestimme die Klassen konjugierter Untergruppen in D_4.

g)* Zeige, daß der Durchschnitt aller in einer Konjugiertenklasse liegenden Untergruppen einer Gruppe G ein Normalteiler in G ist.

26.** Unter dem *Zentrum Z* einer Gruppe G versteht man die Gesamtheit derjenigen Elemente $a \in G$, die mit allen Elementen von G vertauschbar sind:

$$Z := \{a \in G \mid a\,g = g\,a \text{ für alle } g \in G\}.$$

a) Zeige, daß Z eine (invariante) Untergruppe von G ist.

b) Bestimme das Zentrum von D_4.

c) Wir wissen bereits (Satz 9), daß jede Gruppe von Primzahlordnung zyklisch und damit abelsch ist. Zeige, daß in Verallgemeinerung hiervon gilt: Jede Gruppe von der Ordnung einer Primzahlpotenz besitzt ein nichttriviales (d. h. von der nur aus dem Einselement allein bestehenden Untergruppe von G verschiedenes) Zentrum.
Hinweis. Verwende Aufgabe 25 d).

d) Mit Hilfe von c) und Aufgabe 12 d) zeige, daß jede Gruppe von der Ordnung p^2 (p Primzahl) abelsch ist.

e) Bestimme alle Gruppen neunter Ordnung.

27.** Eine (endliche) Gruppe G heißt *auflösbar,* wenn es eine Kette von Untergruppen (E bezeichnet die aus dem Einselement allein bestehende Untergruppe):

$$E = G_0 \subseteq G_1 \subseteq \ldots \subseteq G_r = G$$

gibt, so daß G_i Normalteiler in der nächstfolgenden Gruppe G_{i+1} und G_{i+1} / G_i abelsch ist, $i = 1, \ldots, r - 1$.
Die Bedeutung des Namens wird sich erst später (Kapitel VII) herausstellen. Jede (endliche) abelsche Gruppe ist demnach auch auflösbar.
Zeige die Auflösbarkeit der folgenden Gruppen:

a) $\mathfrak{S}_3$ b) D_4 c) Q_8 d) $\mathfrak{S}_4$
Es ergibt sich also insbesondere die Auflösbarkeit aller Gruppen bis zur Ordnung acht.

e) Beweise durch vollständige Induktion über die Gruppenordnung und unter Verwendung der Aufgaben 26 c) und 22 b): Jede Gruppe von Primzahlpotenzordnung ist auflösbar.
Hinweis. Zeige zunächst: Enthält eine Untergruppe G von $\mathfrak{S}_n$ jeden 3gliedrigen Zyklus, so gilt dies auch für jeden Normalteiler N in G mit abelscher Quotientengruppe.

IV. RINGE

1. Definition und Beispiele

Wir wenden uns den algebraischen Strukturen mit zwei Verknüpfungen zu, für die wir wie bei den Zahlbereichen die Gültigkeit einer Reihe von Gesetzen verlangen.

Definition 1. *Unter einem Ring versteht man eine Menge R, in der zwei (durch + und · bezeichnete) Verknüpfungen gegeben sind, so daß*

a) *R eine abelsche Gruppe bezüglich der Verknüpfung + bildet.*

b) *das assoziative Gesetz bezüglich der Verknüpfung · (im Sinne von Definition II. 2 b) gilt:*
$$a \cdot (b \cdot c) = (a \cdot b) \cdot c$$
für beliebige a, b, c ∈ R.

c) *die distributiven Gesetze (vgl. S. 23) gelten:*
$$a \cdot (b + c) = a \cdot b + a \cdot c, \quad (a + b) \cdot c = a \cdot c + b \cdot c,$$
für beliebige a, b, c ∈ R.

In der folgenden Definition wird eine weitere Anzahl von Gesetzen zusammengefaßt, deren Erfülltsein wir in den nachfolgend angegebenen Beispielen jeweils nachprüfen.

Definition 2. *R sei ein Ring (mit den Verknüpfungen + und ·).*

a) *R heißt kommutativ, wenn das kommutative Gesetz bezüglich · (im Sinne von Definition II. 2 a) gilt, d. h.: a · b = b · a, für beliebige a, b ∈ R.*

b) *R heißt Ring mit Einselement, wenn es ein neutrales Element e (hier Einselement genannt) bezüglich · (vgl. c) von Definition II. 2) gibt, so daß*
$$a \cdot e = e \cdot a = a \quad \text{für alle } a \in R.$$

c) *R heißt nullteilerfrei (die Bedeutung des Namens wird im 3. Abschnitt erläutert), wenn (stets)*
aus a, b ∈ R, a ≠ 0, b ≠ 0 folgt a · b ≠ 0.

d) *Ein kommutativer nullteilerfreier Ring mit einem von Null verschiedenen Einselement wird ein Integritätsbereich (oder Integritätsring) genannt.*

e) *Ein kommutativer Ring R mit einem von Null verschiedenen Einselement heißt ein (kommutativer) Körper, wenn die Bedingung d)*

*von Definition II. 2 für die von Null verschiedenen Elemente von R
erfüllt ist: Zu jedem Element a ∈ R mit a ≠ 0 gibt es ein inverses
Element a' ∈ R, so daß gilt:*
$$a \cdot a' = a' \cdot a = e.$$

a) Zahlbereiche

Beginnen wir mit der Menge $\mathbb{N}$ der natürlichen Zahlen als Beispiel
einer algebraischen Struktur mit zwei Verknüpfungen, bei der noch
kein Ring vorliegt. Hier ist die Bedingung a) von Definition 1 verletzt,
da $\mathbb{N}$ bezüglich + keine abelsche Gruppe bildet. Man hat für diese
Situation den Namen *Halbring*, den wir allerdings nicht weiter verwenden.

Die Menge $\mathbb{Z}$ der ganzen Zahlen stellt einen *Integritätsbereich* dar, wie
man sich unmittelbar überzeugt. (Hierher rührt auch der Name:
integer (lat. ganz)).

$\mathbb{Q}$, $\mathbb{R}$ und $\mathbb{C}$ sind Beispiele von Körpern (und damit von Integritätsbereichen, siehe unten).

Es sei d eine feste ganze Zahl und $R = \{a + b \sqrt{d} \mid a, b \in \mathbb{Z}\}$. Wir
nehmen dabei o. B. d. A. an, daß d kein Quadrat als Teiler hat (d *quadratfrei* – wer nicht mit komplexen Zahlen vertraut ist, kann zusätzlich
annehmen, daß d ∈ $\mathbb{N}$ ist, da dann alles im Reellen bleibt). Wir be-
haupten, daß ebenfalls ein Ring vorliegt $\left(\text{Bezeichnung: } \mathbb{Z}\left[\sqrt{d}\right]\right)$. Falls
dies nachgewiesen ist, kann man schon sagen, daß es sich um einen
Integritätsbereich handelt, da R eine Teilmenge eines solchen, sogar
eines Körpers ($\mathbb{R}$ bzw. $\mathbb{C}$) darstellt.

1. $\left(a + b \sqrt{d}\right) + \left(a' + b' \sqrt{d}\right) = (a + a') + (b + b') \sqrt{d}$.
   Bei der Summenbildung kommt man also nicht aus R heraus.

2. Dasselbe gilt für die Multiplikation: $\left(a + b \sqrt{d}\right)$.
   $$\left(a' + b' \sqrt{d}\right) = (a\,a' + b\,b'\,d) + (a\,b' + b\,a') \sqrt{d}.$$

Die anderen Ringeigenschaften brauchen nicht gezeigt zu werden,
da sie bereits in den R enthaltenden Körpern $\mathbb{R}$ bzw. $\mathbb{C}$ erfüllt sind.

Setzen wir etwa $d = -1$, so erhalten wir den Ring der *ganzen Gaußschen Zahlen*[1], den wir uns als die Gesamtheit der (ganzzahligen)
Gitterpunkte in der (Gaußschen Zahlen-)Ebene vorstellen können:

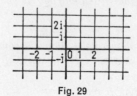

Fig. 29

[1] C. F. Gauß (1777–1855).

Hierbei werde wie bei komplexen Zahlen üblich $i := \sqrt{-1}$ gesetzt.

Sei jetzt bei festem $d \in \mathbb{Q}$ $K = \{a + b\sqrt{d} \mid a, b \in \mathbb{Q}\}$. Wir setzen wiederum d als quadratfrei (in $\mathbb{Q}$) voraus und können weiterhin $d \in \mathbb{Z}$ annehmen (sonst erweitern wir d, bis der Nenner von d ein Quadrat wird). Wir behaupten, daß K ein Körper ist $\left(\text{Bezeichnung: } \mathbb{Q}\left(\sqrt{d}\right)\right)$.

Der Nachweis der Ringeigenschaften erfolgt nach der gleichen Methode wie im vorhergehenden Beispiel. Es bleibt noch die Bedingung e) von Definition 2 zu prüfen. Für ein beliebiges $a + b\sqrt{d} \neq 0$ aus K gilt:

$$\frac{1}{a + b\sqrt{d}} = \frac{1}{a + b\sqrt{d}} \cdot \frac{a - b\sqrt{d}}{a - b\sqrt{d}} = \frac{a}{a^2 - b^2 d} - \frac{b}{a^2 - b^2 d}\sqrt{d} \in K,$$

woraus die Behauptung folgt.

Im Falle $d = -1$ (Körper der *Gaußschen Zahlen*) ergeben sich diejenigen Punkte der Ebene, deren Koordinaten rationale Zahlen sind (vgl. Fig. 29).

In dem letzten Beispiel waren die betrachteten Ringe Teilmengen eines anderen Ringes.

Definition 3. *Eine Teilmenge R eines Ringes R′ heißt ein* <u>Unterring</u> *von R′, wenn sie bezüglich der in R′ vorhandenen Verknüpfung einen Ring bildet. R′ heißt dann auch ein* <u>Oberring</u> *von R.*

Aus Satz III. 4 ergibt sich unmittelbar das Kriterium:

Satz 1. *Eine Teilmenge R ist genau dann ein Unterring des Ringes R, wenn aus a, b $\in$ R stets folgt:*

$$1. \; a - b \in R, \quad 2. \; a \cdot b \in R.$$

Bevor wir zu weiteren Beispielen übergehen, machen wir einige allgemeine Bemerkungen. Aufgrund der Definition liegt bei einem Ring R eine abelsche Gruppe bezüglich der Addition +, kurz eine *additive* abelsche Gruppe vor. Ihr neutrales Element nennen wir das <u>Nullelement</u> und bezeichnen es wie bei Zahlen mit 0. Entsprechend wird das Inverse von a mit −a bezeichnet. Statt der Potenz a^n bei der Multiplikation schreiben wir n a. Die Regel (*) von S. 39 geht dann über in

$$(m + n)\,a = m\,a + n\,a, \quad m, n \in \mathbb{Z} \text{ beliebig.}$$

Durch Anwendung der Distributivgesetze erhalten wir als einfache Folgerung:

Satz 2. *Es gilt: $0 \cdot a = a \cdot 0 = 0$ für alle a $\in$ R.*

Beweis. Aus $a \cdot 0 = a \cdot (0 + 0) = a \cdot 0 + a \cdot 0$ folgt durch Addition von $- (a \cdot 0)$ auf beiden Seiten $a \cdot 0 = 0$. Entsprechend zeigt man:

$$0 \cdot a = 0. \quad \square$$

Aus Satz 1 ergibt sich die bereits verwendete Bemerkung, daß jeder Körper ein Integritätsbereich ist, denn für $a, b \in R$, $a \neq 0$, $b \neq 0$, $a \cdot b = 0$ folgt: $b = 1 \cdot b = (a^{-1} \cdot a) \cdot b = a^{-1} \cdot (a \cdot b) = a^{-1} \cdot 0 = 0$, Widerspruch. Dabei wurde (wie auch in Zukunft) das Einselement mit 1 bezeichnet.

Satz 3. *Es gilt* $(-a) \cdot (-b) = a \cdot b$ *für beliebige* $a, b \in R$.

Beweis. Aus $0 = 0 \cdot b = (a + (-a)) \cdot b = a \cdot b + (-a) \cdot b$ ergibt sich: $(-a) \cdot b = -(a \cdot b)$. Entsprechend gilt: $a \cdot (-b) = -(a \cdot b)$. Durch Anwendung dieser Regeln erhält man: $(-a) \cdot (-b) = -(a \cdot (-b)) = -(-(a \cdot b)) = a \cdot b$. $\square$

b) Matrizenringe

Die im folgenden behandelten Ringe sind für die Beschreibung von linearen Abbildungen in der Theorie der Vektorräume von Bedeutung (Kapitel V).

Es sei ein beliebiger Ring R gegeben. Wir betrachten ein rechteckiges Schema von Elementen aus R:

$$\begin{pmatrix} a_{11} & \cdots & a_{1n} \\ a_{21} & \cdots & a_{2n} \\ & \cdots & \\ a_{m1} & \cdots & a_{mn} \end{pmatrix}$$

Die Elemente im Schema werden durch zwei Indizes gekennzeichnet. Der erste gibt die *Zeile*, der zweite die *Spalte* an, in der sich das jeweilige Element befindet. Das ganze, mit einer runden Klammer eingefaßte Schema wird eine *Matrix* genannt. Zur Bezeichnung werden große Buchstaben wie A, A', B, C usw. verwendet.

Sind zwei Matrizen A und B mit der gleichen Anzahl m von Zeilen und der gleichen Anzahl n von Spalten ($(m, n) - Matrizen$) gegeben,

$$A = \begin{pmatrix} a_{11} & \cdots & a_{1n} \\ & \cdots & \\ a_{m1} & \cdots & a_{mn} \end{pmatrix} \qquad B = \begin{pmatrix} b_{11} & \cdots & b_{1n} \\ & \cdots & \\ b_{m1} & \cdots & b_{mn} \end{pmatrix}$$

so erklären wir ihre Summe $A + B$ durch:

$$A + B := \begin{pmatrix} a_{11} + b_{11} & \cdots & a_{1n} + b_{1n} \\ a_{m1} + b_{m1} & \cdots & a_{mn} + b_{mn} \end{pmatrix}$$

Die jeweils an entsprechender Stelle stehenden Elemente von A und B werden also addiert.

Mit dieser Verknüpfung + bildet die Gesamtheit $M_{m,n}$ aller (m, n)-Matrizen eine abelsche Gruppe, wie man leicht nachprüft. Die Gültigkeit der einzelnen Gesetze ergibt sich aus der Gültigkeit im Ring R selbst.

Im Falle $m = n$ können wir noch weitergehen. Wir wollen hier die abelsche Gruppe $M_n := M_{n,n}$ zu einem Ring machen und müssen dazu eine Multiplikation in M_n einführen. Als *Produkt* $A \cdot B$ der Matrizen

$$A = \begin{pmatrix} a_{11} \ldots a_{1n} \\ \ldots\ldots \\ a_{n1} \ldots a_{nn} \end{pmatrix} \quad \text{und} \quad B = \begin{pmatrix} b_{11} \ldots b_{1n} \\ \ldots\ldots \\ b_{n1} \ldots b_{nn} \end{pmatrix}$$

erklären wir die Matrix

$$A \cdot B := \begin{pmatrix} \sum_{i=1}^{n} a_{1i} \cdot b_{i1} & \ldots & \sum_{i=1}^{n} a_{1i} \cdot b_{in} \\ \ldots\ldots\ldots \\ \sum_{i=1}^{n} a_{ni} \cdot b_{i1} & \ldots & \sum_{i=1}^{n} a_{ni} \cdot b_{in} \end{pmatrix} \quad {}^{1)}$$

Das in der ersten Zeile und Spalte stehende Element von $A \cdot B$ erhält man demnach so: Man multipliziert der Reihe nach die Elemente der ersten Zeile von A mit denen der ersten Spalte von B und summiert anschließend alle Produkte. Wir sagen hierfür auch: Die erste Zeile von A wird mit der ersten Spalte von B *komponiert*. Durch Komposition der ersten Zeile von A mit der zweiten Zeile von B erhält man das Element von $A \cdot B$, das in der ersten Zeile und zweiten Spalte steht. Allgemein ergibt sich das in der i-ten Zeile und j-ten Spalte von $A \cdot B$ stehende Element durch Komposition der i-ten Zeile von A mit der j-ten Spalte von B:

Damit haben wir in M_n eine algebraische Struktur mit zwei Verknüpfungen vorliegen. Zum Beweis der Ringeigenschaft weisen wir ein distributives Gesetz nach (der Nachweis des anderen erfolgt entsprechend). Es seien:

$$A = \begin{pmatrix} a_{11} \ldots a_{1n} \\ \ldots\ldots \\ a_{n1} \ldots a_{nn} \end{pmatrix}, \quad B = \begin{pmatrix} b_{11} \ldots b_{1n} \\ \ldots\ldots \\ b_{n1} \ldots b_{nn} \end{pmatrix}, \quad C = \begin{pmatrix} c_{11} \ldots c_{1n} \\ \ldots\ldots \\ c_{n1} \ldots c_{nn} \end{pmatrix}$$

[1]) Wir verwenden hier als Abkürzung das *Summationszeichen* $\sum$, das allgemein in einem Ring R (es genügt eine additive abelsche Gruppe) eingeführt wird durch:

$$\sum_{i=1}^{n} a_i := a_1 + \ldots + a_n \quad (a_1, \ldots, a_n \in R).$$

Dann gilt: $A \cdot (B + C)$

$$= \begin{pmatrix} a_{11} \cdots a_{1n} \\ \cdots \cdots \\ a_{n1} \cdots a_{nn} \end{pmatrix} \cdot \left(\begin{pmatrix} b_{11} \cdots b_{1n} \\ \cdots \cdots \\ b_{n1} \cdots b_{nn} \end{pmatrix} + \begin{pmatrix} c_{11} \cdots c_{1n} \\ \cdots \cdots \\ c_{n1} \cdots c_{nn} \end{pmatrix} \right)$$

$$= \begin{pmatrix} a_{11} \cdots a_{1n} \\ \cdots \cdots \\ a_{n1} \cdots a_{nn} \end{pmatrix} \cdot \begin{pmatrix} b_{11} + c_{11} \cdots b_{1n} + c_{1n} \\ \cdots \cdots \\ b_{n1} + c_{n1} \cdots b_{nn} + c_{nn} \end{pmatrix}$$

$$= \begin{pmatrix} \sum_{i=1}^{n} a_{1i}(b_{i1} + c_{i1}) \cdots \sum_{i=1}^{n} a_{1i}(b_{in} + c_{in}) \\ \cdots \cdots \cdots \cdots \\ \sum_{i=1}^{n} a_{ni}(b_{i1} + c_{i1}) \cdots \sum_{i=1}^{n} a_{mi}(b_{in} + c_{in}) \end{pmatrix}$$

$$= \begin{pmatrix} \sum_{i=1}^{n} a_{1i} \cdot b_{i1} + \sum_{i=1}^{n} a_{1i} c_{i1} \cdots \sum_{i=1}^{n} a_{1i} c_{in} + \sum_{i=1}^{n} a_{1i} c_{in} \\ \cdots \cdots \cdots \cdots \cdots \\ \sum_{i=1}^{n} a_{ni} \cdot b_{i1} + \sum_{i=1}^{n} a_{ni} b_{i1} \cdots \sum_{i=1}^{n} a_{ni} b_{in} + \sum_{i=1}^{n} a_{ni} c_{in} \end{pmatrix}$$

$$= \begin{pmatrix} \sum_{i=1}^{n} a_{1i} b_{i1} \cdots \sum_{i=1}^{n} a_{1i} b_{in} \\ \cdots \cdots \cdots \\ \sum_{i=1}^{n} a_{ni} b_{i1} \cdots \sum_{i=1}^{n} a_{ni} b_{in} \end{pmatrix} + \begin{pmatrix} \sum_{i=1}^{n} a_{1i} c_{i1} \cdots \sum_{i=1}^{n} a_{1i} c_{in} \\ \cdots \cdots \cdots \\ \sum_{i=1}^{n} a_{ni} c_{i1} \cdots \sum_{i=1}^{n} a_{ni} c_{in} \end{pmatrix}$$

$$= \begin{pmatrix} a_{11} \cdots a_{1n} \\ \cdots \cdots \\ a_{n1} \cdots a_{nn} \end{pmatrix} \cdot \begin{pmatrix} b_{11} \cdots b_{1n} \\ \cdots \cdots \\ b_{n1} \cdots b_{nn} \end{pmatrix} + \begin{pmatrix} a_{11} \cdots a_{1n} \\ \cdots \cdots \\ a_{n1} \cdots a_{nn} \end{pmatrix} \cdot \begin{pmatrix} c_{11} \cdots c_{1n} \\ \cdots \cdots \\ c_{n1} \cdots c_{nn} \end{pmatrix}$$

$= A \cdot B + A \cdot C$, w. z. b. w.

Der Nachweis des assoziativen Gesetzes der Multiplikation erfordert ebenfalls viel Schreibarbeit und wird als Aufgabe gestellt.
M_n ist damit als Ring erkannt und heißt: der *Matrizenring n-ten Grades über* R (oder: *mit Koeffizienten in* R) (Elemente: *n-reihige* Matrizen). Will man den jeweiligen „Grundring R" mit zum Ausdruck bringen, so schreibt man: $M_n = : M_n (R)$.
Setzen wir z. B. $R = \mathbb{Z}$, so haben wir ganzzahlige Matrizenringe $M_n (\mathbb{Z})$ vor uns. Obwohl $\mathbb{Z}$ kommutativ ist, gilt diese Eigenschaft keineswegs für $M_n (\mathbb{Z})$. Hierfür genügt es, ein Gegenbeispiel aufzuzeigen. Berechnen wir etwa die folgenden Produkte zweireihiger Matrizen:

$$\begin{pmatrix} 1 & 2 \\ 0 & 1 \end{pmatrix} \cdot \begin{pmatrix} 1 & 1 \\ 1 & 0 \end{pmatrix} = \begin{pmatrix} 1 \cdot 1 + 2 \cdot 1 & 1 \cdot 1 + 2 \cdot 0 \\ 0 \cdot 1 + 1 \cdot 1 & 0 \cdot 1 + 1 \cdot 0 \end{pmatrix} = \begin{pmatrix} 3 & 1 \\ 1 & 0 \end{pmatrix}$$

$$\begin{pmatrix} 1 & 1 \\ 1 & 0 \end{pmatrix} \cdot \begin{pmatrix} 1 & 2 \\ 0 & 1 \end{pmatrix} = \begin{pmatrix} 1 \cdot 1 + 1 \cdot 0 & 1 \cdot 2 + 1 \cdot 1 \\ 1 \cdot 1 + 0 \cdot 0 & 1 \cdot 2 + 0 \cdot 1 \end{pmatrix} = \begin{pmatrix} 1 & 3 \\ 1 & 2 \end{pmatrix}$$

Die Matrizen $\begin{pmatrix} 1 & 2 \\ 0 & 1 \end{pmatrix}$ und $\begin{pmatrix} 1 & 1 \\ 1 & 0 \end{pmatrix}$ sind also nicht vertauschbar.

Ähnlich ist es mit der Nullteilerfreiheit, die in $\mathbb{Z}$ besteht:

$$\begin{pmatrix} 1 & 0 \\ 0 & 0 \end{pmatrix} \cdot \begin{pmatrix} 0 & 0 \\ 0 & 1 \end{pmatrix} = \begin{pmatrix} 1 \cdot 0 + 0 \cdot 0 & 1 \cdot 0 + 0 \cdot 1 \\ 0 \cdot 0 + 0 \cdot 0 & 0 \cdot 0 + 0 \cdot 1 \end{pmatrix} = \begin{pmatrix} 0 & 0 \\ 0 & 0 \end{pmatrix}$$

Das Ergebnis ist die Nullmatrix, das Nullelement von $M_2 (\mathbb{Z})$.
Hat der Ring R wie im Falle $R = \mathbb{Z}$ ein Einselement 1, so gilt dies auch für $M_n (R)$, denn:

$$\begin{pmatrix} 1 & & 0 \\ & \ddots & \\ 0 & & 1 \end{pmatrix} \cdot \begin{pmatrix} a_{11} \ldots a_{1n} \\ \ldots \ldots \\ a_{n1} \ldots a_{nn} \end{pmatrix} = \begin{pmatrix} a_{11} \ldots a_{1n} \\ \ldots \ldots \\ a_{n1} \ldots a_{nn} \end{pmatrix} \cdot \begin{pmatrix} 1 & & 0 \\ & \ddots & \\ 0 & & 1 \end{pmatrix} = \begin{pmatrix} a_{11} \ldots a_{1n} \\ \ldots \ldots \\ a_{n1} \ldots a_{nn} \end{pmatrix}$$

Die *Diagonalmatrix* (von Null verschiedener Elemente nur auf der Hauptdiagonalen)

$$\begin{pmatrix} 1 & & 0 \\ & \ddots & \\ 0 & & 1 \end{pmatrix}$$ fungiert als Einselement in $M_n (R)$.

c) Polynomringe

Ausgehend von einem Ring R mit Einselement 1, konstruieren wir einen diesen umfassenden Ring R'. Dazu betrachten wir Folgen

$$a_0, a_1, a_2, \ldots \text{ von Ringelementen } a_i \in R, \ i \in \mathbb{N},$$

bei denen jeweils nur endlich viele vom Nullelement in R verschieden sind *(Polynome)*. Wir führen hierfür eine Symbolik ein, die an die übliche Schreibweise der Polynome (etwa in der Analysis) erinnern soll. Ist n der höchste Index, für den $a_n \neq 0$ ist (der *Grad* des Polynoms), so bezeichnen wir die obige Folge durch das Symbol:

$$a_0 + a_1 x + a_2 x^2 + \ldots + a_n x^n.$$

Die Ausdrücke $1, x, x^2, x^3, \ldots$ sind demnach Symbole für die Folgen:

$$1, 0, 0, 0, 0, \ldots$$
$$0, 1, 0, 0, 0, \ldots$$
$$0, 0, 1, 0, 0, \ldots$$
$$0, 0, 0, 1, 0, \ldots$$
$$\cdot \ \cdot \ \cdot \ \cdot \ \cdot \ \cdot$$

Die Gesamtheit aller Folgen bezeichnen wir mit $R' = R[x]$. Identifizieren wir die Elemente $a \in R$ mit den entsprechenden Folgen a, 0, 0, ..., so umfaßt R' den Ring R (vgl. Aufgabe 19. b).

Im folgenden führen wir in R' eine Ringstruktur ein. Als *Summe* zweier Polynome

$$a_0 + a_1 x + \ldots + a_m x^m, \quad b_0 + b_1 x + \ldots + b_n x^n$$

(etwa $m \leq n$) erklären wir das Polynom

$$(a_0 + b_0) + (a_1 + b_1) x + \ldots + (a_m + b_m) x^m,$$

wobei $a_{m+1} = \ldots = a_n = 0$ gesetzt wurde. Man überzeugt sich leicht, daß bezüglich dieser Operation $+$ eine abelsche Gruppe vorliegt. Neutrales Element ist das *Nullpolynom* 0, d. h. die aus lauter Nullen bestehende Folge $0, 0, 0, \ldots$

Wir definieren als *Produkt* der obigen beiden Polynome das Polynom:

$$a_0 b_0 + (a_1 b_0 + a_0 b_1) x + \ldots + (a_i b_0 + a_{i-1} b_1 + \ldots$$
$$+ a_1 b_{i-1} + a_0 b_i) x^i + \ldots + a_m b_n x^{m+n}.$$

Den Nachweis des assoziativen und der distributiven Gesetze überlassen wir wiederum dem Leser. Ferner überlegt man sich, daß aus der Kommutativität von R auch die von R' folgt. Das Einselement 1 von R ist auch Einselement von R'.

$R = R [x]$ heißt der *Polynomring* in der *Unbestimmten* x über R (oder: *mit Koeffizienten in* R), seine Elemente *Polynome* oder: *ganz-rationale Funktionen*. Der Grund für das ziemlich formale Vorgehen bei seiner Einführung wird sich erst später herausstellen (vgl. Aufgabe 21. c).

d) Brüche

Bekanntlich läßt sich aus den ganzen Zahlen der Körper der rationalen Zahlen aufbauen. Während wir zuletzt aus Ringen jeweils neue Ringe konstruiert haben, geben wir jetzt das Verfahren an, wie man allgemein aus einem beliebigen Integritätsbereich einen ihn umfassenden Körper erhält.

Erinnern wir uns zunächst an die Bruchrechnung in $\mathbb{Q}$. Fassen wir die Brüche $\frac{a}{b} \in \mathbb{Q}$ als Paare ganzer Zahlen (a, b) auf (mit $b \neq 0$), so gehen die Formeln für die Addition und die Multiplikation von Brüchen

$$\frac{a}{b} + \frac{c}{d} = \frac{a d + b c}{b d}, \quad \frac{a}{b} \cdot \frac{c}{d} = \frac{a c}{b d}$$

über in:

1. $(a, b) + (c, d) = (a d + b c, b d),$
           $(a, b) \cdot (c, d) = (a c, b d).$

Da für die Gleichheit von Brüchen gilt: $\frac{a}{c} = \frac{b}{d}$ genau dann, wenn $a d = b c$, werden wir zwei Paare *äquivalent* (Zeichen: $\sim$) nennen:

2. $(a, b) \sim (c, d)$ genau dann, wenn $a d = b c$.

Gehen wir jetzt allgemein von einem gegebenen Integritätsbereich R mit dem Einselement 1 ($\neq 0$) aus. In der Menge $A := R \times (R - \{0\})$

der Paare (a, b), $a, b \in R$, $b \neq 0$ definieren wir die Operationen der Addition und Multiplikation durch (1.). Anschließend führen wir in A die Relation $\sim$ vermöge (2.) ein. Wir behaupten: $\sim$ ist eine Äquivalenzrelation, ja sogar eine Kongruenzrelation in A, d. h. verträglich mit den Operationen $+$ und $\cdot$.

Beweis. Die Eigenschaften für eine Äquivalenzrelation lauten in diesem Fall:

1. $(a, b) \sim (a, b)$ 2. aus $(a, b) \sim (c, d)$ folgt $(c, d) \sim (a, b)$

3. aus $(a, b) \sim (c, d)$ und $(c, d) \sim (e, f)$ folgt $(a, b) \sim (e, f)$.

1. und 2. ergeben sich unmittelbar. Wir zeigen 3. Nach Voraussetzung ist $a\,d = b\,c$ und $c\,f = d\,e$. Erweitern wir die erste Gleichung mit f, die zweite mit b, so erhalten wir: $a\,d\,f = b\,c\,f = b\,d\,e$. Es folgt: $(a\,f - b\,e) \cdot d = 0$. Da $d \neq 0$ und R nullteilerfrei, muß $a\,f - b\,e = 0$, d. h. $a\,f = b\,e$ sein, w. z. b. w.

Zum Nachweis der Verträglichkeit von $\sim$ mit $+$ und $\cdot$ ist zu zeigen: aus $(a, b) \sim (a', b')$ und $(c, d) \sim (c', d')$ folgt

4. $(a, b) + (c, d) \sim (a', b') + (c', d')$,

5. $(a, b) \cdot (c, d) \sim (a', b') \cdot (c', d')$,

was gleichwertig ist mit

4'. $(a\,d + b\,c, b\,d) \sim (a'\,d' + b'\,c', b'\,d')$,

5'. $(a\,c, b\,d) \sim (a'\,c', b'\,d')$.

Nach Voraussetzung gilt $a\,b' = b\,a'$ und $c\,d' = d\,c'$.

Zu 4'.: $(a\,d + b\,c) \cdot b'd' = a\,d\,b'\,d' + b\,c\,b'\,d' =$
$b\,d\,a'\,d' + b\,d\,b'\,c' = b\,d\,(a'\,d' + b'\,c')$.

Zu 5'.: $a\,c\,b'\,d' = b\,d\,a'\,c'$.

Nach den Ergebnissen des II. Kapitels übertragen sich die Operationen $+$ und $\cdot$ von A auf die Menge $\bar{A} = {}: K$ der Äquivalenzklassen von A nach $\sim$. K ist damit eine algebraische Struktur mit zwei Verknüpfungen $+$ und $\cdot$ (gleiches Symbol). Wir behaupten, daß K bezüglich dieser Operation ein Körper ist.

Beweis. 1. K ist eine abelsche Gruppe bezüglich $+$: Das assoziative und kommutative Gesetz überträgt sich sofort auf K. Neutrales Element ist die Klasse mit $(0, c)$ ($c \neq 0$ beliebig) als Repräsentanten, denn: $(a, b) + (0, c) = (a\,c + b\,0, b\,c) = (a\,c, b\,c) \sim (a, b)$. Entsprechend ist $(-a, b)$ Inverses von (a, b): $(a, b) + (-a, b) = (a\,b - b\,a, b^2)$ $= (0, b^2)$.

2. Die übrigen Ringeigenschaften folgen direkt durch Übertragung von A. Einselement ist die $(1, 1)$ enthaltende Klasse: $(a, b) \cdot (1, 1) = (a, b)$, und die Klasse von (b, a) ist Inverses der Klasse von (a, b): $(a, b) \cdot (b, a) = (a\,b, a\,b) \sim (1, 1)$ ($a \neq 0, b \neq 0$).

Identifiziert man die Elemente a ∈ R mit den die Repräsentanten (a, 1) enthaltenden Klassen, so kann man in der Tat K als R umfassend ansehen (vgl. Aufgabe 19. b). K erfüllt also die anfangs gestellten Forderungen.

K wird der *Körper der Brüche* von R genannt. In der Literatur findet man auch die Bezeichnung „Quotientenkörper" von R, die bei uns wegen des im nächsten Abschnitt eingeführten „Quotientenring" zu Verwirrung führen würde und wir daher vermeiden.

Im Falle des Ringes K_0 [x] der ganz-rationalen Funktionen über einem Körper K_0 (K_0 [x] ist ein Integritätsbereich nach Aufgabe 29) wird K der Körper der gebrochen-rationalen Funktionen über K_0, Bezeichnung: K_0 [x].

Aufgaben

1. Untersuche, welche der folgenden Mengen bezüglich der in ihnen gegebenen Verknüpfungen + und · einen Ring bilden und welche Gesetze jeweils erfüllt sind:

   a) Menge der geraden Zahlen

   b) Menge der ungeraden Zahlen

   c) Menge der durch drei teilbaren ganzen Zahlen

   d) $\mathbb{Z}_3$ e) $\mathbb{Z}_4$ f) $\mathbb{Z}_5$

2. Zeige, daß folgende Zahlenmengen einen Ring bilden:

   a) $\{a + b\sqrt{2} \mid a, b \in \mathbb{Z}, a \text{ gerade}\}$

   b) $\{a + b\sqrt{2} + c\sqrt{3} + d\sqrt{6} \mid a, b, c, d \in \mathbb{Z}\}$

   c) $\{a + b\sqrt{2} + c\sqrt{3} + d\sqrt{6} \mid a, b, c, d \in \mathbb{Q}\}$

   Im Fall c) liegt ein Körper vor.

3. Ein endlicher Ring läßt sich durch die *Verknüpfungstafeln* seiner beiden Verknüpfungen beschreiben. Bestimme sie für die Ringe:

   a) $\mathbb{Z}_2$ b) $\mathbb{Z}_3$ c) $\mathbb{Z}_4$ d) $\mathbb{Z}_5$

4. Wir betrachten zu einer abelschen Gruppe A die Gesamtheit R aller Homomorphismen von A in sich (*Endomorphismen* von A). Sind φ und ψ zwei Endomorphismen von A, so definieren wir ihre *Summe* φ + ψ durch

$$(\varphi + \psi)(a) := \varphi(a) + \psi(a), \quad a \in A \text{ beliebig.}$$

   Durch die Komposition von Endomorphismen (als Abbildungen) erhalten wir eine weitere Verknüpfung ○ in R.

   a) Zeige, daß bezüglich dieser Verknüpfungen ein Ring vorliegt (*Endomorphismenring* von A).

Stelle die Verknüpfungstafeln der Endomorphismenringe folgender Gruppen auf:

b) $\mathbb{Z}_2$　　c) $\mathbb{Z}_3$　　d) $\mathbb{Z}_4$

5. a) Übertrage das Ergebnis von Aufgabe III. 10 b) auf den Fall der Verknüpfung $+$.

b) Beweise die Regel:
$m\,(a\,b) = (m\,a)\,b = a\,(m\,b)$ (a, b Elemente eines Ringes R, $m \in \mathbb{Z}$).

6. Beweise den *binomischen Lehrsatz* für Ringe R:

$$(a + b)^n = \sum_{i=0}^{n} \binom{n}{i}\, a^i \cdot b^{n-i}, \quad a, b \in R,\ n \in \mathbb{N}.$$

Dabei wird definiert:

$$\binom{n}{i} := \frac{n\,(n-1) \cdot \cdots \cdot (n-i+1)}{1\ 2 \cdot \cdots \cdot i} = \frac{n\,!}{i!\,(n-i)!}$$

$\binom{n}{i}$ ist eine natürliche Zahl. Wir setzen ferner als bekannt voraus

die Formel　　$\binom{n}{i} + \binom{n}{i+1} = \binom{n+1}{i+1}$ [23].

7. Berechne:

a) $\begin{pmatrix} 1 & -1 \\ 5 & 3 \end{pmatrix} \cdot \begin{pmatrix} 1 & 0 \\ 0 & 1 \end{pmatrix}$
b) $\begin{pmatrix} 3 & -1 \\ \frac{1}{2} & 2 \end{pmatrix} \cdot \begin{pmatrix} \frac{3}{4} & 1 \\ 0 & \frac{1}{2} \end{pmatrix}$

c) $\left(\begin{pmatrix} 1 & 2 \\ 0 & -1 \end{pmatrix} \cdot \begin{pmatrix} 2 & 1 \\ -1 & 1 \end{pmatrix} \right) \cdot \begin{pmatrix} -1 & 4 \\ 2 & 1 \end{pmatrix}$

d) $\begin{pmatrix} 1 & 2 \\ 0 & -1 \end{pmatrix} \cdot \left(\begin{pmatrix} 2 & 1 \\ -1 & 1 \end{pmatrix} \cdot \begin{pmatrix} 1 & 4 \\ 2 & 1 \end{pmatrix} \right)$

e) $\begin{pmatrix} 2 & -2 \\ -1 & 1 \end{pmatrix} \cdot \left(\begin{pmatrix} 2 & -1 \\ 4 & 5 \end{pmatrix} + \begin{pmatrix} 1 & 3 \\ -2 & -1 \end{pmatrix} \right)$

f) $\begin{pmatrix} \frac{1}{2} & 1 & \frac{2}{3} \\ \frac{7}{2} & \frac{4}{3} & -1 \\ 0 & \frac{1}{2} & 2 \end{pmatrix} \cdot \begin{pmatrix} 2 & \frac{1}{3} & 1 \\ \frac{1}{2} & -\frac{1}{2} & 1 \\ 1 & 0 & \frac{1}{2} \end{pmatrix}$

8. Löse die Matrizengleichungen:

a) $\begin{pmatrix} 1 & 1 \\ 0 & 1 \end{pmatrix} \cdot X = \begin{pmatrix} 1 & 0 \\ 0 & 1 \end{pmatrix}$
b) $\begin{pmatrix} 1 & 1 \\ 0 & 1 \end{pmatrix} \cdot X = \begin{pmatrix} 1 & 2 \\ -1 & 4 \end{pmatrix}$

9. Zeige, daß die Gesamtheit der Matrizen der Gestalt

$$\begin{pmatrix} a & b \\ -b & a \end{pmatrix}, \ a, b \in \mathbb{R},$$

einen Körper bildet. (Dieser Körper wird sich als isomorph zum Körper $\mathbb{C}$ der komplexen Zahlen erweisen, vgl. Aufgabe VI. 1. f.)

10. R sei ein Integritätsbereich. Zeige:

a) R [x] ist ebenfalls ein Integritätsbereich.

b) Für zwei von Null verschiedene Polynome f und g über R gilt:
$$| f \cdot g | = | f | + | g |$$
(die Betragsstriche bezeichnen den Grad eines Polynoms).

11. Zeige: Jeder endliche Integritätsbereich ist ein Körper.

12.** Nehmen wir bei dem Konstruktionsverfahren des Körpers K der Brüche eines Integritätsbereiches R das Nullelement heraus, so erhalten wir eine „Einbettung" der multiplikativen Halbgruppe (es gilt das assoziative Gesetz) H: = R — {0} in die multiplikative Gruppe G: = K — {0}. Zeige, daß das Verfahren für Halbgruppen H mit neutralem Element allgemein durchführbar ist, wenn für H zusätzlich gilt (H *regulär*):

$$\text{aus } a\,c = b\,c \ (a, b \in H) \text{ folgt (stets) } a = b.$$

Eine Anwendung ist die Konstruktion der additiven Gruppe $\mathbb{Z}$ aus der additiven Halbgruppe H: = $\mathbb{N} \cup \{0\}$.

2. Quotientenringe und Homomorphismen

Die Restklassen der ganzen Zahlen nach einem Modul waren für uns der Ausgangspunkt zur Einführung von Quotientenstrukturen in einer (allgemeinen) Algebra. Wir führen in diesem Abschnitt das Programm für den Fall von Ringen durch.

Gegeben seien ein Ring R (Verknüpfungen + und ·) und eine Kongruenzrelation $\sim$ in R. Die Eigenschaften der Kongruenzrelation lauten: Aus $a \sim a'$ und $b \sim b'$ (a, a', b, b' $\in$ R) folgt:

$$1. \ a + b \sim a' + b', \qquad 2. \ a \cdot b \sim a' \cdot b'.$$

Bezeichnen wir mit $\mathfrak{a}$ diejenige Restklasse von R nach $\sim$, die das Nullelement $0 \in R$ enthält: $\mathfrak{a} := \mathfrak{N}_0$, so gilt: $\mathfrak{a}$ ist eine Untergruppe von R (R aufgefaßt als additive abelsche Gruppe bezüglich +):

Seien a, b $\in \mathfrak{a}$, d. h. a $\sim$ 0 und b $\sim$ 0. Dann folgt nach 1.: $a + b \sim 0 + 0 = 0$ und $-a \sim 0$, d. h. $a + b \in \mathfrak{a}$ und $-a \in \mathfrak{a}$.

Für $\mathfrak{a}$ gilt weiterhin: Für beliebige a $\in \mathfrak{a}$, b $\in$ R ist a · b $\in \mathfrak{a}$ und b · a $\in \mathfrak{a}$.

Beweis. a $\in \mathfrak{a}$ bedeutet a $\sim$ 0. Nach 2. folgt hieraus a · b $\sim$ 0 · b = 0 und b · a $\sim$ b · 0 = 0, d. h. a · b $\in \mathfrak{a}$ und b · a $\in \mathfrak{a}$.

Definition 4. *Eine (additive) Untergruppe* $\mathfrak{a}$ *eines Ringes R heißt ein (zweiseitiges) Ideal in (von) R, wenn für beliebige* $a \in \mathfrak{a}$, $b \in R$ *gilt:*

$$a \cdot b \in \mathfrak{a} \text{ und } b \cdot a \in \mathfrak{a}.$$

Ähnlich wie bei Unterringen dient zum Nachweis der Idealeigenschaft das folgende Kriterium:

Satz 4. *Eine Teilmenge* $\mathfrak{a}$ *eines Ringes R ist genau dann ein Ideal in R, wenn aus a, b* $\in \mathfrak{a}$ *und c* $\in R$ *folgt:*

$$1. \ a - b \in \mathfrak{a}, \qquad 2. \ a \cdot c \in \mathfrak{a}.$$

Der Name *Ideal* wurde von E. Kummer (1810–1893) und R. Dedekind (1831–1916) im Rahmen zahlentheoretischer Untersuchungen geprägt, auf die wir später noch eingehen werden. Fordert man in Definition 4 nur eine der beiden Bedingungen, so spricht man von einem links- bzw. rechtsseitigen Ideal.

Wegen Eigenschaft 1. der Kongruenzrelation ist für Elemente a, $b \in R$ $b \sim a$ gleichwertig mit $b - a \sim 0$, d. h. $b - a \in \mathfrak{a}$ oder gleichbedeutend $b \in a + \mathfrak{a}$, wobei $a + \mathfrak{a} = \{a + c \mid c \in \mathfrak{a}\}$ (vgl. den Gruppenfall, $\cdot$ wird hier durch $+$ ersetzt). Damit gilt: $\mathfrak{K}_a = a + \mathfrak{a}$. $a + \mathfrak{a}$ sind die Nebenklassen von R (aufgefaßt als additive abelsche Gruppe) nach $\mathfrak{a}$ (Links- und Rechtsnebenklassen fallen hier zusammen: $a + \mathfrak{a} = \mathfrak{a} + a$).

Wir formulieren das Ergebnis:

Satz 5. *Die Restklassen nach einer Kongruenzrelation in einem Ring R stimmen mit den Nebenklassen nach einem Ideal* $\mathfrak{a}$ *von R überein. Dabei wird* $\mathfrak{a}$ *als die das Nullelement* $0 \in R$ *enthaltende Restklasse erhalten.*

Wir bemerken, daß umgekehrt jedes Ideal $\mathfrak{a}$ in einem Ring R eine Kongruenzrelation in R liefert, indem man setzt: $b \sim a$ (a, b $\in R$) genau dann, wenn $b - a \in \mathfrak{a}$.

Bezeichnen wir (unter den bisherigen Voraussetzungen) mit $\overline{R}$ die Gesamtheit der Restklassen nach $\sim$ bzw. Nebenklassen nach $\mathfrak{a}$, so übertragen sich nach Kapitel II die Operationen $+$ und $\cdot$ auf $\overline{R}$ (gleiche Verknüpfungssymbole) durch die Festsetzungen: $\mathfrak{K}_a + \mathfrak{K}_b : = \mathfrak{K}_{a+b}$, $\mathfrak{K}_a \cdot \mathfrak{K}_b : = \mathfrak{K}_{a \cdot b}$ (a, b $\in R$ beliebig), die, ausgedrückt in Nebenklassen, lauten:

$$(a + \mathfrak{a}) + (b + \mathfrak{a}) = (a + b) + \mathfrak{a},$$
$$(a + \mathfrak{a}) \cdot (b + \mathfrak{a}) = (a \cdot b) + \mathfrak{a}.$$

Wie in Abschnitt III. 4 ausgeführt, übertragen sich weiterhin die (additiven) Gruppeneigenschaften von R auf $\overline{R}$ (Nullelement in $\overline{R}$ ist die Klasse $\mathfrak{a}$). Dasselbe gilt für die Gültigkeit des assoziativen Gesetzes der Multiplikation. Damit haben wir $\overline{R}$ als Ring nachgewiesen. Ist R kommutativ, so gilt dies ebenso für $\overline{R}$, und besitzt $\overline{R}$ ein Einselement 1, so ist $\mathfrak{K}_1 = 1 + \mathfrak{a}$ das Einselement von $\overline{R}$.

Definition 5. *Die mit der eingeführten Ringstruktur versehene Menge* $\overline{R}$
der Restklassen von R nach der Kongruenzrelation $\sim$ *bzw. nach dem
zugehörigen Ideal* α *heißt der Quotientenring von R nach* $\sim$ *bzw. nach* α
Symbol: $\overline{R} = : R / \sim = : R / \alpha.$

Bei dem Beispiel der Restklassen ganzer Zahlen nach einem Modul m
handelte es sich also um eine Quotientenbildung in dem hier angegebenen Sinne. Das zugehörige Ideal α besteht aus denjenigen
ganzen Zahlen, die kongruent 0 modulo m sind, d. h. aus den Viel-
fachen von m: $\alpha = \mathfrak{R}_0 = \{k \cdot m \mid k \in \mathbb{Z}\}$. Weitere Beispiele lernen wir
in den nächsten Abschnitten kennen.

Wie wir bereits aus dem II. Kapitel wissen, gehört zu jeder Quotientenstruktur ein kanonischer Homomorphismus. Im folgenden erläutern
wir die damit zusammenhängenden Gedankengänge.

Definition 6. *R und R' seien Ringe (in beiden Ringen werden die Verknüpfungen gleich mit* $+$ *und* $\cdot$ *bezeichnet).*

Eine Abbildung $\varphi : R \to R'$ *von R in R' heißt ein Homomorphismus,
wenn gilt:*

1. $\varphi (a + b) = \varphi (a) + \varphi (b)$, *2.* $\varphi (a \cdot b) = \varphi (a) \cdot \varphi (b)$ *für beliebige* $a, b \in R$·
Ist außerdem φ *bijektiv, so heißt* φ *ein Isomorphismus von R auf R'.
R und R' heißen dann isomorph:* $R \cong R'$.

Ist R ein Ring und α ein Ideal in R, so erhalten wir einen surjektiven
Homomorphismus $\varphi : R \to R / \alpha$ von R auf R / α, indem wir setzen:
$\varphi (a) : = a + \alpha$, $a \in R$ beliebig. Die Homomorphieeigenschaft gilt
aufgrund der Definition der Operationen in $R / \alpha : \varphi (a + b) = (a + b)$
$+ \alpha = (a + \alpha) + (b + \alpha) = \varphi (a) + \varphi (b)$ und $\varphi (a \cdot b) = (a \cdot b) + \alpha$
$= (a + \alpha) \cdot (b + \alpha) = \varphi (a) \cdot \varphi (b)$.

Zum Schluß formulieren wir die sich aus Satz II.1 ergebende Umkehrung dieses
Sachverhalts:

Satz 6. *(Homomorphiesatz der Ringtheorie):* $\varphi : R \to R'$ *sei ein Homomorphismus von einem Ring R auf einen Ring R'.
Dann gibt es eine Kongruenzrelation* $\sim$ *bzw. ein Ideal* α *in R, so daß:*
$$R / \sim = R / \alpha \cong R'.$$

Aufgaben

13. Welche der folgenden Teilmengen von $\mathbb{Z}$ sind Ideale in $\mathbb{Z}$?
    a) Menge der geraden Zahlen   b) Menge der ungeraden Zahlen
    c) Menge der durch drei teilbaren Zahlen.
14. a) Bestimme alle Ideale in $\mathbb{Z}_n$ für n = 2, 3, 4, 5, 6.
    b) Zu welchen Ringen sind die zugehörigen Quotientenringe
       isomorph?
15. Zeige: In jedem Ring R sind {0} *(Nullideal)* und R *(Einheitsideal)*
    Ideale.

16. Ein Ring heißt *einfach,* wenn er außer {0} und R keine Ideale besitzt.
Zeige:
a) Jeder Körper ist einfach.
b)* Der Ring M_n (K) aller (n, n)-Matrizen über einem Körper K ist einfach.
c) Welche Aussage läßt sich über die Homomorphismen eines einfachen Ringes (in einen anderen Ring) machen?

17. $\varphi : R \to S$ sei ein Homomorphismus von einem Ring R in einen Ring S. Wir betrachten die Gesamtheit $\mathfrak{a}$ derjenigen Elemente von R, die unter φ auf das Nullelement von S abgebildet werden (*Kern* von φ, $\mathfrak{a} = \overline{\varphi}^1$ ({0}) im Sinne von Aufgabe I. 11).
Zeige:
a) $\mathfrak{a}$ ist ein Ideal in R. (Hierauf gründet sich der Beweis von Satz 6.)
b) φ ist genau dann eineindeutig, wenn $\mathfrak{a} = \{0\}$ ist.

18. Zeige: Der Endomorphismenring der additiven Gruppe $\mathbb{Z}_n$ ist zum Ring $\mathbb{Z}_n$ isomorph.

19. Ist ein injektiver Homomorphismus $\varphi : R \to S$ eines Ringes R in einen Ring S gegeben, so können wir die Elemente von R mit den unter φ zugeordneten Bildelementen von S identifizieren und damit R als Unterring von S ansehen. Von diesem Prinzip haben wir bereits bei den Konstruktionen des Polynomringes und des Körpers der Brüche Gebrauch gemacht.
Zeige:
a) Indem jedem Element a eines Ringes R mit Einselement das Polynom a (d. h. die Folge a, 0, 0, ...) zugeordnet wird, ergibt sich ein injektiver Homomorphismus R → R [x].
b) Durch die Zuordnung der Elemente a eines Integritätsbereiches R: $a \to \overline{(a, 1)} \in K$ (K Körper der Brüche von R, $\overline{(a, 1)}$ bezeichnet die (a, 1) enthaltende Klasse von K) wird ein injektiver Homomorphismus R → K definiert.
c) Der Ring M_n (R) der (n, n)-Matrizen über einem Ring R läßt sich in den Ring der (n + 1, n + 1)-Matrizen über R einbetten: Man erhält einen injektiven Homomorphismus M_n (R) → M_{n+1} (R) durch:

$$\begin{pmatrix} a_{11} & \cdots & a_{1n} \\ \cdots & \cdots & \cdots \\ a_{n1} & \cdots & a_{nn} \end{pmatrix} \to \begin{pmatrix} a_{11} & \cdots & a_{1n} & 0 \\ \cdots & \cdots & \cdots & \vdots \\ a_{n1} & \cdots & a_{nn} & 0 \\ 0 & \cdots & 0 & 1 \end{pmatrix} \quad (a_{ij} \in R).$$

20.* Wir zeigen, daß ein Körper der Brüche bis auf Isomorphie eindeutig bestimmt ist und wir daher (wie bereits geschehen) von *dem* Körper der Brüche sprechen können.

Der Integritätsbereich R sei Unterring eines Körpers K. K heißt *ein* Körper der Brüche von R, wenn es keine echte Teilmenge von K gibt, die R umfaßt und bezüglich der in K definierten Operationen einen Körper bildet.

Zeige: Je zwei Körper der Brüche eines Integritätsbereiches R sind isomorph.

21.** a) Der Ring R sei Unterring eines Ringes S (jeweils mit dem gleichen Einselement) und α ein Element von S.

Jedem Polynom

$$a_0 + a_1 x + \ldots + a_n x^n$$

über R ordnen wir das *Polynom in α*

$$a_0 + a_1 \alpha + \ldots + a_n \alpha^n \in S$$

zu (Ersetzen der *Unbestimmten* x durch α).

Zeige, daß hierdurch ein Homomorphismus von R [x] in S definiert wird.

b) Die Gesamtheit der den Elementen von R [x] auf diese Weise zugeordneten Bildelemente bildet dann einen Ring (bestehend aus sämtlichen Polynomen in α), der der von α *erzeugte* Unterring von S genannt wird. Man sagt auch: R [α] entsteht durch Adjunktion von α zu R (*Ring*adjunktion im Gegensatz zur *Körper*adjunktion in Abschnitt VI. 2). In diesem Sinne kann man die Bildung des Polynomringes R [x] als Adjunktion der Unbestimmten x zu R ansehen. Auch die auf S. 52 eingeführte Bezeichnung $\mathbb{Z}\left[\sqrt{d}\,\right]$ (d $\in \mathbb{Z}$) erhält nachträglich ihre Bedeutung. Zeige, daß R [α] der kleinste Unterring von S ist (d. h., daß es keinen echten Unterring von R gibt), der R $\cup$ {α} umfaßt.

c) Indem in einem gegebenen f $\in$ R [x] die Unbestimmte x durch sämtliche $\alpha \in$ S ersetzt wird, läßt sich f als Funktion von S in S deuten. (Diese Auffassung liegt z. B. dem Begriff des Polynoms oder der ganz-rationalen Funktion in der Analysis zugrunde.) Zeige, daß im Falle R = S = $\mathbb{Z}_3$ die Zuordnung Polynom $\rightarrow$ Funktion nicht eineindeutig ist.

3. Teilbarkeitstheorie

Wir erweitern in diesem Abschnitt die Teilbarkeitsrelation der ganzen Zahlen auf einen beliebigen kommutativen Ring R mit Einselement 1, den wir für das folgende zugrunde legen.

Definition 7. *Es seien a, b $\in$ R. b heißt ein Teiler von a (oder: a heißt ein Vielfaches von b), in Zeichen: b | a (b teilt a), wenn es ein c $\in$ R gibt mit a = b · c.*

In $R = \mathbb{Z}$ gilt etwa: $2|4$, $4|12$, $-1|2$, in $R = \mathbb{Z}[x]$:
$2|2x$, $x|x^2 + 7x$, $x + 1|x^2 - 1$ usw.
Durch die Teilbarkeitsrelaton wird in R eine Vorordnung eingeführt, denn es gilt:

1. $a \mid a$, $a \in R$ beliebig,
2. aus $a \mid b$ und $b \mid c$ $(a, b, c \in R)$ folgt $a \mid c$.

Beweis. 1. $a = a \cdot 1$, 2. aus $b = a \cdot d_1$ und $c = b \cdot d_2$ $(d_1, d_2 \in R)$ folgt $c = a \cdot (d_1 d_2)$.

Wir können jetzt nachträglich den Begriff der Nullteilerfreiheit in Ringen erklären. Nach Definition 7 ist jedes Element a von R ein Teiler von $0 : 0 = a \cdot 0$. Wir nennen a einen *echten* Nullteiler, wenn $a \neq 0$ ist und es ein $b \in R$, $b \neq 0$, gibt, so daß $a \cdot b = 0$. Ein Ring ist demnach genau dann nullteilerfrei, wenn es keine solchen echten Nullteiler darin gibt.
Im Ring $\mathbb{Z}_4$ ist beispielsweise $\bar{2}$ ein (echter) Nullteiler, da $\bar{2} \cdot \bar{2} = \bar{4} = \bar{0}$. In $\mathbb{Z}_6$ sind $\bar{2}$ und $\bar{3}$ (echte) Nullteiler: $\bar{2} \cdot \bar{3} = \bar{6} = \bar{0}$. Andererseits gilt:

Satz 7. *Für eine Primzahl p ist $\mathbb{Z}_p$ nullteilerfrei, d. h. ein Integritätsbereich.*

Beweis. $\bar{a} \cdot \bar{b} = \bar{0}$ ist äquivalent mit $p \mid a \cdot b$. Hieraus folgt $p \mid a$ oder $p \mid b$, d. h. $\bar{a} = \bar{0}$ oder $\bar{b} = \bar{0}$, w. z. b. w. $\square$
Zusammen mit Aufgabe 11 erhält man aus diesem Satz, daß $\mathbb{Z}_p$ sogar ein Körper ist.
Die Teiler von 1 werden *Einheiten* genannt.

Definition 8. *Eine Einheit in R ist ein Element $a \in R$, für das es ein $b \in R$ mit $a \cdot b = 1$ gibt.*

Im Ring $R = \mathbb{Z}$ sind 1 und -1 Einheiten. Bei einem Körper K ist aufgrund seiner Definition jedes von Null verschiedene Element eine Einheit. In $\mathbb{Z}_n$ ist jede Klasse mit einem zu n teilerfremden Repräsentanten m eine Einheit (Beweis mit Hilfe von Aufgabe 30). Daraus folgt wiederum, daß im Falle einer Primzahl p $\mathbb{Z}_p$ ein Körper ist.

Satz 8. *Die Menge der Einheiten in R bildet eine (multiplikative) Gruppe, Bezeichnung: $R^{\cdot}$.*

Beweis. Sind a und b Einheiten in R, d. h. $a \cdot a' = b \cdot b' = 1$ für gewisse $a', b' \in R$, so gilt: $(a \cdot b) \cdot (a' \cdot b') = (aa') \cdot (b\,b') = 1 \cdot 1 = 1$ und $(a^{-1} \cdot a'^{-1}) = (a \cdot a')^{-1} = 1^{-1} = 1$. Damit ist nach Satz III. 4 $R^{\cdot}$ eine Gruppe.

Hierdurch haben wir also weitere Beispiele von Gruppen erhalten. Im Falle einer Körpers K nennt man $K^{\cdot}$ die *multiplikative Gruppe* von K.

Viele Ergebnisse der Teilbarkeitstheorie gelten bis auf einen Einheitsfaktor. Deshalb führen wir in R eine Äquivalenzrelation ein.

Definition 9. *Zwei Elemente $a, b \in R$ heißen assoziiert, in Zeichen: $a \sim b$, wenn es eine Einheit $c \in R$ gibt, so daß: $a = b \cdot c$.*

In $R = \mathbb{Z}$ sind die positiven jeweils zu den negativen Zahlen gleichen Betrages assoziiert (da -1 Einheit): $-2 \sim 2$, $-5 \sim 5$ usw.

$\sim$ ist eine Äquivalenzrelation in R:

1. $a \sim a$, da $a = a \cdot 1$.
2. aus $a \sim b$ folgt $b \sim a$, denn ist $a = b \cdot c$, c Einheit, dann $a = b \cdot c^{-1}$ (c^{-1} Einheit wegen der Gruppeneigenschaft von R).
3. aus $a \sim b$ und $b \sim c$ folgt $a \sim c$: ist $b = a \cdot d_1$ und $c = b \cdot d_2$, d_1, d_2 Einheiten, dann $c = a (d_1 d_2)$, $d_1 \cdot d_2$ Einheit (Gruppeneigenschaft von R').

Durch $\sim$ wird R damit in Klassen assoziierter Elemente eingeteilt (und nur diese sind praktisch für die Teilbarkeitstheorie von Bedeutung).

Wir setzen R von jetzt ab als Integritätsbereich voraus. Die Äquivalenzrelation $\sim$ können wir dann auch anders kennzeichnen:

<u>Satz 9.</u> *Zwei Elemente $a, b \in R$ sind genau dann assoziiert, wenn $a \mid b$ und $b \mid a$.*

Beweis. Aus den bisherigen Betrachtungen folgt bereits, daß für assoziierte Elemente $a, b \in R$ gilt: $a \mid b$ und $b \mid a$. Aus $a \mid b$ und $b \mid a$ ($a, b \in R$), d. h. $b = a d_1$, $a = b \cdot d_2$, d_1, d_2 Einheiten, ergibt sich andererseits $a = a d_1 d_2$, d. h. $a (d_1 d_2 - 1) = 0$ und damit $d_1 d_2 - 1 = 0$, $d_1 d_2 = 1$ (R nullteilerfrei, $a = 0$ trivialer Fall). d_1, d_2 sind also Einheiten und $a \sim b$. $\square$

Ein Element $a \in R$ besitzt mindestens als (*triviale*) Teiler jede Einheit und jedes zu a assoziierte Element.

Definition 10. *Ein Element $a \in R$ (a sei nicht Einheit in R) heißt irreduzibel (oder ein Primelement[1]), wenn a nur triviale Teiler hat, d. h. außer Einheiten und zu a assoziierten Elementen keine weiteren Teiler hat.*

In der Definition wird der Begriff der Primzahl im Bereich der ganzen Zahlen verallgemeinert. Im Polynomring $\mathbb{Z}[x]$ sind etwa $x - a$ ($a \in \mathbb{Z}$ beliebig), $x^2 + 1$ irreduzibel.

In der Teilbarkeitstheorie stellen die Ideale ein wichtiges Hilfsmittel dar. Während wir die Ideale bisher in ihrer entscheidenden Rolle bei den Kongruenzrelationen kennengelernt haben, kommen wir damit zu einem ganz anderen Aspekt, der ursprünglich zu ihrer Einführung durch Kummer und Dedekind Anlaß gegeben hat.

---

[1]) Der Begriff wird manchmal für einen anderen Sachverhalt vorbehalten. Wir kommen noch darauf zurück.

Jedes Element $a \in R$ *erzeugt* ein Ideal, nämlich das kleinste a enthaltende Ideal. Nach Definition des Ideals muß dieses alle Elemente der Form $a \cdot r$, $r \in R$ enthalten. Andererseits bildet die Menge $\{a \cdot r \mid r \in R\}$, die wir mit $a \cdot R$ bezeichnen, ein Ideal: 1. $ar_1 - ar_2 = a (r_1 - r_2)$, 2. $(a r_1) \cdot r_2 = a (r_1 r_2)$ (vgl. Satz 4). $a \cdot R$ enthält a, da $a = a \cdot 1$. Wir nennen $a \cdot R$ das von a erzeugte *Hauptideal.*

Die Äquivalenzrelation $\sim$ kann jetzt wie folgt charakterisiert werden:

Satz 10. *Zwei Elemente, $a, b \in R$ sind genau dann assoziiert, wenn die von ihnen erzeugten Hauptideale gleich sind: $a \cdot R = b \cdot R$.*

Beweis. $b \in R$ teile $a \in R$, d. h. $a = b \cdot r$, $r \in R$. Dann gilt $a r' = b$ $(r r') \in b \cdot R$ ($r' \in R$ beliebig), also $a \cdot R \subseteq b \cdot R$. Umgekehrt folgt aus $a R \subseteq b R$ speziell $a = b \cdot r$ für ein $r \in R$, d. h. $b \mid a$. $b \mid a$ und $a \cdot R \subseteq b R$ sind gleichwertig.

Mit Satz 9 ergibt sich dann unmittelbar die Behauptung unseres Satzes.

Die Äquivalenz der Elemente in R geht also nach Satz 10 in die Gleichheit der zugehörigen Hauptideale über.

Die Teilbarkeitstheorie gestaltet sich besonders einfach in Integritätsbereichen, in denen jedes Ideal Hauptideal ist.

Definition 11. *Ein Integritätsbereich heißt ein Hauptidealring, wenn in ihm jedes Ideal ein Hauptideal ist.*

Wir zeigen: $\mathbb{Z}$ ist ein Hauptidealring, und wir betrachten dazu ein Ideal $\mathfrak{a} \neq \{0\}$ in $\mathbb{Z}$ ($\mathfrak{a} = \{0\}$ ist bereits ein Hauptideal). Für die kleinste in $\mathfrak{a}$ enthaltene natürliche Zahl d behaupten wir: $\mathfrak{a} = d \cdot R$.

Beweis. Da $d \in \mathfrak{a}$, gilt auch $d \cdot R \subseteq \mathfrak{a}$. Zum Nachweis von $\mathfrak{a} \subseteq d \cdot R$ wählen wir ein beliebiges Element $a \in \mathfrak{a}$, $a \neq 0$. Nehmen wir a als positiv an, d. h. $a \in \mathbb{N}$, so gilt $a \geq d$ wegen der Minimalität von d. Wir teilen a durch d mit einem eventuellen Rest:

$$(*)\quad a = d \cdot q_1 + q_2, \quad 0 \leq q_2 < d.$$

Aus der Idealeigenschaft von $\mathfrak{a}$ ergibt sich $q_2 = a - d q_1 \in \mathfrak{a}$ und damit wegen der Minimalität von d $q_2 = 0$, d. h. $d \mid a$ bzw. $a \in d \cdot R$. Da a beliebig aus $\mathfrak{a}$ gewählt worden war, folgt $\mathfrak{a} \subseteq d \cdot R$. $\square$

Entscheidend für den Beweis war die Existenz eines *Divisionsalgorithmus (Division mit Rest)* (*). Integritätsbereiche mit einem solchen Algorithmus nennt man *euklidische*[1] Ringe (genaue Formulierung in Aufgabe 29. a). Mit der gleichen Beweismethode kann man zeigen (Aufgabe 29. f): Jeder euklidische Ring ist ein Hauptidealring.

Neben $\mathbb{Z}$ stellen die Polynomringe $K [x]$ über einem Körper K wichtige Beispiele von euklidischen Ringen und damit Hauptidealringen dar. Bezeichnen wir mit $\mid f \mid$ den Grad eines Polynoms f, so können wir

[1] Eukleides von Alexandria (um 300 v. Chr.).

Polynome f und g (etwa $|f| \leq |g|$) dividieren: $g = f \cdot q_1 + q_2$, $-1 \leq |q_2| < |f|$ (wir setzen -1 als Grad des Nullpolynoms).

Um die Irreduzibilität eines Elementes in Hauptidealringen zu beschreiben, führen wir einen neuen Begriff ein:

Definition 12. *Ein Ideal* $\mathfrak{a} \neq R$ *eines (beliebigen) kommutativen Ringes R heißt* <u>maximal</u>, *wenn zwischen* $\mathfrak{a}$ *und R kein weiteres Ideal existiert, d.h., wenn R selbst das einzige* $\mathfrak{a}$ *echt umfassende Ideal ist:* $\mathfrak{a} \subset R$.

Mit Hilfe des Quotientenringes von R nach $\mathfrak{a}$ läßt sich die Bedingung der Maximalität von $\mathfrak{a}$ auch anders ausdrücken:

Satz 11. *Ein Ideal* $\mathfrak{a}$ *eines kommutativen Ringes R mit Einselement 1 ist genau dann maximal, wenn der Quotientenring* $\overline{R} = R / \mathfrak{a}$ *von R nach* $\mathfrak{a}$ *ein Körper ist.*

Beweis. Nehmen wir $\mathfrak{a}$ als maximal an und wählen ein Element $\overline{a} \in \overline{R}$ mit $\overline{a} \neq \overline{0}$, d. h. $a \notin \mathfrak{a}$. Die Teilmenge $\mathfrak{b} := \{b + a \cdot c \mid b \in \mathfrak{a}, c \in R\}$[1]) von R bildet ein Ideal in R (denn: $b_1 + a \cdot c_1) - (b_2 + a \cdot c_2) = (b_1 - b_2)$ $+ a \cdot (c_1 - c_2)$ und $(b_1 + a \cdot c_1) c_2 = b_1 c_2 + a \cdot (c_1 c_2), b_1 b_2 \in \mathfrak{a}, c_1 c_2 \in R$, vgl. Idealdefinition). Wegen der Maximalität von $\mathfrak{a}$ (es gilt $\mathfrak{a} \subset \mathfrak{b}$) ist $\mathfrak{b} = R$, d.h., es gilt eine Gleichung $b + a \cdot a' = 1$ mit $b \in \mathfrak{a}, a' \in R$, die in $\overline{R}$ lautet: $\overline{a} \cdot \overline{a'} = \overline{1}$, w. z. b. w.

Sei andererseits $R / \mathfrak{a}$ ein Körper. Wäre $\mathfrak{a}$ nicht maximal, so gäbe es ein Ideal $\mathfrak{b}$ mit $\mathfrak{a} \subset \mathfrak{b} \subset R$ und damit ein Element $b \in \mathfrak{b}$ mit $b \notin \mathfrak{a}$, d. h. $\overline{b} \neq \overline{0}$ in $\overline{R}$. Da $\overline{R}$ ein Körper, gilt eine Gleichung $\overline{b} \cdot \overline{b'} = \overline{1}$ in $\overline{R}$ und daher $b \cdot b' + c = 1$ in R mit Elementen $b' \in R, c \in \mathfrak{a} \subset \mathfrak{b}$. Wegen der Idealeigenschaft von $\mathfrak{b}$ wäre dann $1 \in \mathfrak{b}$ und damit $\mathfrak{b} = R$ im Widerspruch zu $\mathfrak{b} \subset R$.

Wir können jetzt die Irreduzibilität eines Elementes $a \in R$ (R Hauptidealring) neu formulieren:

Satz 12. *Ein Element a eines Hauptidealringes R ist genau dann irreduzibel, wenn sein zugehöriges Hauptideal* $a \cdot R$ *maximal ist.*

Beweis. a sei irreduzibel. Wäre $a \cdot R$ nicht maximal, etwa $a \cdot R \subset b \cdot R \subset R$, dann wäre b ein nicht-trivialer Teiler von a im Widerspruch zur Irreduzibilität von a.

Nehmen wir $a \cdot R$ als maximal an. Gäbe es einen nicht-trivialen Teiler von a, so würde gelten: $a \cdot R \subset b \cdot R \subset R$ im Widerspruch zur Maximalität von $a \cdot R$. $\square$

p sei ein irreduzibles Element des Hauptidealringes R. Setzen wir $\mathfrak{p} := p \cdot R$, so ist $R / \mathfrak{p}$ aufgrund des Satzes ein Körper und daher erst recht ein Integritätsbereich. In $\overline{R} := R / \mathfrak{p}$ gilt also: aus $\overline{a} \cdot \overline{b} = \overline{0}$ folgt $\overline{a} = \overline{0}$ oder $\overline{b} = 0$, d. h. in R: aus $a \cdot b \in \mathfrak{p}$ folgt $a \in \mathfrak{p}$ oder $b \in \mathfrak{p}$.

---

[1]) Mit dem weiter unten eingeführten Begriff der Idealsumme kann $\mathfrak{b}$ beschrieben werden als $\mathfrak{b} = \mathfrak{a} + a \cdot R$.

Für diese Eigenschaft eines Ideals hat man einen besonderen Namen, den wir wegen seiner Bedeutung in einer besonderen Definition festhalten wollen:

Definition 13. *Ein Ideal* $\mathfrak{p} \neq R$ *eines (beliebigen) kommutativen Ringes R heißt ein* <u>*Primideal*</u>, *wenn aus* $a \cdot b \in \mathfrak{p}$ $(a, b \in R)$ *folgt* $a \in \mathfrak{p}$ *oder* $b \in \mathfrak{p}$.

$\mathfrak{p}$ *ist genau dann Primideal, wenn* $R \mid \mathfrak{p}$ *ein Integritätsbereich ist. Jedes maximale Ideal ist also ein Primideal (in Hauptidealringen gilt auch die Umkehrung, vgl. Aufgabe 32).*

In unserer vorausgegangenen Überlegung war $\mathfrak{p} = pR$. Die Primidealeigenschaft von $\mathfrak{p}$ drückt sich dann so aus:

(P) aus $p \mid a \cdot b$ $(a, b \in R)$ folgt $p \mid a$ oder $p \mid b$.

In dieser Situation sagt man auch: p ist ein „Primelement". Da in Hauptidealringen die Begriffe irreduzibles Element und Primelement zusammenfallen (siehe den Hinweis in Aufgabe 32), haben wir sie von vornherein nicht unterschieden.

In Hauptidealringen läßt sich die Primfaktorzerlegung der ganzen Zahlen verallgemeinern.

Definition 14. *Ein Integritätsbereich R heißt ein* <u>*ZPE-Ring*</u> *(oder* <u>*faktorieller Ring*</u>*), wenn jedes Element* $a \in R$ *bis auf Einheiten und assoziierte Elemente (und bis auf die Reihenfolge der Faktoren) eindeutig in ein Produkt von Primelementen* $p_1, \ldots, p_n$ *(n beliebige natürliche Zahl) zerlegt werden kann*

$$a = p_1 \cdot \ldots \cdot p_n.$$

Hierbei dürfen natürlich Primelemente mehrfach auftreten.
(Die Bezeichnung ZPE-Ring soll an die eindeutige Zerlegbarkeit in Produkte von Primelementen erinnern.)

Wir formulieren den Hauptsatz dieses Abschnittes:

Satz 13. *Jeder Hauptidealring ist ein ZPE-Ring.*

Beweis. 1. Wir benötigen ein Hilfsergebnis: Jede echt aufsteigende Kette von Idealen in R bricht nach endlich vielen Schritten ab. (Ringe mit dieser Eigenschaft heißen <u>*noethersche*</u>[1]) Ringe. Wir kommen später auf sie zurück.)

Zum Beweis dieser Tatsache nehmen wir an, es gäbe eine unendliche Kette echt aufsteigender Ideale in R:

$$\mathfrak{a}_1 \subset \mathfrak{a}_2 \subset \mathfrak{a}_3 \subset \ldots$$

Mit $\mathfrak{a}$ bezeichnen wir die Vereinigungsmenge aller $\mathfrak{a}_i : \mathfrak{a} := \bigcup_{i \in \mathbb{N}} \mathfrak{a}_i$. $\mathfrak{a}$ ist ein Ideal in R: Sind a, b $\in \mathfrak{a}$, etwa $a \in \mathfrak{a}_{i_1}$, $b \in \mathfrak{a}_{i_2}$ und $\mathfrak{a}_{i_1} \subset \mathfrak{a}_{i_2}$, dann gilt: $a - b \in \mathfrak{a}_{i_2} \subset \mathfrak{a}$ und $a \cdot r \in \mathfrak{a}_{i_1} \subset \mathfrak{a}$, r $\in R$ beliebig, wegen der Idealeigenschaft von $\mathfrak{a}_{i_1}$, $\mathfrak{a}_{i_2}$.

[1]) Nach E. Noether (1882–1935).

R ist Hauptidealring, also $\mathfrak{a} = d \cdot R$ für ein $d \in R$. d muß Element eines der $\mathfrak{a}_i$ sein, etwa $d \in \mathfrak{a}_{i_0}$. Dann gilt: $\mathfrak{a} = d R \subseteq \mathfrak{a}_{i_0}$, damit $\mathfrak{a}_{i_0} = \mathfrak{a}$, und im Widerspruch zur Annahme bricht die Kette doch nach endlich vielen Schritten (nämlich bei i_0) ab.

2. Wir zeigen die Existenz, anschließend die Eindeutigkeit der Zerlegung in Primelemente. a sei ein beliebiges Element aus R. Ist a irreduzibel, ist nichts mehr zu zeigen. Anderenfalls hat a nicht-triviale Teiler: $a = a_1 \cdot a'_1$. Sind a_1 und a'_1 irreduzibel, so haben wir bereits eine Zerlegung von a gefunden. Im anderen Falle haben a_1 und a'_1 wiederum nicht-triviale Teiler. Das geschilderte Verfahren muß nach endlich vielen Schritten abbrechen, da es sonst eine unendliche Kette von Teilern $a_1, a_2 \ldots$ gäbe, zu der eine unendliche Kette von Idealen $a R \subset a_1 R \subset a_2 R \subset \ldots$ gehören würde, was nach 1. nicht sein kann.

3. Zum Beweis der Eindeutigkeit seien zwei Zerlegungen eines beliebigen Elementes $a \in R$ in Primelemente gegeben:

$$a = p_1 \ldots p_m = q_1 \cdot \ldots \cdot q_n.$$

Wir zeigen durch vollständige Induktion über m: $m = n$ und, daß die p_i zu den q_i bis auf die Reihenfolge assoziiert sind.

Bei $m = 1$ folgt aus der Irreduzibilität von p_1, daß $n = 1$ und $p_1 = q_1$, da sonst p_1 nicht-triviale Teiler hätte.

Im allgemeinen Fall m muß p_1 als Primelement eines der q_i teilen (durch vollständige Induktion überträgt sich die Eigenschaft (P) auf ein Produkt von endlich vielen Faktoren), nach Änderung der Reihenfolge $p_1 \mid q_1$ und damit $p_1 \sim q_1$, da q_1 irreduzibel. Durch Kürzen (R Integritätsbereich) folgt hieraus (nach eventueller Vernachlässigung einer Einheit): $p_2 \cdot \ldots \cdot p_m = q_2 \cdot \ldots \cdot q_n$. Für ein Produkt von $m - 1$ Faktoren ist die Behauptung nach Induktionsvoraussetzung richtig: $m = n$ und $p_i \mid q_i$, $i = 2, \ldots, m$ (bis auf Reihenfolge), womit der Beweis der Behauptung vollständig erbracht ist.

Z und K [x], K Körper, sind damit als Hauptidealringe auch Beispiele für ZPE-Ringe. Über ein Beispiel eines ZPE-Ringes, der kein Hauptidealring ist, vgl. Aufgabe 33.

Die in der Primelementzerlegung eines Elementes $a \in R$ mehrfach vorkommenden Primelemente kann man jeweils in einer Potenz zusammenfassen. Man erhält dann:

$$a = p_1^{r_1} \cdot \ldots \cdot p_n^{r_n}, \; r_i \in \mathbb{N} \; (i = 1, \ldots, n).$$

Diese Formel kann auf die Elemente a des Körpers der Brüche von Elementen aus R erweitert werden, wobei die $r_1, \ldots, r_n$ dann beliebige ganze Zahlen sein dürfen.

Sind zwei ganze Zahlen gegeben, so kann man durch ihre Primfaktorzerlegungen einen größten gemeinsamen Teiler und ein kleinstes gemeinschaftliches Vielfaches angeben. Diese Möglichkeit besteht allgemein in ZPE-Ringen.

Definition 15. *Unter einem <u>größten gemeinschaftlichen Teiler</u> (g. g. T.) zweier Elemente a und b eines ZPE-Ringes R versteht man ein Element d ∈ R mit den Eigenschaften:*

1. d | a und d | b (d ist gemeinsamer Teiler von a und b).

2. Jeder weitere gemeinsame Teiler d' ∈ R von a und b teilt d : d' | d.

Durch „Dualisierung" der Definition gelangt man zu:

Definition 16. *Unter einem <u>kleinsten gemeinschaftlichen Vielfachen</u> (k. g. V.) zweier Elemente a und b eines ZPE-Ringes R versteht man ein Element d ∈ R mit den Eigenschaften:*

1. a | d und b | d (d ist gemeinschaftliches Vielfache von a und b).

2. d teilt jedes weitere gemeinschaftliche Vielfache d' ∈ R von a und b : d|d'.

Aus den Definitionen ergibt sich unmittelbar, daß g. g. T. und k. g. V. zweier Elemente a, b ∈ R bis auf Einheiten eindeutig bestimmt sind.

Sind $a = p_1{}^{r_1} \cdot \ldots \cdot p_n{}^{r_n}$ und $b = p_1{}^{s_1} \cdot \ldots \cdot p_n{}^{s_n}$ die Primelementzerlegungen von a und b (wir nehmen die Primelemente in a und b als gleich an, unter Umständen müssen einige Exponenten gleich Null gesetzt werden), so gilt:

$$\text{g. g. T. } (a, b) = p_1{}^{\min(r_1, s_1)} \cdot \ldots \cdot p_n{}^{\min(r_n, s_n)},$$
$$\text{k. g. V. } (a, b) = p_1{}^{\max(r_1, s_1)} \cdot \ldots \cdot p_n{}^{\max(r_n, s_n)},$$

wie man sich sofort überlegt.

Zur rechnerischen Bestimmung des g. g. T. kann man in euklidischen Ringen neben den oft schwer zu erstellenden Primelementzerlegungen den <u>euklidischen Algorithmus</u> verwenden. Wir verweisen hierzu auf Aufgabe 30.

Gehen wir kurz auf die idealtheoretische Charakterisierung von g. g. T. und k. g. V. in Hauptidealringen ein. Als Summe der Ideale $\mathfrak{a}$ und $\mathfrak{b}$ bezeichnet man das Ideal (!)

$$\mathfrak{a} + \mathfrak{b} := \{a + b \mid a \in \mathfrak{a}, b \in \mathfrak{b}\}.$$

Der Durchschnitt $\mathfrak{a} \cap \mathfrak{b}$ von $\mathfrak{a}$ und $\mathfrak{b}$ ist ebenfalls ein Ideal. Wir können jetzt feststellen:

Satz 14. *Für Elemente a, b eines Hauptidealringes R gilt:*

1. d ist genau dann g. g. T. von a und b, wenn:
$$aR + bR = dR.$$

2. d ist genau dann k. g. V. von a und b, wenn:
$$aR \cap bR = dR.$$

Aus 1. ergibt sich speziell, daß für den g. g. T. d von a und b eine Darstellung gilt: $d = a r_1 + b r_2$ mit Elementen $r_1, r_2 \in R$. Die explizite Erstellung dieser Darstellung und damit die Bestimmung von d ist in euklidischen Ringen ebenfalls mit Hilfe des euklidischen Algorithmus möglich.

Fassen wir den Inhalt dieses wichtigen Abschnittes zusammen. Die Teilbarkeitstheorie der ganzen Zahlen läßt sich auf beliebige *Hauptidealringe* (in denen jedes Ideal ein Hauptideal ist) übertragen. Sie erweisen sich als *ZPE-Ringe*, d. h., in ihnen kann jedes Element (bis auf die Reihenfolge und Einheiten) eindeutig in ein Produkt von Primelementen zerlegt werden (Hauptsatz). Insbesondere existiert stets der größte gemeinsame Teiler und das kleinste gemeinschaftliche Vielfache zweier Ringelemente.

Als wichtigste Beispiele von Hauptidealringen haben wir den Ring der ganzen Zahlen und die Polynomringe K [x] über einem Körper K erkannt. Nehmen wir das Ergebnis von Aufgabe 29. e) vorweg, so erhalten wir die weiteren Beispiele des Ringes der ganzen Gaußschen Zahlen $\mathbb{Z}\left[\sqrt{-1}\right]$ und den Ring $\mathbb{Z}\left[\sqrt{2}\right]$.

Aufgaben

22. Bestimme alle Einheiten in folgenden Ringen:
    a) $\mathbb{Z}_4$ b) $\mathbb{Z}_5$ c) $\mathbb{Z}_8$ d) $\mathbb{Z}_{12}$ e) $\mathbb{Z}[x]$ f) $\mathbb{Q}[x]$

    Für die Fälle a)–d):
    Stelle die Verknüpfungstafel der Einheitengruppe auf.
    Welche Elemente des Ringes sind jeweils assoziiert?

23. Die Einheiten in $\mathbb{Z}_n$ sind die Restklassen $\overline{m}$ von $\mathbb{Z}_n$ mit einem zu n teilerfremden m (diese Eigenschaft ist unabhängig von dem gewählten m der Restklasse $\overline{m}$). Ihre Anzahl bezeichnen wir mit φ (n) (*Eulersche*[1] Funktion). Es gilt (ohne Beweis):
    $\varphi (n_1 \cdot n_2) = \varphi (n_1) \cdot \varphi (n_2)$, falls n_1 und n_2 teilerfremd.
    a) Bestimme: φ (n) für n = 1 – 12, 20, 30, 100.
    b) Zeige: $\varphi (p^r) = p^r - p^{r-1} = p^r \left(1 - \dfrac{1}{p}\right)$ (p Primzahl).

24. Zeige: In einem Polynomring R [x] über einem Integritätsbereich R stimmen die Einheiten mit den Einheiten von R überein.

25. Zeige für die Ringe $R = \mathbb{Z}\left[\sqrt{d}\right]$ (d ∈ $\mathbb{Z}$, d quadratfrei):
    a) Durch die Zuordnung:
    $$\alpha = a + b \sqrt{d} \rightarrow \mathfrak{N} (\alpha) := a^2 - d b^2 \quad (\alpha \in R \text{ beliebig}) \text{ wird ein}$$
    Homomorphismus (bezüglich ·) $\mathfrak{N}$: R → $\mathbb{Z}$ definiert, d. h., es gilt:
    $$\mathfrak{N} (\alpha \cdot \beta) = \mathfrak{N} (\alpha) \cdot \mathfrak{N} (\beta) \quad (\alpha, \beta \in R \text{ beliebig}).$$
    $\mathfrak{N}$ heißt die *Normfunktion* von R.
    b) Aus α | β folgt: $\mathfrak{N} (\alpha)$ | $\mathfrak{N} (\beta)$.
    c) α ∈ R ist genau dann Einheit, wenn $\mathfrak{N} (\alpha) = \pm 1$.
    d) Bestimme die Einheiten von R in den Fällen:
    d = −1 (Ring der ganzen Gaußschen Zahlen),
    d = −5.
    e) Zeige, daß es im Falle d = 2 unendlich viele Einheiten gibt.

[1] Nach L. Euler (1707–1783).

26. Untersuche die folgenden Elemente auf Irreduzibilität:

    a) $x + 5$ in $\mathbb{Q}[x]$ b) $x^2 + 1$ in $\mathbb{Q}[x]$

    c) $x^2 + 4x - 5$ in $\mathbb{Q}[x]$ d) $x^3 - 1$ in $\mathbb{Q}[x]$

    e) $x^3 + \bar{6}x^2 - \bar{3}$ in $\mathbb{Z}_5[x]$[1])   f) $x^5 - \bar{3}x^2 + \bar{2}x + \bar{5}$ in $\mathbb{Z}_2[x]$

    g) $x^3 + \bar{6}x^2 - 3$ in $\mathbb{Z}[x]$[1])   h) $x^5 - 3x^2 + 2x + 5$ in $\mathbb{Z}[x]$

    i) $1 + \sqrt{-1}$ und 2 in $\mathbb{Z}[\sqrt{-1}]$ j) $1 + \sqrt{-5}$ und 2 in $\mathbb{Z}[\sqrt{-5}]$

    k) $2 + \sqrt{2}$ in $\mathbb{Z}[\sqrt{2}]$

Hinweis zu g) und h): Ist ein ganzzahliges Polynom (höchster Koeffizient eins) reduzibel (= nicht irreduzibel), so trifft das auch beim Übergang zu Restklassen nach einem Modul m zu.

27. Zerlege folgende Elemente in Primfaktoren:

    a) $x^2 + 4x - 5$ in $\mathbb{Q}[x]$ b) $x^3 - 1$ in $\mathbb{Q}[x]$

    c) $x^4 + \bar{1}$ in $\mathbb{Z}_2[x]$ d) $x^6 + x^4 + x^2 + 1$ in $\mathbb{Z}_2[x]$

    e) 2 und 4 in $\mathbb{Z}[\sqrt{-1}]$ f) 2 und 4 in $\mathbb{Z}[\sqrt{2}]$

28. Auf der Methode des Übergangs zu Restklassen beruht auch das Irreduzibilitätskriterium von Eisenstein (1823–1852).

    a)* Beweise: $f = a_0 + a_1 x + \ldots + a_n x^n$ sei ein Polynom über einem Integritätsbereich R. Gibt es in R ein Primelement p mit den Eigenschaften:

    $p \nmid a_n$ (p teilt nicht a_n), $p \mid a_i$ für $i = 0, 1, \ldots, n - 1$ und $p^2 \nmid a_0$, so ist f irreduzibel.

    Zeige die Irreduzibilität der folgenden Polynome in $\mathbb{Z}[x]$:

    b) $x^4 - 2$ c) $x^5 + 6x^4 + 3x^2 - 3$

    d) $x^4 + 1$ e) $x^{p-1} + \ldots + x + 1$
                                       (p Primzahl)

Hinweis zu d) und e): Aus der Reduzibilität des zu untersuchenden Polynoms f würde die Reduzibilität des Polynoms g folgen, das man erhält, indem man die Unbestimmte x durch x + 1 ersetzt.

29. Ein Integritätsbereich R heißt ein *euklidischer* Ring, wenn in ihm eine *Wertfunktion* $w: R - \{0\} \to \mathbb{N} \cup \{0\}$ gegeben ist, die folgenden Eigenschaften genügt:

    1. $w(a \cdot b) \geq w(a)$ für beliebige $a, b \in R$ mit $a \neq 0, b \neq 0$.

    2. Existenz eines *Divisionsalgorithmus (Division mit Rest)*:
        Für beliebige $a, b \in R$ ($a \neq 0$) gibt es Elemente $q, r \in R$, so daß:
        $b = a \cdot q + r$
        und $r = 0$ oder $w(r) < w(a)$.

[1]) Wir bemerken ohne Beweis, daß aus der Irreduzibilität eines Polynoms über $\mathbb{Z}$ auch die über $\mathbb{Q}$ folgt. Diese Tatsache hängt mit Überlegungen zusammen, die zu dem in Aufgabe 33 erwähnten Satz von Gauß führen.

Zeige:

a) Der Ring $\mathbb{Z}$ der ganzen Zahlen ist euklidisch. Wähle den Absolutbetrag als Wertfunktion.

b) Der Polynomring $K[x]$ über einem Körper K ist euklidisch. Wähle als w (f) eines $f \in K[x]$ den Grad $|f|$ von f.

c) Führe die Division mit Rest durch für die Polynome
$$x^7 + 4x^5 - 2x^2 + 1 \quad \text{und} \quad x^3 - x + 1$$
aus $\mathbb{Q}[x]$.

d) Besitzt das Polynom f über einem Körper K die *Nullstelle* $\alpha \in K$ (d. h., gilt nach dem Ersetzen von x durch α f $(\alpha) = 0$), so ist f teilbar durch $x - \alpha$.

Hieraus ergibt sich die Folgerung: Ein Polynom dritten Grades über einem Körper K ist genau dann irreduzibel, wenn es eine Nullstelle besitzt.

e)* Die Ringe $\mathbb{Z}\left[\sqrt{-1}\right]$ und $\mathbb{Z}\left[\sqrt{2}\right]$ sind euklidisch mit dem Absolutbetrag der Normfunktion als Wertfunktion.

f) Jeder euklidische Ring ist ein Hauptidealring.

30. (Euklidischer Algorithmus zur Bestimmung des g. g. T.)
a und b seien zwei Elemente eines euklidischen Ringes mit w (a) $\leq$ w (b). Wir führen die folgenden Divisionen mit Rest aus:

$$a = b \cdot q_1 + r_1 \qquad\qquad w (r_1) < w (b)$$
$$b = r_1 \cdot q_2 + r_2 \qquad\qquad w (r_2) < w (r_1)$$
$$r_1 = r_2 \cdot q_3 + r_3 \qquad\qquad w (r_3) < w (r_1)$$
$$\ldots$$
$$r_{n-2} = r_{n-1} \cdot q_n$$

Das heißt, wir führen das Verfahren so lange durch, bis die Division ohne Rest aufgeht. Dies muß nach endlich vielen Schritten der Fall sein, da die w (r_i) jeweils um mindestens eins abnehmen.

a) Zeige, daß r_{n-1} der g. g. T. von a und b ist. Wie kann r_{n-1} mit Hilfe der ausgeführten Rechnung als Vielfachsumme:

$$r_{n-1} = c_1 a + c_2 b \quad (c_1, c_2 \in R)$$

von a und b dargestellt werden?

Bestimme den g. g. T. und stelle ihn als Vielfachsumme dar für:

b) 312 und 27 in $\mathbb{Z}$ c) 4213 und 3711 in $\mathbb{Z}$

d) $6x^3 - 7x + 1$ und $x^2 - 1$ in $\mathbb{Q}[x]$

e) $x^5 - x^4 - 2x^3$ und $x^4 - x^3 - x^2 - x - 2$ in $\mathbb{Q}[x]$

31. Zeige, daß $\mathbb{Z}\sqrt{-5}$ kein ZPE-Ring (und damit auch kein Hauptidealring und kein euklidischer Ring) ist.
Hinweis. Finde verschiedene Faktorzerlegungen von 6.

32.** Beweise: In einem Hauptidealring ist jedes Primideal maximal.

Hinweis: Nach den Ausführungen des Textes bleibt noch zu zeigen, daß (allgemein) in Integritätsbereichen ein Element p mit der Eigenschaft (P) von S. 71 irreduzibel ist.

33. Ein ZPE-Ring braucht kein Hauptidealring zu sein, wie man an dem Beispiel des Ringes $R = \mathbb{Z}[x]$ erkennt (wir erwähnen ohne Beweis den Satz von Gauß, nach dem jeder Polynomring über einem ZPE-Ring wiederum ein ZPE-Ring ist).

Zeige, daß das Ideal (!) $\{2 \cdot f + x \cdot g \mid f, g \in R\}$ (Summe der Hauptideale $2 \cdot R$ und $x \cdot R$) kein Hauptideal ist.

34.** R sei ein kommutativer Ring mit Einselement 1.

Zeige, daß

a) die Summe $\mathfrak{a} + \mathfrak{b}$,

b) der Durchschnitt $\mathfrak{a} \cap \mathfrak{b}$
   zweier Ideale $\mathfrak{a}$ und $\mathfrak{b}$ in R ein Ideal ist.

c) Zeige für Ideale $\mathfrak{a}, \mathfrak{b}, \mathfrak{c}$ in R:

$\mathfrak{a} + \mathfrak{b} = \mathfrak{b} + \mathfrak{a}$ \hspace{2em} (kommutatives Gesetz)

$\mathfrak{a} + (\mathfrak{b} + \mathfrak{c}) = (\mathfrak{a} + \mathfrak{b}) + \mathfrak{c}$ \hspace{2em} (assoziatives Gesetz)

Wegen der Gültigkeit des assoziativen Gesetzes können in einer Summe von endlich vielen Idealen Klammern weggelassen werden.

d) Bestimme in $R = \mathbb{Z}$ die Summe und den Durchschnitt der Ideale: $4 \cdot \mathbb{Z}$ und $6 \cdot \mathbb{Z}$. $12 \cdot \mathbb{Z}$ und $27 \cdot \mathbb{Z}$. $318 \cdot \mathbb{Z}$ und $231 \cdot \mathbb{Z}$.

e) Beweise Satz 14.

f) Ein Ideal in R heißt *endlich erzeugt,* wenn es Summe von endlich vielen Hauptidealen in R ist.

Zeige: Ein Integritätsbereich R ist genau dann *noethersch,* d. h., jede Kette von echt aufsteigenden Idealen bricht nach endlich vielen Schritten ab, wenn jedes Ideal in R endlich erzeugt ist.

g) Unter dem *Produkt* $\mathfrak{a} \cdot \mathfrak{b}$ zweier Ideale $\mathfrak{a}$ und $\mathfrak{b}$ in R versteht man die Gesamtheit der Ringvielfachen von Elementen $a \cdot b$ mit $a \in \mathfrak{a}$, $b \in \mathfrak{b}$ und deren endlichen Summen:

$\mathfrak{a} \cdot \mathfrak{b} := \{r_1 a_1 b_1 + \ldots + r_n a_n b_n \mid n \in \mathbb{N}, r_i \in R,$
$a_i \in \mathfrak{a}, b_i \in \mathfrak{b}, i = 1, \ldots, n\}.$

Der *Quotient* $\mathfrak{a} : \mathfrak{b}$ von $\mathfrak{a}$ und $\mathfrak{b}$ wird definiert durch:

$\mathfrak{a} : \mathfrak{b} := \{r \in R \mid r \cdot b \in \mathfrak{a} \text{ für alle } b \in \mathfrak{b}\}.$

Zeige, daß Ideale vorliegen.

h) Bestimme in $R = \mathbb{Z}: (2\mathbb{Z}) \cdot (3\mathbb{Z})$, $(3\mathbb{Z}) \cdot (4\mathbb{Z})$, $(2\mathbb{Z}) \cdot (3\mathbb{Z} + 5\mathbb{Z})$, $(6\mathbb{Z}) : (2\mathbb{Z})$, $(2\mathbb{Z}) \cdot (6\mathbb{Z}) : (2\mathbb{Z})$.

i) Beweise die Regeln ($\mathfrak{a}, \mathfrak{b}, \mathfrak{c}$ Ideale in R):

$\mathfrak{a} \cdot \mathfrak{b} = \mathfrak{b} \cdot \mathfrak{a}$, $\mathfrak{a} \cdot (\mathfrak{b} \cdot \mathfrak{c}) = (\mathfrak{a} \cdot \mathfrak{b}) \cdot \mathfrak{c}$, $\mathfrak{a} \cdot R = \mathfrak{a}$,

$\mathfrak{a} \cdot (\mathfrak{b} + \mathfrak{c}) = \mathfrak{a} \cdot \mathfrak{b} + \mathfrak{a} \cdot \mathfrak{c}$, $\mathfrak{a} \cdot \mathfrak{b} \subseteq \mathfrak{a}$, $\mathfrak{a} \subseteq \mathfrak{a} : \mathfrak{b}$, $\mathfrak{b} \cdot (\mathfrak{a} : \mathfrak{b}) \subseteq \mathfrak{a}$.

V. VEKTORRÄUME (LINEARE ALGEBRA)

1. Grundbegriffe und Beispiele

Im weiteren Verlauf benötigen wir einige grundlegende Tatsachen aus der Theorie der Vektorräume, denen wir das folgende Kapitel widmen. Wir lernen damit andererseits algebraische Strukturen kennen, bei denen eine äußere Verknüpfung im Sinne von Kap. II vorhanden ist.

Ausgangspunkt für die Einführung des Vektorraumes waren geometrische Fragestellungen („Vektorrechnung"). P und Q seien zwei Punkte in einer Ebene. Versehen wir die von P nach Q führende Strecke PQ mit einer Richtung (Fig. 30), so erhalten wir einen *Vektor* a. Dieser Vektor a darf an jeden Punkt der Ebene angetragen werden, d. h. entweder in der gleichen Richtung (Fig. 31)

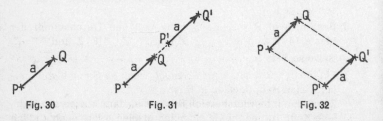

Fig. 30   Fig. 31   Fig. 32

oder parallel zu PQ verschoben werden, so daß ein Parallelogramm entsteht (Fig. 32). Dabei kann Fig. 31 ebenfalls als („entartetes") Parallelogramm angesehen werden.

Genauer definiert man die Vektoren als Klassen gleichgerichteter Strecken, d. h., man führt die Äquivalenzrelation ein, bei der zwei gerichtete Strecken äquivalent heißen, wenn sie wie in den Fig. 31 und 32 ein Parallelogramm bilden.

Die *Addition* von Vektoren wird wie in Fig. 33 ersichtlich erklärt (physikalisch denke man etwa an das „Parallelogramm der Kräfte"). Man erkennt unmittelbar die Kommutativität der Addition. Man kann darüber hinaus leicht zeigen, daß die Gesamtheit V der Vektoren eine additive abelsche Gruppe bildet. Nullelement ist der Vektor mit der Länge 0 *(Nullvektor)*.

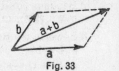

Fig. 33

Ferner definiert man das *Produkt* c · a eines Vektors a mit einer reellen Zahl c *(Skalar)* gemäß Fig. 34. Die Richtung von a bleibt erhalten, die Länge von c · a beträgt das c-Fache der Länge von a. Auch für die Multiplikation gilt eine Reihe von Gesetzen, wie z. B. die beide Operationen verbindenden distributiven Gesetze:

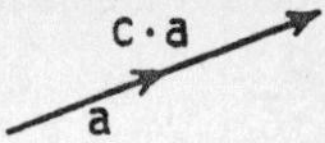

Fig. 34

$$c \cdot (a + b) = c \cdot a + c \cdot b, \; (c + c') \cdot a = c \cdot a + c' \cdot a,$$
$$c, c' \in \mathbb{R}, \; a, b \in V.$$

In der folgenden Definition verwenden wir statt des *Skalarenbereiches* $\mathbb{R}$ allgemeiner einen beliebigen (kommutativen) Körper K.

Definition 1[1]**.** *Ein (Links-)Vektorraum V über einem Körper K (auch: K-Vektorraum) ist eine additive abelsche Gruppe, in der zusätzlich eine Multiplikation mit Elementen von K, d. h. eine Abbildung $K \times V \to V$, $(c, a) \to c \cdot a, \; c \in K, \; a \in V$, mit folgenden Eigenschaften gegeben ist:*

1. $c \cdot (c' \cdot a) = (c \cdot c') \cdot a$ *für beliebige* $c, c' \in K, \; a \in V$
   (assoziatives Gesetz),

2. $1 \cdot a = a$ *für alle* $a \in V$,

3. $c \cdot (a + b) = c \cdot a + c \cdot b$,
   $(c + c') \cdot a = c \cdot a + c' \cdot a'$ *für beliebige* $c, c' \in K, \; a, b \in V$
   (distributive Gesetze).

Der eingeklammerte Zusatz „Links-" in der Definition bezieht sich darauf, daß die Multiplikation mit Skalaren formal von der linken Seite erfolgt. Wegen der Kommutativität von K können wir allerdings jeden Links-Vektorraum zu einem Rechts-Vektorraum machen durch die Festsetzung $a \cdot c := c \cdot a, \; c \in K, \; a \in V$ beliebig. Es bleiben dann alle entsprechenden Gesetze erhalten, so daß die Unterscheidung nicht mehr gemacht zu werden brauchte.
Statt des Skalarenbereiches K kann man in Definition 1 einen beliebigen, sogar nicht-kommutativen Ring R mit einem Einselement 1 nehmen. V wird dann ein *(Links-)Modul über* R genannt (vgl. dazu Aufgabe 6). Im wichtigen Spezialfall $R = \mathbb{Z}$ stimmt der Begriff mit dem der (additiven) abelschen Gruppe überein, da das Produkt $n \cdot a, \; n \in \mathbb{Z}, \; a \in V$, durch die Potenzbildung (bezüglich $+$) in V erhalten wird.

Beispiele:

1. Wie bei der Einführung des (Vektor-)Raumes der ebenen Vektoren gelangt man zum (Vektor-)Raum der räumlichen Vektoren. Diese *(reellen)* Vektorräume sind für die Grundlegung der analytischen Geometrie von größter Bedeutung.

---

[1]) Formal läßt sich die Vektorraumstruktur nicht als algebraische Struktur im Sinne von Definition II. 3 ansehen, da neben einer inneren eine äußere Verknüpfung vorliegt. Weil in der vorliegenden Darstellung die algebraischen Strukturen mit nur inneren Verknüpfungen die weitaus größte Rolle spielen, haben wir der Einfachheit halber von der für diesen Fall erforderlichen (und möglichen) Erweiterung der Definition II. 3 abgesehen.

2. In der Menge K^n aller n-Tupel $(a_1, \ldots, a_n)$ von Elementen $a_1, \ldots,$ a_n aus einem Körper K führen wir eine Addition und eine Multiplikation mit Elementen aus K ein durch:

$(a_1, \ldots, a_n) + (b_1, \ldots, b_n) := (a_1 + b_1, \ldots, a_n + b_n),$

$c \cdot (a_1, \ldots, a_n) := (c\, a_1, \ldots, c\, a_n), c, a_i, b_i \in K,$

$i = 1, \ldots, n.$

Die Eigenschaften einer additiven Gruppe wurden bereits beim direkten Produkt von Gruppen (S. 40) gezeigt. Zum Nachweis etwa des (rechts-)distributiven Gesetzes rechnen wir:

$c \cdot [(a_1, \ldots, a_n) + (b_1, \ldots, b_n)] = c \cdot (a_1 + b_1, \ldots, a_n + b_n)$

$= (c\,(a_1 + b_1), \ldots, c\,(a_n + b_n)) = (ca_1 + cb_1, \ldots, ca_n + cb_n)$

$= (ca_1, \ldots, ca_n) + (cb_1, \ldots, cb_n)$

$= c \cdot (a_1, \ldots, a_n) + c \cdot (b_1, \ldots, b_n).$

Wir übergehen die Nachprüfung der übrigen Gesetze. Man nennt K^n mit dieser Vektorraum-Struktur den n-*dimensionalen arithmetischen Vektorraum* über K ([20]).

Im Falle $K = \mathbb{R}$ und $n = 2$ lassen sich die Punkte (c_1, c_2) von $\mathbb{R}^2$ als Punkte der Ebene deuten (Fig. 35). Nullelement (Nullpunkt) von $\mathbb{R}^2$ ist das Zahlenpaar $(0,0)$, d.h. der Schnittpunkt der beiden Achsen in Fig. 35.

Heftet man die (ebenen) Vektoren des vorangegangenen Beispiels alle im Nullpunkt an, so ergibt sich ein Isomorphismus im Sinne der späteren Definition 7 der beiden Vektorräume.

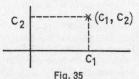

Fig. 35

Die entsprechenden Betrachtungen lassen sich auch im Raum durchführen.

3. Ein für die Körper- und Zahlentheorie wichtiger Fall wird erhalten, wenn zwei Körper K und L gegeben sind, so daß K Unterring von L (K *Unterkörper* im Sinne der späteren Definition VI.1.1) ist. Wir können dann L als Vektorraum über K auffassen, indem wir die K-Vektorraum-Operationen von L als übereinstimmend mit den Körper-Operationen von L ansehen.

In dem Produkt $c \cdot a$ sind also für den ersten Faktor nur Elemente aus K zugelassen, während als zweiter Faktor alle Elemente aus L auftreten können. Aus der Körperstruktur von L folgen ebenfalls alle Gesetze eines Vektorraumes.

Als Spezialfall ist $L = K$ möglich, der sich auch im vorigen Beispiel für $n = 1$ ergibt. K kann daher als Vektorraum über sich selbst angesehen werden.

4. Wir betrachten die Gesamtheit F aller in einem abgeschlossenen Intervall [a, b] der (reellen) Zahlengeraden definierten reellwertigen Funktionen f: [a, b] → ℝ. Wir erklären in F eine Addition und eine Multiplikation mit reellen Zahlen:

$$(f_1 + f_2)(x) := f_1(x) + f_2(x),$$
$$(c \cdot f)(x) := c \cdot f(x),$$

$c \in \mathbb{R}, f_1, f_2, f \in F, x \in [a, b]$, wodurch F zu einem (reellen) Vektorraum wird. Wir übergehen die Einzelheiten.

Statt beliebiger Funktionen kann man auch stetige oder differenzierbare Funktionen über [a, b] nehmen. Dabei wird von der Tatsache Gebrauch gemacht, daß die Summe stetiger (differenzierbarer) Funktionen und Produkte von stetigen (differenzierbaren) Funktionen mit reellen Zahlen wiederum stetige (differenzierbare) Funktionen sind.

Die so erhaltenen Vektorräume werden *Funktionenräume* genannt und spielen in der Analysis eine große Rolle.

Im n-dimensionalen arithmetischen Vektorraum K^n betrachten wir die Elemente $e_i := (0, \ldots, 0, {}^i 1, 0, \ldots, 0)$, bei denen an der i-ten Stelle eine Eins und sonst nur Nullen stehen. Für ein beliebiges $a = (a_1, \ldots, a_n) \in K^n$ gilt dann die Gleichung:

$$a = a_1 e_1 + \ldots + a_n e_n.$$

Definition 2. *Eine endliche Teilmenge $\mathfrak{M} = \{a_1, \ldots, a_n\}$ eines K-Vektorraumes V heißt ein (endliches) Erzeugendensystem von V, wenn jedes $a \in V$ als Linearkombination der $a_1, \ldots, a_n$ geschrieben werden kann, d. h., eine Gleichung*

$$a = c_1 a_1 + \ldots + c_n a_n$$

mit Elementen $c_1, \ldots, c_n \in K$ besteht.
V heißt endlich erzeugt, wenn in V ein (endliches) Erzeugendensystem existiert.

Im Spezialfall K = ℝ und n = 2 sind e_1 und $e_2 \in \mathbb{R}^2$ im Sinne von Fig. 35 die folgenden Elemente *(Einheitsvektoren)*, die ein Erzeugendensystem von ℝ² bilden.

Die Funktionenräume des Beispiels 4 erweisen sich als nicht endlich erzeugt (Aufgabe 5).

Für die Eindeutigkeit der Darstellungen durch Linearkombinationen der $a_1, \ldots, a_n$ in Definition 2 ist folgender Begriff von Bedeutung.

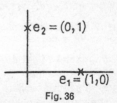

Fig. 36

Definition 3. *Die Elemente $a_1, \ldots, a_n$ eines K-Vektorraumes V heißen linear-unabhängig (Gegenteil: linear-abhängig), wenn das Nullelement 0* *des Vektorraumes V nur trivial dargestellt werden kann, d. h., wenn aus einer Gleichung*

$$c_1 a_1 + \ldots + c_n a_n = 0, \quad c_i \in K, i = 1, \ldots, n,$$

stets folgt $c_1 = \ldots = c_n = 0$.

Definition 4. *Ein Erzeugendensystem eines K-Vektorraumes V heißt eine Basis von V, wenn es aus linear-unabhängigen Elementen besteht.*

Die Elemente $e_1, \ldots, e_n \in K^n$ bilden eine Basis, die *kanonische* Basis von K^n. Es bleibt die lineare Unabhängigkeit der $e_1, \ldots, e_n$ zu zeigen. Aus $c_1 e_1 + \ldots + c_n e_n = (c_1, \ldots, c_n) = 0 = (0, \ldots, 0)$ folgt aufgrund der Gleichheit in K^n $c_1 = \ldots = c_n = 0$, w. z. b. w.

In einem K-Vektorraum V mit einer Basis $\mathfrak{A} = \{a_1, \ldots, a_n\}$ ist jedes Element eindeutig durch die Basiselemente darstellbar, denn sei etwa

$$a = c_1 a_1 + \ldots + c_n a_n = d_1 a_1 + \ldots + d_n a_n$$

mit $c_i, d_i \in K$, $i = 1, \ldots, n$, so ergibt sich:

$$(c_1 - d_1) a_1 + \ldots + (c_n - d_n) a_n = 0,$$

wegen der linearen Unabhängigkeit von $a_1, \ldots, a_n$, also $c_i = d_i$, $i = 1, \ldots, n$.

Die damit eindeutig bestimmten $c_1, \ldots, c_n$ heißen die *Koordinaten* von a bezüglich der Basis $\mathfrak{A}$.

Satz 1. *Jeder endlich erzeugte K-Vektorraum besitzt eine Basis.*

Beweis. Im Falle $V = \{0\}$ sieht man die leere Menge $\emptyset$ als Basis an. Aus dem Erzeugendensystem $\mathfrak{M}$ eines K-Vektorraumes $V \neq \{0\}$ wählen wir ein a_1 aus: $a_1 \in \mathfrak{M}$. Ist a_1 ebenfalls ein Erzeugendensystem von V, so sind wir bereits fertig. Anderenfalls existiert ein $a_2 \in \mathfrak{M}$, so daß a_1, a_2 linear-unabhängig. Wird V von a_1, a_2 erzeugt, so hätten wir eine Basis von V gefunden und wären fertig.

Wegen der Endlichkeit von $\mathfrak{M}$ muß das Verfahren einmal abbrechen. Wir haben dann durch Auswahl einer gewissen Teilmenge von $\mathfrak{M}$ eine Basis von V erhalten.

Satz 2. *Alle Basen eines endlich erzeugten K-Vektorraumes V bestehen aus gleich viel Elementen, deren gemeinsame Anzahl die Dimension von V genannt wird. Symbol: $\dim_K V$.*

Ist V nicht endlich erzeugt, so bezeichnen wir seine Dimension als *unendlich:* $\dim_K V := \infty$.

Im Beispiel 1 liegt die Dimension zwei bzw. drei vor, während K^n die Dimension n hat.

Im folgenden sollen die zu Satz 2 führenden Überlegungen angegeben werden, wozu wir einige Vorbereitungen treffen.

Entsprechend den Begriffen der Untergruppe, Unterring führen wir den Begriff *Untervektorraum* ein.

Definition 5. *Eine Teilmenge U eines K-Vektorraumes V heißt ein (K-)Untervektorraum von V, wenn U bezüglich der in V erklärten Operationen einen K-Vektorraum bildet.*

Wiederum gilt als Kriterium:

Satz 3. *Eine Teilmenge U eines K-Vektorraumes V ist genau dann ein Untervektorraum von V, wenn gilt:*

1. aus a, $b \in U$ folgt $a - b \in U$,

2. aus $c \in K$, $a \in U$ folgt $c \cdot a \in U$.

Die Elemente $a_1, \ldots, a_n$ eines K-Vektorraumes V *erzeugen* den (kleinsten $a_1, \ldots, a_n$ enthaltenden) Untervektorraum von V, bestehend aus allen Linearkombinationen der $a_1, \ldots, a_n$. Zum Beweis zeigen wir nach Satz 3:

1. $(c_1 a_1 + \ldots + c_n a_n) + (d_1 a_1 + \ldots + d_n a_n)$
   $= (c_1 + d_1) a_1 + \ldots + (c_n + d_n) a_n$,

2. $c \cdot (c_1 a_1 + \ldots + c_n a_n) = (c\, c_1) a_1 + \ldots + (c\, c_n) a_n$.

Wir führen für diesen Untervektorraum die Bezeichnung ein:

$$(a_1, \ldots, a_n) \cdot K.$$

Satz 2 ergibt sich unmittelbar als Korollar aus dem folgenden allgemeineren Satz.

Satz 4 *(Austauschsatz von Steinitz). Gegeben seien Elemente $a_1, \ldots, a_n$ eines K-Vektorraumes V. Sind $b_1, \ldots, b_h$ linear-unabhängige Elemente in V, die in $(a_1, \ldots, a_n) \cdot K$ enthalten sind, so gilt nach evtl. Umnumerierung der $a_1, \ldots, a_n$: $h \leq n$ und*

$$(b_1, \ldots, b_h, a_{h+1}, \ldots, a_n) \cdot K = (a_1, \ldots, a_n) \cdot K.$$

Beweis: Da $b_1 \in (a_1, \ldots, a_n) \cdot K$, gilt $b_1 = c_1 a_1 + \ldots + c_n a_n$ mit gewissen $c_1, \ldots, c_n \in K$. Hierbei muß eines der c_i etwa c_1 verschieden von Null sein (sonst $b_1 = 0$). Dann folgt: $a_1 = c_1^{-1}(b_1 - c_2 a_2 - \ldots - c_n a_n)$ und damit $a_1 \in (b_1, a_2, \ldots, a_n) \cdot K$ und $(b_1, a_2, \ldots, a_n) \cdot K = (a_1, \ldots, a_n) \cdot K$.
Aus $b_2 \in (b_1, a_2, \ldots, a_n) \cdot K$ folgt $b_2 = c'_1 b_1 + c'_2 a_2 + \ldots + c'_n a_n$ mit gewissen $c'_1, \ldots, c'_n \in K$. Nach Umnumerierung der a_i sei etwa $c'_2 \neq 0$ (bei $c'_2 = \ldots = c'_n = 0$ wären b_1, b_2 linear abhängig), also: $a_2 = c'_2{}^{-1}(b_2 - c'_1 b_1 - c'_3 a_3 - \ldots - c'_n a'_n) \in (b_1, b_2, a_3, \ldots, a_n) \cdot K$, woraus wir $(b_1, b_2, a_3, \ldots, a_n) \cdot K = (a_1, \ldots, a_n) \cdot K$ erhalten. Durch Fortsetzung des Verfahrens ergibt sich der vollständige Beweis.

Aufgaben

1. Wir betrachten die Gesamtheit $M_{m,n}$ aller (m, n)-Matrizen (m Zeilen, n Spalten) über einem Körper K. Nach den Ausführungen von Abschnitt IV. 1 wissen wir bereits, daß eine additive Gruppe vorliegt (Addition der an entsprechenden Stellen stehenden Elemente der Matrizen). Wir erklären zusätzlich eine *Multiplikation* mit Elementen aus K durch:

$$c \cdot \begin{pmatrix} a_{11} & \cdots & a_{1n} \\ & \cdots & \\ a_{m1} & \cdots & a_{mn} \end{pmatrix} := \begin{pmatrix} c \cdot a_{11} & \cdots & c \cdot a_{1n} \\ & \cdots & \\ c \cdot a_{m1} & \cdots & c \cdot a_{mn} \end{pmatrix}$$

($c \in K$, $a_{ij} \in K$).

a) Zeige, daß $M_{m,n}$ mit dieser Struktur ein K-Vektorraum ist.
Speziell kann man $M_{n,1}$ und $M_{1,n}$ mit K^n identifizieren (genauer handelt es sich um Isomorphismen im Sinne von Definition 7 des nächsten Abschnittes).

b) Bestimme seine Dimension.

Hinweis. Man erhält eine Basis in folgenden Elementen:

$$e_{ij} := \begin{pmatrix} 0 & \cdots & 0 \\ & \cdots & \\ 0 \cdots & 010 & \cdots 0 \\ & \cdots & \\ 0 & \cdots & 0 \end{pmatrix} i \qquad \begin{aligned} i &= 1, \ldots, m, \\ j &= 1, \ldots, n. \end{aligned}$$

2. Untersuche die folgenden Vektoren in $\mathbb{Q}^3$ auf lineare Unabhängigkeit und stelle fest, welche von ihnen ein Erzeugendensystem von $\mathbb{Q}^3$ bilden.

a) $(3, -2, 5)$ b) $(0, 1, 0), (0, 1, 1), (0, 0, 1)$
c) $(0, 1, 0), (0, 1, 1)$ d) $(3, -1, 2), (0, 1, -1), (1, -2, 1)$
e) $(0, 2, 0), (1, 1, 0), (-1, 1, 0)$

3. Zeige die lineare Unabhängigkeit der folgenden Vektoren in $\mathbb{Q}\left(\sqrt{2}\right)$ (vgl. Beispiel 3):

a) $1, \sqrt{2}$ b) $5 + \sqrt{2}, 1 - 2\sqrt{3}$ c) $\left(1 + \sqrt{2}\right)^{-1}, \left(1 + \sqrt{2}\right)^3$

4. a) Aus wieviel Elementen besteht ein n-dimensionaler Vektorraum über dem Körper $K = \mathbb{Z}_p$?

b) Zeige: Ein K-Vektorraum ist genau dann endlich, wenn er von endlicher Dimension über K und K endlich ist.
Bestimme alle 1-dimensionalen Untervektorräume von:

c) $\mathbb{Z}_3^2$ und d) $\mathbb{Z}_3^3$.

Erläutere die Ergebnisse in einer Zeichnung.

5.* Zeige, daß der reelle Vektorraum F der reellen Funktionen über dem Intervall [0, 1] nicht endlich erzeugt ist.

6.** (Moduln über Hauptidealringen) Definition 1 läßt sich erweitern, indem man statt des Körpers K einen Hauptidealring R (allgemeiner einen beliebigen nicht-kommutativen Ring mit Eins-element) zuläßt. Anstatt von einem (Links-)Vektorraum ist es gebräuchlich, von einem *(Links-)Modul* über R (auch: R-*Modul*) zu sprechen. Sonst bleibt die Definition wörtlich bestehen.

Wichtigste Beispiele sind die bereits im Haupttext erwähnten abelschen Gruppen A als Moduln über dem Hauptidealring $\mathbb{Z}$. Als Produkt $n \cdot a$ definiert man das n-Fache (n-te Potenz bezüglich $+$) von a ($n \in \mathbb{Z}$, $a \in A$).

Auch die übrigen Definitionen (2–5) des Abschnittes behalten (nach den angegebenen Änderungen) ihren Sinn. Um Satz 1 zu übertragen, definieren wir (R im folgenden immer Hauptidealring): Ein R-Modul V heißt *frei,* wenn er eine (endliche) Basis besitzt.

Beweise: *Jeder Untermodul eines freien Moduls ist frei.*

Hinweis. Der Beweis erfolgt durch vollständige Induktion über die Anzahl der Elemente einer Basis von V.

Im Falle $V = \{0\}$ ist nichts zu zeigen.

Wir nehmen die Behauptung für alle R-Moduln, die eine Basis aus n-1 Elementen besitzen, als richtig an. $a_1, \ldots, a_n$ sei eine Basis des R-Moduls V, U ein Untermodul von V. Wir bezeichnen mit $(a_1, \ldots, a_{n-1}) \cdot R$ den Untermodul von V, der aus allen Linearkombinationen der $a_1, \ldots, a_{n-1}$ besteht. Nach Induktionsvoraussetzung besitzt der Untermodul $U \cap (a_1, \ldots, a_{n-1}) \cdot R$ eine Basis $b_1, \ldots, b_{h-1}$.

a) Wir betrachten die Gesamtheit $\mathfrak{a}$ aller $c \in R$, die als n-te „Komponente" in einer Linearkombination eines Elementes aus U vorkommen, d. h.:

$\mathfrak{a} := \{c \in R \mid c_1 a_1 + \ldots + c_{n-1} a_{n-1} + c a_n \in U$ für gewisse $c_1, \ldots, c_{n-1} \in R\}$.

Zeige: $\mathfrak{a}$ ist ein Ideal in R (und damit Hauptideal: $\mathfrak{a} = d \cdot R$, $d \in R$).

b) Im Falle $\mathfrak{a} = \{0\}$ gilt $U \subseteq (a_1, \ldots, a_{n-1}) \cdot R$, und $b_1, \ldots, b_{h-1}$ ist eine Basis von U.

Anderenfalls gehört zu d eine Linearkombination

$b_h := d_1 a_1 + \ldots + d_{n-1} a_{n-1} + d a_n \in U$ ($d_1, \ldots, d_{n-1} \in R$).

Zeige: $b_1, \ldots, b_{h-1}, b_h$ ist eine Basis von U.

Aus dem Beweis ergibt sich weiterhin $h \leq n$. Hieraus erhält man als Folgerung: Je zwei Basen eines freien R-Moduls V besitzen gleichviel Elemente, deren Anzahl man als den *Rang* von V bezeichnet.

2.* Quotientenvektorräume und lineare Transformationen

Wir führen die Quotientenbildung algebraischer Strukturen am Beispiel der Vektorräume durch (vgl. die Fußnote auf S. 79).

Gegeben seien ein Vektorraum V über einem Körper K und eine Kongruenzrelation $\sim$ in V, d.h. eine Äquivalenzrelation mit:

aus $a \sim a'$ und $b \sim b'$ (a, a', b, b' $\in$ V) folgt:

$\quad$ 1. $a + b \sim a' + b'$, $\quad$ 2. $c \cdot a \sim c \cdot a'$ (c $\in$ K beliebig).

Wichtig ist wiederum die das Nullelement enthaltende Restklasse von V nach $\sim$, die wir mit U bezeichnen: $U := \Re_0$.

U ist ein Untervektorraum von V: Sei a, b $\in$ U, d.h. $a \sim 0$, $b \sim 0$. Dann: $a - b \sim 0 - 0 = 0$, $c \cdot a \sim c \cdot 0 = 0$, d.h. $a - b$, $c \cdot a \in$ U.

$b \sim a$ (a, b $\in$ V) ist gleichwertig mit $b - a \sim 0$, d.h. $b - a \in$ U bzw. $b \in a + U$, wobei $a + U = \{a + c \mid c \in U\}$ (*Nebenklasse* von V nach U).

Wir erhalten das Ergebnis:

Satz 5. *Die Restklassen nach einer Kongruenzrelation in einem K-Vektorraum V stimmen mit den Nebenklassen nach einem Untervektorraum U von V überein.*

U wird dabei als das Nullelement $0 \in V$ enthaltende Restklasse erhalten.

Umgekehrt liefert jeder Untervektorraum U eines K-Vektorraumes V eine Kongruenzrelation in V, indem man setzt: $b \sim a$ (a, b $\in$ V) genau dann, wenn $b - a \in V$.

Die Operationen von V lassen sich auf die Gesamtheit $\overline{V}$ aller Restklassen von V nach $\sim$ übertragen durch die Festsetzungen:

$\Re_a + \Re_b := \Re_{a+b}$, $c \cdot \Re_a := \Re_{c \cdot a}$ (c $\in$ K, a, b $\in$ V beliebig), die, ausgedrückt in Nebenklassen, bedeuten:

$\quad (a + U) + (b + U) = (a + b) + U$, $c \cdot (a + U) = (c \cdot a) + U$.

Die Vektorraumeigenschaften übertragen sich ebenfalls von V auf $\overline{V}$.

Definition 6. *Die mit der eingeführten K-Vektorraum-Struktur versehene Menge $\overline{V}$ der Restklassen von V nach der Kongruenzrelation $\sim$ bzw. nach dem zugehörigen Untervektorraum V heißt der Quotienten-K-Vektorraum von V nach $\sim$ bzw. nach U. Bezeichnung:*

$$\overline{V} = : V \mid \sim = : V \mid U.$$

Betrachtet man etwa im zweidimensionalen reellen Vektorraum V der Ebene den eindimensionalen Untervektorraum U, der durch eine durch den Nullpunkt 0 verlaufende Gerade gegeben wird, so kann $\overline{V} = V \mid U$ als die Menge der zu U parallelen Geraden angesehen und mit jeder von U verschiedenen Geraden (nach Auszeichnung der jeweiligen Schnittpunkte, vgl. Fig. 37) identifiziert werden.

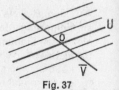

Fig. 37

Für den Begriff des Homomorphismus bei Vektorräumen hat sich aus traditionellen Gründen (z. B. Zusammenhang mit linearen Gleichungssystemen) der Name *lineare Transformation* eingebürgert.

Definition 7. *V und V' seien Vektorräume über einem Körper K (gemeinsame Symbole für die Verknüpfungen).*
Eine Abbildung φ: V → V' von V in V' heißt ein (K-)Homomorphismus oder eine lineare Transformation, wenn gilt:

$$1. \; \varphi\,(a + b) = \varphi\,(a) + \varphi\,(b), \quad 2. \; \varphi\,(c \cdot a) = c \cdot \varphi\,(a)$$

für beliebige a, b ∈ V, c ∈ K.
Ist außerdem φ bijektiv, so heißt φ ein (K-)Isomorphismus von V auf V', V und V' heißen dann (K-)isomorph: V $\cong_K$ V'.

Ist V ein K-Vektorraum und U ein Untervektorraum in V, so erhalten wir einen surjektiven Homomorphismus φ: V → V / U von V auf V / U durch: φ (a): = a + U, a ∈ V beliebig. Die Homomorphieeigenschaft ergibt sich aufgrund der Operationen in V / U.

Als Umkehrung dieses Sachverhaltes gilt:

Satz 6 *(Homomorphiesatz für Vektorräume).* φ: V → V' *sei ein Homomorphismus von einem K-Vektorraum V auf einen K-Vektorraum V'.*
Dann gibt es eine Kongruenzrelation ∼ bzw. einen Untervektorraum U in V, so daß:

$$V \,/\sim \,= V \,/\, U \cong_K V'.$$

Die linearen Transformationen sind für die analytische Geometrie von großer Bedeutung (analytische Beschreibung der affinen Abbildungen, der Bewegungen usw.). Ferner lassen sich mit ihrer Hilfe die linearen Gleichungssysteme behandeln, worauf wir im Aufgabenteil näher eingehen.

Aufgaben

7. V sei ein n-dimensionaler Vektorraum über einem Körper K. Die Nebenklasse a + U (a ∈ V) eines h-dimensionalen Untervektorraumes U von V nennt man auch einen *(affinen) Unterraum* von V. U heißt dann die *Richtung* von a + U.
   In den Fällen h = 0, 1, 2 sprechen wir von einem *Punkt,* einer *Geraden* bzw. einer *Ebene.* Stimmen die Richtungen zweier Unterräume überein, so heißen sie *parallel.*
   Bestimme alle Geraden in
   a) $\mathbb{Z}_3^2$ b) $\mathbb{Z}_3^3$
   Zeige:
   c) In einem zweidimensionalen Vektorraum über einem Körper K haben zwei nichtparallele Geraden einen Schnittpunkt (d. h., ihr Durchschnitt ist nicht leer).
   d) In einem dreidimensionalen Vektorraum über einem Körper K schneiden sich zwei nichtparallele Ebenen in einer Geraden (d. h., ihr Durchschnitt ist eine Gerade).

8. $\varphi\colon V \to W$ sei ein Homomorphismus eines K-Vektorraumes V in einen K-Vektorraum W (K Körper).
   Zeige:
   a) Die Gesamtheit U derjenigen Elemente $a \in V$, die unter φ auf das Nullelement von W abgebildet werden:
   $$U := \{a \in V \mid \varphi(a) = 0\},$$
   ist ein Untervektorraum von V (*Kern* von φ; hierauf gründet sich der Beweis von Satz 6).
   b) φ ist genau dann eineindeutig, wenn $U = \{0\}$ gilt.

9.** Gegeben sei ein System von n linearen Gleichungen über einem Körper K:

   $$(1)\quad a_{11} x_1 + \ldots + a_{1n}\, x_n = a_1$$
   $$\ldots\ldots\ldots$$
   $$a_{m1} x_1 + \ldots + a_{mn} x_n = a_m$$

   $(a_{ij} \in K,\ i = 1, \ldots, m,\ j = 1, \ldots, n;\ a_i \in K,\ i = 1, \ldots, n).$

   Dabei werden für die x_i Elemente von K gesucht, die nach dem Ersetzen in K gültige Gleichungen ergeben.
   Mit Hilfe von Matrizen kann man das Gleichungssystem kürzer schreiben:
   $$(2)\quad A \cdot x = a,$$

   wobei $A := \begin{pmatrix} a_{11} \ldots a_{1n} \\ \ldots\ldots \\ a_{m1} \ldots a_{mn} \end{pmatrix}$, $x := \begin{pmatrix} x_1 \\ \vdots \\ x_n \end{pmatrix}$, $a := \begin{pmatrix} a_1 \\ \vdots \\ a_m \end{pmatrix}$

   gesetzt wurde.
   Durch die Matrix A wird eine Abbildung φ_A von dem Vektorraum K^n der n-Tupel in den Vektorraum K^m der m-Tupel von Elementen von K definiert (wir machen hier von der erwähnten Identifikation von K^n und K^m mit $M_{n,1}$ und $M_{m,1}$ Gebrauch):

   $$\varphi_A\colon K^n \to K^m,\ x \to A \cdot x.$$

   Zeige:
   a) φ_A ist ein Homomorphismus.
   b) Bezeichnet man mit U den Kern von φ_A (vgl. Aufgabe 8), so wird die Gesamtheit der Lösungen von (1) bzw. (2) gegeben durch: $a + U$, stellt also einen Unterraum von K^n dar, dessen Dimension die des Kerns von φ_A ist.
   c) Löse das lineare Gleichungssystem über $\mathbb{Q}$:
   $$4x_1 + x_2 = 0$$
   $$x_1 + x_3 = 7$$
   $$2x_1 + 3x_2 - 2x_3 = 2$$
   d) Löse das entsprechende Gleichungssystem über $\mathbb{Z}_2$ (d. h. nach Übergang zu Restklassen).
   Für allgemeine Lösungsverfahren verweisen wir auf [20].

10.** (Beschreibung von linearen Transformationen durch Matrizen)
V sei ein n-dimensionaler Vektorraum über K und $a_1, \ldots, a_n$ eine
Basis von V.

a) Mit R bezeichnen wir die Gesamtheit der (K-)Homomorphismen
von V in sich und erklären die *Summe* zweier Elemente $\varphi, \psi \in R$
durch die Festsetzung:

$$(\varphi + \psi)(a) := \varphi(a) + \psi(a), \ a \in V \text{ beliebig.}$$

Zeige, daß R mit den Verknüpfungen $+$ und $\bigcirc$ (Hintereinanderschalten von Abbildungen) einen Ring bildet.

b) Das Bild $\varphi(a_i)$ des Basiselementes a_i unter einem $\varphi \in R$ muß
sich als Linearkombination der $a_1, \ldots, a_n$ darstellen lassen:

$$\varphi(a_i) = c_{1i} a_1 + \ldots + c_{ni} a_n,$$

$c_{1i}, \ldots, c_{ni} \in K, i = 1, \ldots, n$. Ordnen wir φ die aus den c_{ij} ge-
bildete Matrix zu:

$$\varphi \rightarrow \begin{pmatrix} c_{11} \ldots c_{1n} \\ \ldots\ldots\ldots \\ c_{n1} \ldots c_{nn} \end{pmatrix},$$

so erhalten wir damit eine Abbildung von R in den Ring M_n der
quadratischen Matrizen n-ten Grades.

Zeige, daß ein (Ring-)Isomorphismus vorliegt.

VI. KÖRPER

1. Grundbegriffe, endliche Körper

Bereits im III. Kapitel haben wir eine Reihe von Körpern kennengelernt. Wir erinnern an die (endlichen) Körper $\mathbb{Z}_p$ der Restklassen ganzer Zahlen nach einem Primzahlmodul p, an die Körper $\mathbb{Q}$, $\mathbb{R}$ und $\mathbb{C}$ der rationalen, reellen und komplexen Zahlen, den in $\mathbb{C}$ enthaltenen Körper der Gaußschen Zahlen der komplexen Zahlen der Form a + bi, i: $= \sqrt{-1}$, a, b $\in \mathbb{Q}$, und schließlich an den Körper $K_0(x)$ der rationalen Funktionen über einem „Grundkörper" K_0.

Den Untergruppen und Unterringen entsprechend definieren wir:

Definition 1. *Eine Teilmenge K eines Körpers L heißt ein Unterkörper von L, wenn sie bezüglich der in L vorhandenen Verknüpfungen einen Körper bildet. L heißt dann ein Oberkörper oder ein Erweiterungskörper, kurz eine Erweiterung von K.*

Der Körper der Gaußschen Zahlen ist z. B. eine Erweiterung von $\mathbb{Q}$ und andererseits ein Unterkörper von $\mathbb{C}$.

Aus den Sätzen III. 4 und IV. 1 ergibt sich sofort das Kriterium:

Satz 1. *Eine Teilmenge K ist genau dann ein Unterkörper eines Körpers L, wenn aus a, b $\in$ K folgt:*

$$1.\ a - b \in K, \quad 2.\ a \cdot b^{-1} \in K \ (falls\ b \neq 0).$$

Wie in Beispiel 3 des Abschnittes V. 1 erläutert, läßt sich jede Erweiterung L eines Körpers K als K-Vektorraum auffassen. Mit Hilfe der Dimension von Vektorräumen führen wir einen wichtigen körpertheoretischen Begriff ein.

Definition 2. *Unter dem Grad einer Körpererweiterung L eines Körpers K, in Zeichen: $|L:K|$, versteht man die Dimension (endlich oder unendlich) von L als Vektorraum über K:*

$$|L:K| := dim_K L.$$

Für den Körpergrad gilt eine an die Kürzungsregel bei Brüchen erinnernde Formel:

Satz 2 *(Gradsatz). Für endliche Erweiterungen (d. h. endlichen Grades) L über K und N über L gilt:*

$$|N:L| \cdot |L:K| = |N:K|.$$

Die Fälle, bei denen eine der Erweiterungen unendlich ist, ließen sich ebenfalls interpretieren, sind für uns aber nicht von Interesse.

Beweis. Sind $\mathfrak{A} = \{a_1, \ldots, a_n\}$ und $\mathfrak{B} = \{b_1, \ldots, b_m\}$ Basen von L über K bzw. von N über L, so zeigen wir, daß die Gesamtheit $\mathfrak{A} \cdot \mathfrak{B}$ der Produkte $a_i \cdot b_j$, $i = 1, \ldots, n$, $j = 1, \ldots, m$ eine Basis von N über K bildet. Da es $m \cdot n$ solcher Produkte gibt (was sich dann speziell aus der linearen Unabhängigkeit ergibt), wäre der Satz damit bewiesen.

1. $\mathfrak{A} \cdot \mathfrak{B}$ bildet ein Erzeugendensystem von N über K: Da $\mathfrak{B}$ Erzeugendensystem von N über L, kann ein beliebiges Element $a \in N$ geschrieben werden als:

$$a = c_1 b_1 + \ldots + c_m b_m = \sum_{i=1}^{m} c_i b_i \text{ }^{1)}$$

mit Elementen $c_i \in L$, $i = 1, \ldots, m$. Für jedes dieser c_i gilt eine entsprechende Gleichung über K:

$$c_i = \sum_{j=1}^{m} c_{ij} a_j$$

mit $c_{ij} \in K$, $i = 1, \ldots, n$, $j = 1, \ldots, m$. Eingesetzt in die erste Gleichung, erhalten wir:

$$a = \sum_{i=1}^{n} \sum_{j=1}^{m} c_{ij} a_i b_j.$$

$\mathfrak{A} \cdot \mathfrak{B}$ erzeugt also N über K.

2. Die Elemente von $\mathfrak{A} \cdot \mathfrak{B}$ sind linear-unabhängig: Es gelte

$$\sum_{i=1}^{n} \sum_{j=1}^{m} c_{ij} a_i b_j = 0$$

mit Elementen $c_{ij} \in K$, $i = 1, \ldots, n$, $j = 1, \ldots, m$. Wegen der linearen Unabhängigkeit der $b_1, \ldots, b_m$ über L folgt:

$$\sum_{i=1}^{n} c_{ij} a_i = 0$$

für jedes der $j = 1, \ldots, m$. Aus der linearen Unabhängigkeit von $a_1, \ldots, a_n$ über K ergibt sich schließlich: $c_{ij} = 0$ für alle $i = 1, \ldots, n$, $j = 1, \ldots, m$, w. z. b. w. ∎

Zur Aufstellung einer weiteren wichtigen Körperinvarianten betrachten wir in einem Körper K die Gesamtheit Z der Elemente der Form $n \cdot 1$, $n \in \mathbf{Z}$ (*ganze* Elemente von K). Z ist ein Unterring von K: $m \cdot 1 - n \cdot 1 = (m - n) \cdot 1$, $(m \cdot 1) \cdot (n \cdot 1) = (m \cdot n) \cdot 1 \in \mathbf{Z}$, m, $n \in \mathbf{Z}$ beliebig.

$^{1)}$ Vgl. die Fußnote auf S. 55.

Wir unterscheiden zwei Fälle:

1. Es gibt eine natürliche Zahl n, für die $n \cdot 1 = 0$. Wir nehmen an, daß n die kleinste dieser natürlichen Zahlen ist, und behaupten: n ist eine Primzahl.
Hätte nämlich n nicht-triviale Teiler: $n = n_1 \cdot n_2$, n_1, $n_2 \neq 1$, n, dann: $(n_1 \cdot 1) \cdot (n_2 \cdot 1) = (n_1 \cdot n_2) \cdot 1 = n \cdot 1 = 0 \in Z$. Da Z als Unterring von K nullteilerfrei ist, folgt $n_1 \cdot 1 = 0$ oder $n_2 \cdot 1 = 0$ im Widerspruch zur Minimalität von n.

2. Im anderen Fall gilt $n \cdot 1 \neq 0$ für alle $n \in \mathbb{N}$.

Definition 3. *Unter der Charakteristik (char K) eines Körpers K versteht man die kleinste natürliche Zahl p mit $p \cdot 1 = 0$ bzw. die Zahl 0, wenn es kein solches p gibt.*

Die Charakteristik von K ist also entweder eine Primzahl p oder 0. Die Charakteristik von $\mathbb{Z}_p$ ist p, während $\mathbb{Q}$, $\mathbb{R}$ und $\mathbb{C}$ Körper der Charakteristik 0 sind.
Für die Behandlung der endlichen Körper sind die Einheitswurzeln von Interesse.

Definition 4. *Ein Element $\varepsilon \neq 0$ eines Körpers K heißt eine n-te Einheitswurzel, wenn $\varepsilon^n = 1$ ist.*

Setzen wir an dieser Stelle einige Kenntnisse über komplexe Zahlen voraus und interpretieren sie anschaulich in der (Gaußschen) Zahlenebene. Die Einheitswurzeln von $\mathbb{C}$ liegen auf dem Kreis mit dem Radius eins um den Nullpunkt. In Fig. 38 sind beispielsweise die achten Einheitswurzeln eingezeichnet.
In der Schreibweise $a + bi$ lauten sie: ± 1, $\pm \frac{1}{\sqrt{2}}(1 + i)$, $\pm i$, $\pm \frac{1}{\sqrt{2}}(-1 + i)$. Unter Benutzung der Tatsache, daß zwei komplexe Zahlen multipliziert werden, indem man ihre Beträge multipliziert und ihre Winkel addiert, lassen sich allgemein die n-ten Einheitswurzeln in $\mathbb{C}$ berechnen:

Fig. 38

$$\cos \frac{2 \pi h}{n} + i \cdot \sin \frac{2 \pi h}{n}, \quad h = 0, 1, \ldots, n - 1.$$

Wie in Fig. 38 ersichtlich, bilden die achten Einheitswurzeln von $\mathbb{C}$ eine multiplikative Gruppe, eine Feststellung, die allgemein gilt.

Satz 3. *Die Gesamtheit E_n der n-ten Einheitswurzeln in einem Körper K bildet eine multiplikative Gruppe.*

Beweis. Sind ε_1, ε_2 n-te Einheitswurzeln in K, d. h. $\varepsilon_1^n = \varepsilon_2^n = 1$, so folgt $(\varepsilon_1 \cdot \varepsilon_2)^n = \varepsilon_1^n \cdot \varepsilon_2^n = 1 \cdot 1 = 1$ und $(\varepsilon_1^{-1})^n = (\varepsilon_1^n)^{-1} = 1^{-1} = 1$.

Da eine n-te Einheitswurzel Nullstelle des Polynoms $x^n - 1 \in K[x]$ ist und es höchstens n solcher Nullstellen gibt (Aufgabe IV. 29. d), ist die Gruppe E_n der n-ten Einheitswurzeln daher eine endliche Untergruppe der multiplikativen Gruppe $\overline{K}$ von K. $\square$

Satz 4. *Jede endliche Untergruppe der multiplikativen Gruppe $\overline{K}$ eines Körpers K ist zyklisch.*

Beweis. Die endliche Untergruppe U von $\overline{K}$ bestehe aus den Elementen $\varepsilon_1, \ldots, \varepsilon_h$. Jedes ε_i hat eine endliche Ordnung n_i, d. h. $\varepsilon_i{}^{n_i} = 1$, $i = 1, \ldots, h$. Bezeichnen wir mit n das kleinste gemeinschaftliche Vielfache der $n_1, \ldots, n_h$, so gilt $\varepsilon_i{}^n = 1$, $i = 1, \ldots, h$, d. h., alle ε_i sind Nullstellen von $x^n - 1 \in K[x]$, also $h \leq n$. Andererseits gibt es in U ein Element der Ordnung n (Aufgabe II. 21. c), woraus $n \leq h$ und damit $h = n$ folgt, d. h., U ist zyklisch. $\square$

Aus Satz 4 ergibt sich insbesondere, daß die multiplikative Gruppe des Körpers $\mathbb{Z}_p$ (p Primzahl) zyklisch (von der Ordnung $p-1$) ist.

Definition 5. *Die erzeugenden Elemente der zyklischen Gruppe E_n der n-ten Einheitswurzeln in einem Körper K werden <u>primitive n-te Einheitswurzeln von K</u> genannt.*

$\varepsilon \in K$ ist also eine primitive n-te Einheitswurzel, wenn n die kleinste natürliche Zahl ist, für die $\varepsilon^n = 1$. Im Beispiel der achten Einheitswurzeln in $\mathbb{C}$ sind dies die vier Elemente $\pm \dfrac{1}{\sqrt{2}}(1 + i)$, und $\pm \dfrac{1}{\sqrt{2}}$ $(-1 + i)$. $\pm i$ sind primitive vierte Einheitswurzeln, -1 primitive zweite und 1 primitive erste Einheitswurzel in $\mathbb{C}$.

Aus Aufgabe IV. 23 folgt, daß sich allgemein die Anzahl der primitiven n-ten Einheitswurzeln als $\varphi(n)$ ergibt (Anzahl der zu n teilerfremden Restklassen).

An endlichen Körpern haben wir bisher die aus p Elementen bestehenden Körper $\mathbb{Z}_p$ (p Primzahl) kennengelernt. Wir zeigen, daß die Anzahl der Elemente eines endlichen Körpers allgemein eine Primzahlpotenz p^f ist. Umgekehrt gibt es zu jeder vorgegebenen Primzahlpotenz p^f (bis auf Isomorphie) genau einen Körper mit p^f Elementen.

Satz 5. *Die Anzahl der Elemente eines endlichen Körpers ist eine Primzahlpotenz.*

Beweis. Die Charakteristik eines endlichen Körpers K ist endlich (anderenfalls müßte K die unendlich vielen Elemente $n \cdot 1$ mit ganzen Zahlen n enthalten), also eine Primzahl p. Die p (ganzen) Elemente $n \cdot 1$ ($n = 0, 1, \ldots, p - 1$) bilden dann einen Unterkörper K_0 von K (*Primkörper* von K, vgl. Aufgabe 5). Gilt etwa $| K : K_0 | = f$, so lassen sich die Elemente von K schreiben als

$$c_1 a_1 + \ldots + c_f a_f,$$

wobei $c_i \in K_0$, $i = 1, \ldots, f$, und $a_1, \ldots, a_f$ eine Basis von K über K_0. Da die c_i jeweils p Werte annehmen können, erhalten wir insgesamt p^f als Anzahl der Elemente von K. ▨

Wegen der Endlichkeit von K ist K nach Satz 4 eine zyklische Gruppe der Ordnung $p^f - 1$, jedes Element von K also eine $(p^f -1)$-te Einheitswurzel in K. Dieses Resultat können wir auch so ausdrücken: Jedes $a \in K$ ist Nullstelle des Polynoms $x^{p^f} - x \in K[x]$. Hieraus wird sich im nächsten Abschnitt die Existenz eines Körpers mit p^f Elementen ergeben.

Aufgaben

1. Konstruiere (mit Hilfe von Verknüpfungstafeln) einen Körper von vier Elementen.

2. Bestimme den Grad folgender Körpererweiterungen von $\mathbb{Q}$:

   a) $\mathbb{Q}\left(\sqrt[]{-1}\right)$ b) $\mathbb{Q}\left(\sqrt{2}\right)$ c) $\mathbb{Q}\left(\sqrt{2}, \sqrt{3}\right)$

3. Zeige, daß $\mathbb{R}$ eine Erweiterung unendlichen Grades von $\mathbb{Q}$ ist.

4. Zeige, daß in einem Körper K der Charakteristik p (p Primzahl) gilt:

   a) $(a + b)^p = a^p + b^p$, $a, b \in K$ beliebig.

   b) Die Abbildung $K \to K$, $x \to x^p$ ist ein injektiver Homomorphismus.

   c) Folgere aus b), daß jedes Element von K eine p-te Potenz in K, d. h., die Gleichung $x^p - c = 0$ für jedes $c \in K$ in K lösbar ist.

5.*a) Zeige: Jeder Körper K enthält genau einen kleinsten Unterkörper (in dem kein echter Unterkörper existiert), den *Primkörper* von K.

   Hinweis. Zeige zunächst, daß der Durchschnitt beliebig vieler Unterkörper von K wieder ein Unterkörper von K ist. Der Primkörper von K wird dann als der Durchschnitt aller Unterkörper von K erhalten. (Er kann auch als der Körper der Brüche der ganzen Elemente von K angesehen werden.)

   b) Bestimme die Primkörper von $\mathbb{Q}$, $\mathbb{R}$, $\mathbb{C}$ und des Körpers in Aufgabe 1.

   c) Zeige: Ein Primkörper (eines Körpers) ist entweder zu $\mathbb{Q}$ oder zu $\mathbb{Z}_p$ (p Primzahl) isomorph.

2. Adjunktion

Das klassische Gebiet der Algebra stellt die Gleichungslehre dar. Betrachten wir einige (algebraische) Gleichungen über dem Körper der rationalen Zahlen:

$$3x - \tfrac{3}{5} = 0 \qquad \textit{lineare Gleichung}$$
$$4x^2 - x + \tfrac{1}{2} = 0 \qquad \textit{quadratische Gleichung}$$
$$x^3 - 7x + 2 = 0 \qquad \textit{kubische Gleichung}$$

Eine beliebige Gleichung *n-ten Grades* über $\mathbb{Q}$ hat folgende Gestalt:

$$a_n x^n + a_{n-1} x^{n-1} + \ldots + a_1 x + a_0 = 0$$

mit $a_0, a_1, \ldots, a_n \in \mathbb{Q}$. Sie wird also durch „Nullsetzen" des Polynoms $f := a_n x^n + \ldots + a_0 \in \mathbb{Q}[x]$ gewonnen.

Die Lösungen einer Gleichung nennt man <u>Nullstellen</u> oder <u>Wurzeln</u> der Gleichung bzw. des zugehörigen Polynoms (vgl. Aufgabe IV. 29. d).

Zum Beispiel besitzt die Gleichung

$$x^2 - \tfrac{4}{9} = 0$$

die Wurzeln $\tfrac{2}{3}$ und $-\tfrac{2}{3}$, die beide Elemente von $\mathbb{Q}$ sind. Allgemein brauchen die Wurzeln von Gleichungen über $\mathbb{Q}$ nicht immer in $\mathbb{Q}$ zu liegen, wie man an folgenden Beispielen erkennt:

$$x^2 - 2 = 0, \text{ und } x^2 + 1 = 0.$$

Aufgrund eines von Kronecker[1]) stammenden Satzes ist es dagegen möglich, zu jeder rationalen Gleichung eine Körpererweiterung L von $\mathbb{Q}$ anzugeben, in der die Gleichung vollständig aufgelöst werden kann, d. h., in der sämtliche Wurzeln dieser Gleichung liegen. Da das zugehörige Polynom $f \in \mathbb{Q}[x]$ der Gleichung dann über L in ein Produkt von Linearfaktoren zerlegt *(zerfällt)* werden kann, nennt man L einen <u>Zerfällungskörper</u> der Gleichung bzw. des zugehörigen Polynoms f.

Bei den obigen Polynomen $x^2 - 2$, $x^2 + 1 \in \mathbb{Q}[x]$ kann man beispielsweise den Körper $\mathbb{R}$ der reellen bzw. den Körper der Gaußschen Zahlen als Zerfällungskörper wählen.

Der vorliegende Abschnitt dient der Herleitung des genannten Satzes. Wir lösen uns zunächst von dem speziellen Grundkörper $\mathbb{Q}$ und zeigen, daß sich zu einem gegebenen Körper K und einem beliebigen Polynom $f \in K[x]$ stets ein Erweiterungskörper angeben läßt, in dem f eine Nullstelle besitzt. Dabei setzen wir o. B. d. A. voraus, daß f irreduzibel ist. Anderenfalls zerlegen wir f in ein Produkt von irreduziblen Faktoren und wenden den Satz auf einen dieser Faktoren an.

Satz 6. *f sei ein irreduzibles Polynom über einem Körper K. Dann gibt es eine Körpererweiterung L von K, in der f eine Nullstelle besitzt.*

Beweis. Wegen der Irreduzibilität von f ist nach Satz IV. 12 das von f erzeugte Hauptideal $f \cdot K[x]$ ein maximales Ideal in $K[x]$, der Quotientenring $L := K[x] / f \cdot K[x]$ nach diesem Ideal aufgrund von Satz IV.11 ein Körper. In L haben wir bereits den gesuchten Körper vor uns, wie wir zeigen werden.

[1]) L. Kronecker (1821 – 1891).

Zunächst definieren wir eine Abbildung von K in L, indem wir jedem Element $c \in K \subseteq K[x]$ seine Restklasse $\bar{c} \in L$ zuordnen. Diese Abbildung ist ein Homomorphismus (Nachweis elementar) und injektiv, denn nehmen wir an, $c_1, c_2 \in K$ haben das gleiche Bild $\bar{c}_1 = \bar{c}_2$ oder gleichwertig damit $\bar{c}_1 - \bar{c}_2 = \overline{c_1 - c_2} = \bar{0}$, d. h. $c_1 - c_2 \in f \cdot K[x]$. Nach Definition des Hauptideals sind die Elemente von $f \cdot K[x]$ Vielfache von f und daher entweder gleich 0 oder Polynome größer als nullten Grades, da dies bereits für f gilt. $c_1 - c_2$ kann daher nur gleich 0 sein, d. h. $c_1 = c_2$.

Identifizieren wir die Elemente von K mit den ihnen zugeordneten Elementen aus L (vgl. Aufgabe IV.19), so können wir L als Oberkörper von K ansehen.

Wir beschließen den Beweis, indem wir feststellen, daß die dem Element $x \in K[x]$ zugeordnete Restklasse $\alpha := \bar{x} \in L$ eine Nullstelle von f ist: Ist etwa $f = a_0 + a_1 x + \ldots + a_n x^n$, so gilt wegen des Rechnens in Quotientenringen: $f(\alpha) = f(\bar{x}) = a_0 + a_1 \bar{x} + \ldots + a_n \bar{x}^n = \overline{a_0 + a_1 x + \ldots + a_n x^n} = \bar{f} = \bar{0}$. ∎

Nach den Erkenntnissen des vorangegangenen Abschnittes können wir den im Beweis konstruierten Erweiterungskörper L als Vektorraum über K auffassen. Wir zeigen, daß der Körpergrad $|L:K|$ von L über K gleich dem Grad n des Polynoms f ist, genauer, daß die Elemente $1, \alpha, \ldots, \alpha^{n-1} \in L$ eine Basis von L über K darstellen.

1. $1, \alpha, \ldots, \alpha^{n-1}$ bilden ein Erzeugendensystem von L über K: Nach Konstruktion hat jedes Element von L die Gestalt g mit einem $g \in K[x]$. Nach Division von g durch f:

$$g = q \cdot f + r, \quad q, r \in K[x], |r| < |f|,$$

erhalten wir $\bar{g} = \bar{q} \cdot \bar{f} + \bar{r} = \bar{r}$ (da $\bar{f} = \bar{0}$). $\bar{r} = r(\alpha)$ ist ein Polynom in α, dessen Grad höchstens gleich $n - 1$ ist, also eine Linearkombination von $1, \alpha, \ldots, \alpha^{n-1}$ über K.

2. Ebenfalls mit Hilfe des Divisionsalgorithmus erkennt man, daß f das Polynom kleinsten Grades (verschieden vom Nullpolynom) über K mit der Nullstelle $\alpha = \bar{x}$ ist. Ist nämlich h ein Polynom über K mit $|h| < |f|$ und $h(\alpha) = 0$, so gilt: $f = q \cdot h + r, |r| < |q|, r \neq 0$ wegen der Irreduzibilität von f, und $f(\alpha) = q(\alpha) \cdot h(\alpha) + r(\alpha) = 0$, woraus wegen $h(\alpha) = 0$ $r(\alpha) = 0$ folgt. Falls r nicht irreduzibel, wählen wir einen irreduziblen Teiler von r, der die Nullstelle α hat. Durch Fortsetzung dieses Verfahrens würden wir schließlich zu einem Polynom ersten Grades mit der Nullstelle α gelangen: $c \cdot (x - \alpha) \in K[x]$, und α müßte dann ein Element von K sein, was nicht der Fall ist.

3. $1, \alpha, \ldots, \alpha^{n-1}$ sind linear-unabhängig über K: Besteht eine Gleichung

$$a_0 + a_1 \alpha + \ldots + a_{n-1} \alpha^{n-1} = 0$$

mit $a_0, a_1, \ldots, a_{n-1} \in K$, so ist α also Nullstelle des Polynoms $g = a_0 + a_1 x + \ldots + a_{n-1} x^{n-1}$ über K. Wegen der Minimalität von f kann g daher nur das Nullpolynom sein, d. h. $a_0 = a_1 = \ldots = a_{n-1} = 0$.

Den soeben beschriebenen Prozeß nennt man _Adjunktion einer Nullstelle_ eines (irreduziblen) Polynoms und führt als Bezeichnung ein: $L = K(\alpha)$. Die auf Seite 53 behandelten Körper $\mathbb{Q}\left(\sqrt{d}\right)$ ordnen sich jetzt hier ein. Sie entstehen durch Adjunktion einer Nullstelle von $x^2 - d$. Speziell ist $\mathbb{Q}(i)\left(i := \sqrt{-1}\right)$ der Körper der Gaußschen Zahlen.

Man nennt $L = K(\alpha)$ auch eine _einfach-algebraische_ Erweiterung von K, da L durch Adjunktion eines einzigen _algebraischen_ Elementes α gewonnen wird. Man erklärt:

Definition 6. _Ein Element α einer Erweiterung L eines Körpers K heißt algebraisch (Gegenteil: transzendent) über K, wenn es Nullstelle eines (vom Nullpolynom verschiedenen) Polynoms über K ist._

Die über $\mathbb{Q}$ algebraischen Elemente (irgendeines Erweiterungskörpers L) werden _algebraische Zahlen_ genannt. $\sqrt{2}, \sqrt{-1}, \sqrt[3]{7}, \sqrt{2} + \sqrt{3}$ sind dann algebraische Zahlen. Wir erwähnen ohne Beweis, daß die aus der Analysis bekannten reellen Zahlen π und e transzendent über $\mathbb{Q}$ sind.

Die Gedankengänge zur Einführung der einfach-algebraischen Erweiterungen waren vom mathematischen Standpunkt her zwar recht elegant, aber doch sehr abstrakt. Ein tieferer Durchblick wird für den Anfänger ziemlich mühsam zu erlangen sein. Wir schildern daher noch einmal die wichtigsten Eigenschaften des Körpers $L = K(\alpha)$.

L ist ein n-dimensionaler Vektorraum über K. Die Elemente $1, \alpha, \ldots, \alpha^{n-1}$ bilden eine Basis von L über K, d. h., alle Elemente von L haben die Gestalt:

$$c_0 + c_1 \alpha + \ldots + c_{n-1} \alpha^{n-1}$$

mit eindeutig bestimmten $c_0, c_1, \ldots, c_{n-1} \in K$ (vgl. Abschnitt V. 1). Die Addition erfolgt wie bei Polynomen komponentenweise:

$$\begin{array}{l} c_0 + c_1 \alpha + \ldots + c_{n-1} \alpha^{n-1} \\ + \; d_0 + d_1 \alpha + \ldots + d_{n-1} \alpha^{n-1} \\ \hline = (c_0 + d_0) + (c_1 + d_1) \alpha + \ldots + (c_{n-1} + d_{n-1}) \alpha^{n-1}. \end{array}$$

Das Produkt $(c_0 + c_1 \alpha + \ldots + c_{n-1} \alpha^{n-1}) \cdot (d_0 + d_1 \alpha + \ldots + d_{n-1} \alpha^{n-1})$ wird gebildet, indem man zunächst ebenfalls wie bei Polynomen multipliziert (Zusammenfassen der Summanden nach gleichen Potenzen von α) und das Ergebnis anschließend modulo $f(\alpha)$ reduziert (wegen $f(\alpha) = 0$).

Wir hätten auf diese Weise auch direkt den Körper $L = K(\alpha)$ konstruieren können ([1]). Durch Verwendung der algebraischen Hilfsmittel (deren Anwendung hier einmal demonstriert werden sollte), insbesondere von Satz IV. 11 ersparen wir allerdings den etwas mühsamen Beweis der Körpereigenschaft von L.

Wir erwähnen, daß der durch Adjunktion einer Nullstelle eines irreduziblen Polynoms über einem Körper K entstandene Körper $L = K (\alpha)$ bis auf K-Isomorphie (d. h. bis auf Isomorphismen, die jedes Element von K unverändert lassen; vgl. Definition 1 im nächsten Abschnitt) eindeutig bestimmt ist. Wie aus dem Vorhergehenden zu ersehen, ergibt sich ein K-Isomorphismus zwischen $L_1 = K (\alpha_1)$ und $L_2 = K (\alpha_2)$ (α_1 und α_2 Wurzeln desselben irreduziblen Polynoms f) durch die Zuordnung der Wurzeln $\alpha_1 \longleftrightarrow \alpha_2$.

Als Anwendung führen wir den (bereits an verschiedenen Stellen herangezogenen) Körper $\mathbb{C}$ der komplexen Zahlen durch Adjunktion einer Wurzel $i = \sqrt{-1}$ des irreduziblen Polynoms $x^2 + 1$ über $\mathbb{R}$ ein: $\mathbb{C} := \mathbb{R} (i)$. $\mathbb{C}$ ist damit eine Erweiterung zweiten Grades über $\mathbb{R}$, 1 und i bilden eine Basis, und jedes Element $z \in \mathbb{C}$ besitzt eine eindeutige Darstellung $z = a + bi$, $a, b \in \mathbb{R}$.

Nach den vorangegangenen Ausführungen wird das Rechnen in $\mathbb{C}$ bestimmt durch:

$$(a_1 + b_1 i) + (a_2 + b_2 i) = (a_1 + a_2) + (b_1 + b_2) i$$
$$(a_1 + b_1 i) \cdot (a_2 + b_2 i) = a_1 a_2 + (a_1 b_2 + b_1 a_2) i + (b_1 b_2) i^2$$
$$= (a_1 a_2 - b_1 b_2) + (a_1 b_2 + b_1 a_2) i \text{ wegen } i^2 = -1.$$

Wir definieren als *Betrag* $|z|$ einer komplexen Zahl $z = a + bi$ die reelle Zahl $+ \sqrt{a^2 + b^2}$ ($+$ bezeichnet die positive Wurzel). Für z können wir dann schreiben (falls $z \neq 0$):

$$z = |z| \cdot (a' + b' i) \text{ mit } a' := \frac{a}{|z|}, b' := \frac{b}{|z|} \text{ und } a'^2 + b'^2 = 1. \text{ Setzt}$$

man aus der Analysis die Kenntnis der in ganz $\mathbb{R}$ definierten Funktionen sin und cos mit der Eigenschaft: $\sin^2 x + \cos^2 x = 1$ für beliebige $x \in \mathbb{R}$ voraus, so können wir z weiter ausdrücken als:

$$z = |z| \cdot (\cos \varphi + i \sin \varphi).$$

Diese Darstellung von z (in *Polarkoordinaten*) ergibt sich auch bei der geometrischen Interpretation in der (Gaußschen) Zahlenebene (Fig. 39). φ heißt demgemäß der (orientierte) *Winkel* von z.

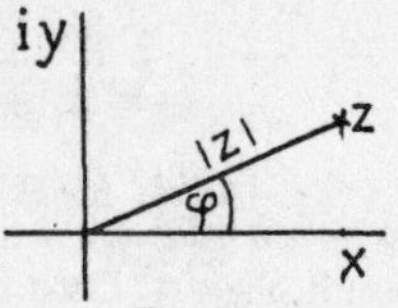

Jedes Polynom zweiten Grades über $\mathbb{C}$ besitzt eine Nullstelle in $\mathbb{C}$ (Aufgabe 1. e). Allgemeiner gilt (sogenannter *Fundamentalsatz der Algebra*), daß jedes nicht konstante Polynom f über $\mathbb{C}$ eine Nullstelle in $\mathbb{C}$ hat, woraus sich

Fig. 39

(durch vollständige Induktion wiederum mit Hilfe von Aufgabe IV. 29. d) ergibt, daß f über $\mathbb{C}$ in ein Produkt von Linearfaktoren zerfällt. Dieser Satz kann mit verhältnismäßig einfachen Mitteln der komplexen Analysis bewiesen oder mit algebraischen Methoden (Lagrange, Gauß) auf den entsprechenden Satz der reellen Analysis für Polynome ungeraden Grades zurückgeführt werden.

Adjungiert man nacheinander sämtliche Nullstellen eines irreduziblen Polynoms f über einem Körper K, so erhält man einen Zerfällungskörper L von f über K, Bezeichnung: $K(\alpha_1, \ldots, \alpha_n)$: in L ist f vollständig lösbar, und f zerfällt daher (vgl. Aufgabe IV. 29. d) in ein Produkt von Linearfaktoren: $f = (x - \alpha_1) \ldots (x - \alpha_n)$, die dabei mehrfach auftreten können. Wir halten dieses Ergebnis besonders fest:

Satz 7 *(von Kronecker). f sei ein irreduzibles Polynom über einem Körper K. Dann gibt es einen Erweiterungskörper L von K, über dem f in ein Produkt von Linearfaktoren zerfällt.*

Läßt man nur kleinste Zerfällungskörper L von f über K zu (d. h., in L gibt es keinen echten Unterkörper, der schon Zerfällungskörper von f ist), so gibt es wiederum bis auf K-Isomorphie einen einzigen. Man spricht von *dem* Zerfällungskörper von f über K.

Wie zu Anfang erwähnt, erhält man einen Zerfällungskörper eines beliebigen Polynoms f, wenn man Satz 7 auf sämtliche irreduzible Faktoren der Produktzerlegung von f anwendet. Die Eindeutigkeit des Zerfällungskörpers von f ist sichergestellt, wenn man jeweils kleinste Zerfällungskörper wählt.

Zu jedem Polynom f über einem Körper K können wir eine Erweiterung über K angeben, in der alle Wurzeln von f liegen. Man kann weiter nach der Möglichkeit fragen, eine Erweiterung über K zu finden, in der die Wurzeln *jeden* Polynoms über K enthalten sind. Während bei den Zerfällungskörpern nur endlich viele adjungiert werden, benötigt man zur Konstruktion solcher Körper unendlich viele Wurzeln. Man bildet nämlich die Vereinigungsmenge aller Zerfällungskörper von Polynomen über K (genauer handelt es sich um eine besondere Operation, die Bildung des *direkten Limes*). Verlangt man wie bei den Zerfällungskörpern die Minimaleigenschaft, so erhält man den (bis auf K-Isomorphie eindeutig bestimmten) *algebraischen Abschluß* von K.

Nach den vorhergehenden Ausführungen über den Körper ℂ der komplexen Zahlen zerfällt über ℂ jedes Polynom über ℂ, speziell jedes rationale Polynom in ein Produkt von Linearfaktoren. ℂ ist *algebraisch-abgeschlossen*, d. h. der algebraische Abschluß von sich selbst. Der algebraische Abschluß von ℚ ist der Körper (!) aller algebraischen Zahlen (eine Teilmenge von ℂ).

Aufgaben

6. a) Ist $z = a + b i$ $(a, b \in \mathbb{R})$ eine komplexe Zahl, so heißt $\bar{z} := a - b i$ die zu z *konjugiert* komplexe Zahl.

   Zeige für $z_1, z_2 \in \mathbb{C}$: $\overline{z_1 + z_2} = \bar{z}_1 + \bar{z}_2$

   $$\overline{z_1 \cdot z_2} = \bar{z}_1 \cdot \bar{z}_2$$

   b) Beweise die folgenden Regeln für den Betrag von komplexen Zahlen $(z_1, z_2 \in \mathbb{C})$:

   $|z_1 + z_2| \leq |z_1| + |z_2|$ *(Dreiecksungleichung)*

   $|z_1 \cdot z_2| = |z_1| \cdot |z_2|$

c) Leite unter Verwendung der Additionstheoreme für den Sinus und den Cosinus eine Regel für die Multiplikation von komplexen Zahlen in Polarkoordinatendarstellung her.

d) Drücke die sechsten Einheitswurzeln in der Form $a + b\,i$ $(a, b \in \mathbb{R})$ aus.

e) Beweise, daß jedes Polynom zweiten Grades über $\mathbb{C}$ eine Nullstelle in $\mathbb{C}$ besitzt.

f) Beweise die Isomorphie von $\mathbb{C}$ mit dem Körper der Matrizen von Aufgabe IV. 9.

7. Bestimme eine Basis der Zerfällungskörper folgender Polynome über $\mathbb{Q}$:

a) $x^4 - 2$

b) $x^p - 1$ (*Körper* K_p *der p-ten Einheitswurzeln* über $\mathbb{Q}$; p-Primzahl).

Hinweis. Verwende die Ergebnisse der Aufgaben IV. 28. b, e und beachte die Fußnote auf S. 75.

8.* M sei eine Erweiterung eines Körpers K, $\mathfrak{M} = \{\alpha_1, \ldots, \alpha_n\}$ eine endliche Teilmenge von K.

a) Zeige, daß es in M genau einen kleinsten Unterkörper L gibt, der K und $\mathfrak{M}$ umfaßt.

Hinweis. L wird als Durchschnitt aller Unterkörper von M erhalten, die K und $\mathfrak{M}$ umfassen, und besteht aus den Elementen, die durch rationale Operationen (Addition, Subtraktion, Multiplikation und Division) aus Elementen von K und $\mathfrak{M}$ gewonnen werden können.

In Verallgemeinerung der Sprechweise von S. 97 nennen wir L den durch *Adjunktion* der $\alpha_1, \ldots, \alpha_2$ entstandenen Körper, Bezeichnung: $L = K(\alpha_1, \ldots, \alpha_n)$.

L heißt *endlich erzeugt* und $\mathfrak{M} = \{\alpha_1, \ldots, \alpha_n\}$ ein (endliches) *Erzeugendensystem* von L über K.

b) Zeige: 1. Aus $\alpha_1, \ldots, \alpha_n \in K$ folgt $K(\alpha_1, \ldots, \alpha_n) = K$. 2. $K(\alpha_1, \ldots, \alpha_i)(\alpha_{i+1}, \ldots, \alpha_n) = K(\alpha_1, \ldots, \alpha_n)$, falls $1 < i < n$.

Eine Körpererweiterung heißt *einfach erzeugt,* wenn sie ein aus einem einzigen Element α bestehendes Erzeugendensystem besitzt. α heißt dann ein *primitives* Element.

Bestimme ein primitives Element in folgenden Körpern über $\mathbb{Q}$:

c) $\mathbb{Q}\left(i, \sqrt{2}\right) \left(i = \sqrt{-1}\right)$, d) $\mathbb{Q}\left(\sqrt{2}, \sqrt{3}\right)$, e) K_p

9. L sei ein Oberkörper eines Körpers K, f und g Polynome über K. Da f und g ebenfalls als Polynome über L angesehen werden

können, läßt sich ihr größter gemeinsamer Teiler sowohl bezüglich K[x] als auch bezüglich L[x] bestimmen.

Zeige, daß beide übereinstimmen:

$$\text{g.g.T.}_{K[x]} \ (f, g) = \text{g.g.T.}_{L[x]} \ (f, g).$$

10. K sei ein Körper. Wir erklären eine Abbildung *(formale Differentiation* oder *Ableitung)* des Polynomringes K[x] in sich durch die Festsetzung:

$$f = a_0 + a_1 x + a_2 x^2 + \ldots + a_n x^n$$
$$\rightarrow f' = a_1 + 2a_2 x + \ldots + n a_n x^{n-1}.$$

f' heißt das von f *abgeleitete* Polynom.

Beweise die Regeln $(f, f_1, \ldots, f_n, g, g_1, \ldots, g_n \in K[x])$:

a) $(f + g)' = f' + g'$

b) $(f \cdot g)' = f' \cdot g + f \cdot g'$

c) $(f_1 + \ldots + f_n)' = f'_1 + \ldots + f'_n$

d) $(f_1 \cdot \ldots \cdot f_n)' = f'_1 \cdot f_2 \cdot \ldots \cdot f_n + f_1 \cdot f'_2 \cdot f_3 \cdot \ldots \cdot f_n$
   $+ \ldots + f_1 \cdot \ldots \cdot f_{n-1} \cdot f'_n$

e) Zeige: Ein Polynom f über einem Körper K besitzt genau dann keine mehrfache Nullstelle (in einer beliebigen Erweiterung von K), wenn gilt: g.g.T. $(f, f') = 1$.
   f heißt dann *separabel.*

11.* K sei ein endlicher Körper oder ein Körper der Charakteristik Null. Zeige, daß jedes über K irreduzible Polynom f separabel ist.
   Körper K mit dieser Eigenschaft werden *vollkommen* oder *perfekt* genannt.

Hinweis. Verwende die Aufgaben 10. e und 4.

VII. GALOISSCHE THEORIE

1. Normalerweiterungen

In der Galoisschen Theorie erreichen wir einen der Höhepunkte der Algebra. Die in ihr verwendeten gruppentheoretischen Methoden zur Behandlung von Problemen der Körper- und Zahlentheorie (insbesondere auch der Gleichungslehre) erweisen sich als von größter Bedeutung.

Wir gewinnen einen Zugang, indem wir uns an das im III. Kapitel geschilderte Symmetrieprinzip der Geometrie erinnern. Unter einem Symmetrieelement einer ebenen (oder räumlichen) Figur wie z. B. in

Fig. 40   Fig. 41

den Fig. 40 und 41 verstanden wir eine eigentliche Bewegung der Ebene (oder des Raumes), die diese Figur auf sich abbildet. Die Gesamtheit der Symmetrieelemente bildete die Symmetriegruppe der betreffenden Figur (Verknüpfung durch Hintereinanderschalten der Abbildungen). In unserem Beispiel erhalten wir etwa eine zyklische Gruppe und die (volle) Drehgruppe.

Drücken wir diesen Sachverhalt etwas anders aus, so handelt es sich bei einem Symmetrieelement um eine eineindeutige und strukturerhaltende (hier Länge, Winkel und Orientierung) Abbildung der Ebene (oder des Raumes) auf sich, bei der die jeweilige Figur auf sich abgebildet wird. Während hier die Figur als in der Ebene (Raume) liegend angesehen wird und damit eine gewisse *äußere* Eigenschaft hinzugenommen wird, gehen wir in der Körpertheorie von der *inneren* Symmetrie, d. h. von eineindeutigen und strukturerhaltenden Abbildungen der Objekte selbst aus.

Gegeben sei eine endliche Körpererweiterung N über einem Körper K, d. h. $|N : K|$ endlich. Die Struktur von N wird durch die algebraischen Operationen und die K-Vektorraumstruktur von N gegeben. Wir definieren daher als Symmetrieelement von N (über K) eine eineindeutige Abbildung $\sigma: N \to N$ von N auf N, bei der die Operationen $+$ und $\cdot$ erhalten (σ ist ein *Automorphismus* von N) und die Elemente von K elementweise fest bleiben: $\sigma(c) = c$ für alle $c \in K$ (σ ist ein K-*Automorphismus*).

Definition 1. *N_1 und N_2 seien Körpererweiterungen eines Körpers K. Unter einem K-Isomorphismus von N_1 auf N_2 versteht man einen Isomorphismus $\sigma: N_1 \to N_2$ von N_1 auf N_2 mit der zusätzlichen Eigenschaft:*

$$\sigma(c) = c \text{ für alle } c \in K.$$

Ist $N_1 = N_2 = : N$, so heißt σ ein K-Automorphismus von N.

Als Symmetrieelemente der endlichen Körpererweiterungen N über K wollen wir also die K-Automorphismen von N ansehen. Wie in der Geometrie erhält man durch Zusammenfassung aller K-Automorphismen von N (Verknüpfung durch Hintereinanderschalten von K-Automorphismen als Abbildungen) eine Gruppe G, die man als die *Symmetriegruppe* von N bezeichnen kann.

K-Automorphismen von N sind spezielle K-Isomorphismen von N (die N allgemeiner auf irgendwelche Körpererweiterungen N' von K abbilden können), d. h., nicht jeder K-Isomorphismus braucht ein K-Automorphismus zu sein. Für die von uns weiterhin betrachteten Körper N werden wir dies jedoch verlangen.

Definition 2. *Eine Körpererweiterung N über einem Körper K heißt normal über K oder eine Normalerweiterung von K, wenn alle K-Isomorphismen von N K-Automorphismen von N sind.*

Daß man leicht Normalerweiterungen von K angeben kann, zeigt:

Satz 1. *Die Zerfällungskörper L von Polynomen f über einem Körper K sind normal über K.*

Beweis. Hat f etwa die Gestalt $f = c_0 + c_1 x + \ldots + c_n x^n$ mit c_0, $c_1, \ldots, c_n \in K$, und ist $\alpha \in L$ eine Nullstelle von f, d. h.

$$c_0 + c_1 \alpha + \ldots + c_n \alpha^n = 0,$$

so gilt für einen beliebigen K-Isomorphismus σ von N:

$$\sigma(c_0 + c_1 \alpha + \ldots + c_n \alpha^n) = c_0 + c_1 \sigma(\alpha) + \ldots + c_n (\sigma(\alpha))^n,$$

d. h., $\sigma(\alpha)$ ist ebenfalls Nullstelle von f. N wird als (kleinster) Zerfällungskörper durch Adjunktion aller Nullstellen von f erhalten. Somit bildet f N in sich ab: $\sigma(N) \subseteq N$. $\sigma(N)$ ist also ein K-Untervektorraum von N, der wegen der K-Isomorphie mit N die gleiche Dimension wie N haben und daher mit N zusammenfallen muß: $\sigma(N) = N$. σ erweist sich als K-Automorphismus von N.

Wie wir nicht beweisen wollen, gilt von diesem Satz auch die Umkehrung, d. h., jede Normalerweiterung von K ist Zerfällungskörper eines Polynoms über K.

Neben der Normalität von N setzen wir noch die Grundkörper K (und damit N) als endlich oder von der Charakteristik Null voraus. Die neue Bedingung stellt für uns keine Einschränkung dar, da sie bei unseren Beispielen immer erfüllt ist. Die Symmetriegruppe von N (über K) wird unter diesen Voraussetzungen nach ihrem Entdecker E. Galois (1811–1832) benannt.

Definition 3. *K sei ein endlicher Körper oder ein Körper der Charakteristik Null, N eine endliche Normalerweiterung von K. Dann heißt die Gruppe G der K-Automorphismen von N über K die Galoisgruppe von N über K, Bezeichnung: G = G (N | K).*

Wir bestimmen die Galoisgruppe in einigen einfachen Fällen.

1. $K = \mathbb{Q}$, $N = \mathbb{Q}$ (i) Körper der Gaußschen Zahlen. Ein $\mathbb{Q}$-Automorphismus ist immer die Abbildung, die alles unverändert läßt, die Identität ε, $\varepsilon (z) = z$ für alle $z \in N$.
Der zweite, interessantere $\mathbb{Q}$-Automorphismus σ wird gegeben durch: $z = a + b\,i \to \bar{z} = a - b\,i$ ($a, b \in \mathbb{Q}$), d. h. durch Übergang zum konjugiert Komplexen. Die Homomorphieeigenschaften von σ sind dann die bekannten Regeln: $\overline{z_1 + z_2} = \bar{z}_1 + \bar{z}_2$ und $\overline{z_1 \cdot z_2} = \bar{z}_1 \cdot \bar{z}_2$. Die Galoisgruppe $G = G (N / \mathbb{Q})$ besteht aus diesen zwei Elementen (Beweis!): $G = \{\varepsilon, \sigma\}$ und ist also die zyklische Gruppe der Ordnung zwei.
Dem Element σ zweiter Ordnung in G entspricht bei der geometrischen Veranschaulichung von N in der Gaußschen Zahlenebene die Spiegelung an der x-Achse, auf der die Elemente von $\mathbb{Q}$ liegen.

2. $K = \mathbb{Q}$, $N = \mathbb{Q}\left(\sqrt{2}\right)$. Hier besteht $G\,(N/\mathbb{Q}) = \{\varepsilon, \sigma\}$ aus den Elementen ε Identität und $\sigma : a + b\sqrt{2} \to a - b\sqrt{2}$ ($a, b \in \mathbb{Q}$). Die Überprüfung der Homomorphieeigenschaft von σ erfolgt in der gleichen Weise.

3. $K = \mathbb{Q}$, $N = \mathbb{Q}\left(\sqrt{2}, \sqrt{3}\right)$ Zerfällungskörper von $f := (x^2 - 2) \cdot (x^2 - 3)$. $G\,(N/\mathbb{Q}) = \{\varepsilon, \sigma_1, \sigma_2, \sigma_3\}$ besteht aus den vier Elementen (Beweis!) : ε Identität,·

$$a + b\sqrt{2} + c\sqrt{3} + d\sqrt{6} \xrightarrow{\sigma_1} a - b\sqrt{2} + c\sqrt{3} - d\sqrt{6}$$
$$\xrightarrow{\sigma_2} a + b\sqrt{2} - c\sqrt{3} - d\sqrt{6}$$
$$(a, b, c, d \in \mathbb{Q}) \qquad \xrightarrow{\sigma_3} a - b\sqrt{2} - c\sqrt{3} + d\sqrt{6}$$

Es entsteht die Kleinsche Vierergruppe.
$\mathbb{Q}$ (i) ist der Zerfällungskörper des über $\mathbb{Q}$ irreduziblen Polynoms $x^2 + 1$, nach den Ausführungen im Anschluß an Satz VI. 6 also vom Grad zwei über $\mathbb{Q}$ (Basis bekanntlich 1, i). Entsprechend ist $\mathbb{Q}\left(\sqrt{2}\right)$ vom Grade zwei und nach dem Gradsatz (Satz VI. 2) $\mathbb{Q}\left(\sqrt{2}, \sqrt{3}\right)$ vom Grade vier über $\mathbb{Q}$.

Wie wir sehen, stimmt in diesen Fällen die Ordnung der Galoisgruppe mit dem jeweiligen Körpergrad überein, eine Feststellung, die allgemein gültig ist.

Satz 2. *K sei ein endlicher Körper oder von der Charakteristik Null, N eine einfach-algebraische Normalerweiterung von K. Dann ist die Ordnung der Galoisgruppe G von N über K gleich dem Körpergrad von N über $K : |G| = |N : K|$.*

Beweis. $N = K(\alpha_1)$ werde von der Nullstelle α_1 des irreduziblen Polynoms f n-ten Grades über K erzeugt. Dann gilt: $|N : K| = n$. Aufgrund der Voraussetzung über K und nach Aufgabe VI. 11 sind α_1 und die übrigen Nullstellen $\alpha_2, \ldots, \alpha_n$ von f paarweise verschieden: $\alpha_i \neq \alpha_j$ für $i \neq j$. Durch die K-Isomorphie der Körper $K(\alpha_1) = N, K(\alpha_2), \ldots, K(\alpha_n)$ (vgl. Bemerkung über die Eindeutigkeit bei Adjunktion) ergeben sich n K-Isomorphismen von N, die wegen der Normalität von N alle K-Automorphismen sein müssen: $K(\alpha_1) = \ldots = K(\alpha_n) = N$. Wir haben damit n K-Automorphismen von N gefunden. Da jeder K-Automorphismus von N α_1 auf eine andere Nullstelle α_i von f abbildet (vgl. Beweis von Satz 1), kann es andererseits höchstens n K-Automorphismen von N geben.

Die im Satz geforderte Voraussetzung, daß N einfach-algebraisch über K ist, stellt in Wirklichkeit keine Einschränkung dar. Es läßt sich nämlich zeigen, daß unter der gegebenen Voraussetzung für K jede endliche Erweiterung N von K (die nicht normal zu sein braucht) durch ein einziges (primitives) Element erzeugt werden kann (Aufgabe 6). Will man den Beweis ohne Benutzung dieser Tatsache führen, so ist dies durch vollständige Induktion über die Anzahl der N erzeugenden Elemente möglich.

Aufgaben

1. Untersuche die folgenden Körpererweiterungen von $\mathbb{Q}$ auf $\mathbb{Q}$-Isomorphie:

   a) $\mathbb{Q}(\sqrt{2})$ und $\mathbb{Q}(\sqrt{3})$ b) $\mathbb{Q}(\sqrt{3})$ und $\mathbb{Q}(\sqrt{12})$

   c) $\mathbb{Q}(\sqrt[4]{2})$ und $\mathbb{Q}(i \cdot \sqrt[4]{2})$ d) $\mathbb{Q}(\sqrt[4]{2})$ und $\mathbb{Q}(\sqrt[4]{2}, i \cdot \sqrt[4]{2})$

   e) $\mathbb{Q}(\sqrt{2}, \sqrt{3})$ und $\mathbb{Q}(\sqrt{2}, \sqrt{5})$

2.** Zeige: Der einzige Automorphismus von $\mathbb{Q}$ ist die identische Abbildung von $\mathbb{Q}$ (alle Elemente bleiben unverändert). Aus Stetigkeitsgründen folgt übrigens das gleiche Ergebnis für $\mathbb{R}$. Wieviel Automorphismen besitzt dann $\mathbb{C}$?

3. Welche der folgenden Körpererweiterungen über $\mathbb{Q}$ sind normal über $\mathbb{Q}$? Bestimme im Falle der Normalität ihre Galoisgruppe.

a) $\mathbb{Q}\left(\sqrt{3}\right)$ b) $\mathbb{Q}\,(1 + i)$ c) $\mathbb{Q}\left(i \cdot \sqrt{2}\right)$ d) $\mathbb{Q}\left(\sqrt[4]{2}\right)$

e)* Zerfällungskörper N von $x^3 - 3$ über $\mathbb{Q}$.

4. Bestimme die Galoisgruppe des Körpers K von p^n Elementen (p Primzahl) über seinem Primkörper. Warum ist K hierüber normal?

Hinweis. Verwende Aufgabe VI. 4. b.

5.* Zeige, daß die Galoisgruppe des Körpers K_p der p-ten Einheitswurzeln über $\mathbb{Q}$ (p Primzahl) zur multiplikativen Gruppe von $\mathbb{Z}_p$ isomorph (und damit zyklisch von der Ordnung $p - 1$) ist.

Hinweis. Beachte, daß durch jeden $\mathbb{Q}$-Automorphismus von K_p eine primitive Einheitswurzel wieder auf eine solche abgebildet wird.

6.** Beweise den *Satz* vom primitiven Element: Jede endliche Erweiterung L eines Körpers K, der endlich oder von der Charakteristik Null ist, besitzt ein primitives Element α, d. h. wird von α erzeugt: $L = K(\alpha)$.

Hinweis (nach [25]) für den Fall der Charakteristik Null. Nach den Überlegungen im Beweis von Satz 2 existieren n K-Isomorphismen $\sigma_1, \ldots, \sigma_n$ von L (auf irgendwelche Erweiterungen von K), wobei n den Grad von L über K bezeichnet.

a) Zeige, daß die folgende Teilmenge von L:

$$V_{ij} := \{\alpha \in L \mid \sigma_i\,(\alpha) = \sigma_j\,(\alpha) \text{ für } i, j = 1, \ldots, n; i \neq j\}$$

einen K-Untervektorraum von L bildet.

Nach Aufgabe III. 13. c) ist die Vereinigungsmenge aller V_{ij} von L verschieden. Es läßt sich daher ein $\alpha \in L$ wählen, das in keinem der V_{ij} enthalten ist.

b) Zeige: α ist ein primitives Element von L über K.

2. Der Hauptsatz

Die (endlichen) Normalerweiterungen N über einem Körper K (endlich oder von Charakteristik Null) werden in gewisser Weise durch ihre Galoisgruppe G charakterisiert. Zu jeder Untergruppe von G gehört ein K enthaltender Unterkörper von N, ein *Zwischenkörper* von K und N. Dieser Zusammenhang erweist sich als umkehrbar eindeutig, d. h., es ergibt sich eine eineindeutige Abbildung von der Menge der Untergruppen von G auf die Menge der Zwischenkörper von K und N, für die noch weitere Eigenschaften angegeben werden können.

Zur präzisen Formulierung treffen wir einige Vorbereitungen. K sei ein endlicher Körper oder ein Körper der Charakteristik Null und N eine endliche Normalerweiterung von K mit der Galoisgruppe G. Für eine Untergruppe U von G bezeichnen wir mit K_U die Gesamtheit derjenigen Elemente von N, die bei allen in U enthaltenen K-Automorphismen von N auf sich selbst abgebildet werden:

$$K_U := \{\alpha \in N \mid \sigma(\alpha) = \alpha \text{ für alle } \sigma \in U\}.$$

K_U ist ein Zwischenkörper von K und N:

1. Da bei einem K-Automorphismus alle Elemente von K fest bleiben, wird K von K_U umfaßt.

2. Es bleibt der Nachweis der Körpereigenschaft von K_U (Verwendung von Satz VI. 1): Seien $\alpha, \beta \in K_U$, d. h. $\sigma(\alpha) = \alpha$ und $\sigma(\beta) = \beta$ für alle $\sigma \in U$. Wegen der Homomorphieeigenschaft der $\sigma \in U$ gilt dann: $\sigma(\alpha - \beta) = \sigma(\alpha) - \sigma(\beta) = \alpha - \beta$ und $\sigma(\alpha \cdot \beta^{-1}) = \sigma(\alpha) \cdot \sigma(\beta)^{-1} = \alpha \cdot \beta^{-1}$ (falls $\beta \neq 0$) und damit $\alpha - \beta, \alpha \cdot \beta^{-1} \in K_U$.

Wir nennen K_U den *Fixkörper* von U. Man erkennt unmittelbar: $K_E = N$ und $K \subseteq K_G$, wobei mit E die aus dem Einselement ε (Identität) allein bestehende Untergruppe von G bezeichnet wurde.

Gehen wir andererseits von einem Zwischenkörper L von K und N aus: $K \subseteq L \subseteq N$. Wir betrachten die Gesamtheit G_L derjenigen K-Automorphismen von N, die die Elemente von L fest lassen:

$$G_L := \{\sigma \in G \mid \sigma(\alpha) = \alpha \text{ für alle } \alpha \in L\}$$

und zeigen: G_L ist eine Untergruppe von G:
Seien $\sigma, \tau \in G_L$, d. h. $\sigma(\alpha) = \tau(\alpha) = \alpha$ für alle $\alpha \in L$. Dann gilt $(\sigma \circ \tau)(\alpha) = \sigma(\tau(\alpha)) = \sigma(\alpha) = \alpha$ und $\sigma^{-1}(\alpha) = \alpha$ und damit $\sigma \circ \tau, \sigma^{-1} \in G_L$. G_L heißt die *Fixgruppe* von L. Man sieht sofort: $G_K = G$ und $G_N = E$. Wir bemerken, daß N normal über L ist, denn jeder L-Isomorphismus von N ist erst recht ein K-Isomorphismus und daher wegen der Normalität von N ein Automorphismus. Nach Definition stimmt die Galoisgruppe von N über L mit G_L überein: $G(N / L) = G_L$. L braucht dagegen nicht normal über K zu sein, wie wir später sehen werden.

Bei unserem im vorigen Abschnitt angestellten Vergleich mit den Symmetriegruppen geometrischer Figuren läuft die Bildung der Gruppen G_L auf die Betrachtung von Teilfiguren hinaus, wie etwa im Falle von Fig. 21 (S. 37) oder bei einem Ornament auf dem Kreisring von Fig. 42 (Untergruppe der vollen Drehgruppe). Wir verlangen hier allerdings, daß L elementweise fest bleibt, eine Forderung, die in den geometrischen Beispielen wenig Sinn hätte (da sich dann die aus der identischen Abbildung allein bestehende Untergruppe ergäbe).

Fig. 42

Anstatt der bereits erkannten Beziehung $K \subseteq K_G$ gilt schärfer:

Satz 3. *(Voraussetzungen wie bisher)*
a) K ist der Fixkörper von $G : K = K_G$.
b) G ist darüber hinaus die einzige Untergruppe von G, deren Fixkörper K ist.

Beim **Beweis** setzen wir den Satz über die Existenz eines primitiven Elementes voraus, so daß wir insbesondere Satz 2 benutzen können (vgl. die Bemerkungen nach Satz 2).

a) Sei $\alpha \in K_G$ beliebig, d. h. $\sigma(\alpha) = \alpha$ für alle $\sigma \in G$. Bezeichnen wir mit L den kleinsten α enthaltenden Zwischenkörper von K und N (gleich Durchschnitt aller α enthaltenden Zwischenkörper von K und N, vgl. Aufgabe VI. 8), so ist jeder K-Automorphismus σ von N auch ein L-Automorphismus von N, was natürlich auch umgekehrt gilt. Da nach Satz 2 ihre Anzahlen $|N:K|$ bzw. $|N:L|$ betragen, ist daher:

$$|N:K| = |N:L|.$$

Nach dem Gradsatz folgt $|L:K| = |N:K| \cdot |N:L|^{-1} = 1$, daher $K = L$ und $\alpha \in K$, w. z. b. w.

b) K sei der Fixkörper der Untergruppe U von G. Wir zeigen: $U = G$. α sei ein primitives Element von N über $K : N = K(\alpha)$ und α Nullstelle des irreduziblen Polynoms f über K. Wir bilden das Polynom g vom Grade $|U|$ (Ordnung von U) über N:

$$g := \prod_{\sigma \in U} \Big(x - \sigma(\alpha)\Big)^1)$$

Es hat die Nullstelle α und bleibt bei Anwendung aller $\tau \in U$ fest (durchläuft nämlich bei der Produktbildung σ alle Elemente von U, so gilt dies auch für $\tau \circ \sigma$), ist daher nach a) ein Polynom über K. Wegen der Minimalität von f (vgl. 2. auf S. 96) hat g einen größeren oder gleichen Grad wie f. Daher gilt wiederum nach Satz 2: $|G| = |N:K| = |f| \leq |g| = |U|$, also $|G| \leq |U|$ und damit $U = G$.

Wir wollen für die Normalerweiterung $N = \mathbb{Q}\left(\sqrt{2}, \sqrt{3}\right)$ über $\mathbb{Q}$ die Fixkörper aller Untergruppen der Galoisgruppe $G = \{\varepsilon, \sigma_1, \sigma_2, \sigma_3\}$ (Kleinsche Vierergruppe, vgl. Beispiel 3 auf S. 104) angeben (Aufgabe 7. a). Sie lassen sich entsprechend dem Gruppengraphen von G ebenfalls in einem Graphen anordnen:

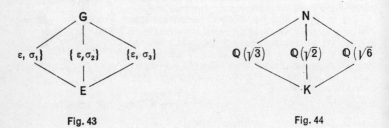

Fig. 43   Fig. 44

---

[1]) Analog zum Summationszeichen $\sum$ (vgl. die Fußnote auf S. 55) wird bei dem Zeichen $\prod$ das Produkt über alle angegebenen Elemente (hier in dem Polynomring über N) gebildet.

Die Verbindungslinien beschreiben wiederum die Inklusionsbeziehungen. Daß damit alle Zwischenkörper von K und N erfaßt sind, ergibt sich aus dem nachfolgenden Hauptsatz.

Satz 4 *(Hauptsatz der Galoisschen Theorie). K sei ein endlicher Körper oder ein Körper der Charakteristik Null, N eine endliche Normalerweiterung über K mit der Galoisgruppe G.*

a) Bezeichnen wir mit $\mathfrak{G}$ die Gesamtheit aller Untergruppen von G und mit $\mathfrak{K}$ die Gesamtheit aller Zwischenkörper von K und N, so erhalten wir durch:

$$\varkappa: \mathfrak{G} \to \mathfrak{K}, \; \varkappa\,(U): = K_U,$$

eine eineindeutige Abbildung $\varkappa$ von $\mathfrak{G}$ auf $\mathfrak{K}$, als deren Umkehrabbildung sich die durch:

$$\gamma: \mathfrak{K} \to \mathfrak{G}, \; \gamma\,(L): = G_L,$$

erklärte Abbildung von $\mathfrak{K}$ auf $\mathfrak{G}$ erweist.

b) Die Abbildungen $\varkappa$ und γ sind inklusionsumkehrend, d. h., es gilt

$$U_1 \subseteq U_2 \text{ genau dann, wenn } K_{U_2} \subseteq K_{U_1}, \text{ und}$$
$$L_1 \subseteq L_2 \text{ genau dann, wenn } G_{L_2} \subseteq G_{L_1}.$$

Beweis. a) Zu zeigen ist: $\varkappa \circ \gamma = \mathrm{Id}_{\mathfrak{K}}$ und $\gamma \circ \varkappa = \mathrm{Id}_{\mathfrak{G}}$. Anders ausgedrückt, bedeutet die erste Aussage: Bildet man von einem Zwischenkörper L von K und N ausgehend die Fixgruppe $G_L = G\,(N\,/\,L)$ von L, so muß deren Fixkörper mit L übereinstimmen: K = L. Dies folgt aber aus Satz 3. a, wenn man dort K durch L ersetzt.

Im zweiten Fall betrachten wir den Fixkörper K_U einer Untergruppe U von G. Die Fixgruppe $G_{K_U} = G\,(N\,/\,K_U)$ von K_U muß dann gleich U sein, was sich aus Satz 3. b ergibt, wenn man dort K durch K_U ersetzt. Der Teil b) des Satzes ist unmittelbar einleuchtend.

Durch die Relation $\subseteq$ der Inklusion wird $\mathfrak{G}$ zu einer geordneten Menge (einem *Verband*, vgl. Kapitel VIII). Versieht man $\mathfrak{K}$ mit der *entgegengesetzten* Ordnungsrelation $\supseteq$, dann lassen sich die beiden ersten Aussagen des Hauptsatzes so zusammenfassen, daß ein *Ordnungsisomorphismus* zwischen den geordneten Mengen $\mathfrak{G}$ und $\mathfrak{K}$ besteht. Die durch $\mathfrak{G}$ und $\mathfrak{K}$ gegebenen Graphen stimmen also stets überein. Der folgende Satz gibt Auskunft darüber, wann ein Zwischenkörper zwischen K und N normal über K ist.

Satz 5. *Ein Zwischenkörper L von K und N ist genau dann normal über K, wenn seine Fixgruppe G_L ein Normalteiler in G ist. Unter dieser Voraussetzung ist die Galoisgruppe $G\,(L\,|\,K)$ von L über K zur Quotientengruppe von G nach G_L isomorph:*

$$G\,(L\,|\,K) \cong G\,/\,G_L.$$

Beweis (Skizze). Dem zu L *konjugierten* Körper $\sigma\,(L): = \{\sigma\,(\alpha) \mid \alpha \in L\}$ ($\sigma \in G$) entspricht vermöge γ die zu G_L konjugierte Gruppe $\sigma\,G_L\,\sigma^{-1}$

(Aufgabe III. 25). L ist genau dann normal über K, wenn alle zu L konjugierten Körper mit L übereinstimmen, was genau dann zutrifft, wenn alle zu G_L konjugierten Gruppen mit G_L übereinstimmen, d. h., wenn G_L Normalteiler in G ist.

Wir setzen jetzt L als normal über K voraus. Beschränken wir einen K-Automorphismus σ von N auf L, so erhalten wir einen K-Isomorphismus, wegen der Normalität von L also einen K-Automorphismus von L, d. h. ein Element von G (L / K). Diese Zuordnung ergibt einen Homomorphismus (!) Θ: G → G (L / K) von G auf G (L / K) (Θ ist surjektiv, da sich jeder K-Automorphismus von L zu einem K-Automorphismus von N erweitern läßt, dessen Beschränkung er dann ist). Durch Übergang zu den Nebenklassen von G nach G_L (die Elemente von G_L werden als L-Automorphismen unter Θ auf das Einselement von G (L / K) abgebildet) induziert einen Isomorphismus $\overline{\Theta}$: G / G_L $\xrightarrow{\cong}$ G (L / K) von G / G_L auf G (L / K).

Zum Schluß bringen wir ein etwas kompliziertes Beispiel, bei dem eine nichtkommutative Galoisgruppe auftritt. N sei der Zerfällungskörper des Polynoms $x^4 - 2$ über K = ℚ. Sehen wir N als Unterkörper des komplexen Zahlkörpers ℂ an, so lauten die Nullstellen von $x^4 - 2$: $\sqrt[4]{2}$, i $\sqrt[4]{2}$, $-\sqrt[4]{2}$, $-$ i $\sqrt[4]{2}$, und N wird durch $\sqrt[4]{2}$ und i erzeugt. $x^4 - 2$ ist irreduzibel über ℚ, daher $| ℚ\left(\sqrt[4]{2}\right) : ℚ | = 4$. Entsprechend ist wegen der Irreduzibilität von $x^2 + 1$ über dem reellen Körper ℚ$\left(\sqrt[4]{2}\right)$ $| N : ℚ \left(\sqrt[4]{2}\right) | = 2$, und mit dem Gradsatz (Satz VI. 2) folgt $| G | = | N : ℚ | = 8$.

Wir bezeichnen mit σ den ℚ-Automorphismus von N, bei dem $\sqrt[4]{2}$ auf i $\cdot \sqrt[4]{2}$ abgebildet wird und i fest bleibt, und mit τ den Automorphismus von N, bei dem $\sqrt[4]{2}$ fest bleibt und i auf $-$i abgebildet wird. Dann besteht G aus acht Elementen: ε Identität, σ, σ^2, σ^3, τ, $\tau\sigma$, $\tau\sigma^2$, $\tau\sigma^3$. G erweist sich als Diedergruppe D_4 vierten Grades.

Wir geben die Graphen von 𝔊 und 𝔎 an (Aufgabe 7. f).

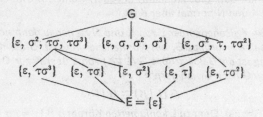

Fig. 45

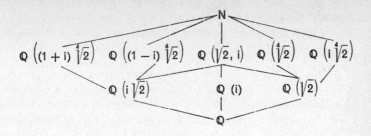

Fig. 46

Die Körper $\mathbb{Q}\left((1 + i)\sqrt[4]{2}\right)$ und $\mathbb{Q}\left((1 - i)\sqrt[4]{2}\right)$ sind konjugiert, ebenfalls die Körper $\mathbb{Q}\left(\sqrt[4]{2}\right)$ und $\mathbb{Q}\left(i\sqrt[4]{2}\right)$. Alle anderen Körper sind normal über $\mathbb{Q}$.

Aufgaben

7. Bestimme alle Unterkörper der folgenden Körpererweiterungen von $\mathbb{Q}$:

a) $\mathbb{Q}\left(\sqrt{2}, \sqrt{3}\right)$

b) Körper K_5 der fünften Einheitswurzeln über $\mathbb{Q}$

c) Körper K_7 der siebten Einheitswurzeln über $\mathbb{Q}$

d) $\mathbb{Q}\left(\sqrt{2}, \sqrt{3}, \sqrt{5}\right)$

e) Zerfällungskörper von $x^3 - 2$ über $\mathbb{Q}$

f) Zerfällungskörper von $x^4 - 2$ über $\mathbb{Q}$

Die Ergebnisse von a und f wurden bereits im Haupttext angegeben.

8. Bestimme alle Unterkörper des Körpers von p^n Elementen (p Primzahl).

3. Anwendungen

Eine wichtige Klasse von Gleichungen sind die *reinen* Gleichungen:

$$x^n - a = 0, \ a \in K,$$

über einem Körper K, deren Galoisgruppen (der entsprechenden Zerfällungskörper) wir im folgenden Satz angeben (unter gewissen Voraussetzungen über K).

Satz 6. *K sei ein Körper der Charakteristik Null und enthalte sämtliche n-ten Einheitswurzeln.*
Dann ist die Galoisgruppe G des Zerfällungskörpers N des Polynoms $x^n - a \in K[x]$ zyklisch.

111

Beweis. Bezeichnen wir mit $\alpha_1 = \alpha$, α_2, ..., α_n die Nullstellen von $x^n - a$ und mit c eine primitive n-te Einheitswurzel. Der Quotient $\dfrac{\alpha_i}{\alpha_j}$ zweier Nullstellen ist eine n-te Einheitswurzel, da

$$\left(\frac{\alpha_i}{\alpha_j}\right)^n = \frac{\alpha_i{}^n}{\alpha_j{}^n} = \frac{a}{a} = 1,$$

und damit eine Potenz von c.

Nach eventueller Umnumerierung der α_i können wir also annehmen: $\alpha_1 = \alpha$, $\alpha_2 = c \cdot \alpha$, ..., $\alpha_n = c^{n-1}\alpha$. N wird also durch jede der Nullstellen α_i über K erzeugt.

Durch jeden K-Automorphismus σ von N wird α auf eine andere Nullstelle etwa $c^i \cdot \alpha$ von $x^n - a$ abgebildet (vgl. Beweis von Satz 1). Erklären wir c^i als Bildelement von σ, so erhalten wir damit eine Abbildung $\Theta : G \to E_n$ von G in die (multiplikative) Gruppe E_n der n-ten Einheitswurzeln. Θ ist ein Homomorphismus, denn für $\sigma(\alpha) = c^i \cdot \alpha$ und $\tau(\alpha) = c^j \cdot \alpha$ ergibt sich $(\sigma \circ \tau)(\alpha) = \sigma(\tau(\alpha)) = \sigma(c^j \cdot \alpha) = c^j \cdot \sigma(\alpha) = c^j \cdot c^i \cdot \alpha = c^i \cdot c^j \cdot \alpha$. Außerdem ist Θ eineindeutig, da jeder K-Automorphismus durch die zugeordnete n-te Einheitswurzel charakterisiert wird. G wird also durch Θ isomorph auf eine Untergruppe der zyklischen Gruppe E_n abgebildet und ist daher selbst zyklisch (Aufgabe III. 14).

Wie sich mit Hilfe von linearen Gleichungssystemen (Aufgabe V. 9) zeigen läßt, gilt von diesem Satz auch die Umkehrung, d. h., man kann daraus, daß eine Galoisgruppe zyklisch ist, erkennen, ob der jeweilige Körper N Zerfällungskörper einer reinen Gleichung $x^n - a$ ist, also durch eine n-te Wurzel $\sqrt[n]{a}$, $a \in K$, erzeugt wird.

Auf der Umkehrung von Satz 1 beruhen die *Cardano-Formeln*[1] – Ausdrücke der Gestalt $\sqrt[3]{\ldots + \ldots \sqrt{\ldots}}$ – zur Auflösung kubischer Gleichungen. Man kann hier die Galoisgruppe G in einer Kette anordnen:

$$E \overset{Z_3}{\subseteq} G' \overset{Z_2}{\subseteq} G'' = G,$$

zu der aufgrund des Hauptsatzes eine Körperkette:

$$K \overset{Z_2}{\subseteq} K' \overset{Z_3}{\subseteq} N$$

gehört (über den Inklusionszeichen stehen die jeweiligen Quotienten- bzw. Galoisgruppen, vgl. Satz 5).

Wir nannten allgemeiner eine (endliche) Gruppe G *auflösbar* (Aufgabe III. 27), wenn man eine Kette

$$E \subseteq G_1 \subseteq G_2 \subseteq \ldots \subseteq G_n = G$$

finden kann, bei der jede Gruppe G_i Normalteiler in der nachfolgenden

[1] G. Cardano (1501-1576).

Gruppe G_{i+1} und G_{i+1} / G_i abelsch ist, $i = 1, \ldots, n - 1$. Wiederum aufgrund des Hauptsatzes und der Sätze 5 und 6 erhalten wir hierdurch eine Körperkette:

$$K = K_n \subseteq K_{n-1} \subseteq \ldots \subseteq K_1 \subseteq N,$$

bei der jeder Körper K_i durch einen Wurzelausdruck *(Radikal)* $\sqrt[n_i]{a_i}$, $a_i \in K_{i-1}$, über K_{i-1} erzeugt wird (im Körper K mit der Charakteristik Null mögen dabei alle benötigten Einheitswurzeln vorhanden sein). Wir nennen allgemein eine (nicht notwendig normale) Körpererweiterung über K eine *Radikalerweiterung* von K, wenn sie durch schrittweise Adjunktion von (endlich vielen) Radikalen entsteht.

Im folgenden sei ein irreduzibles Polynom über einem Körper K der Charakteristik Null gegeben. Wir nennen f *durch Radikale lösbar,* wenn es eine Radikalerweiterung L von K gibt, in der f in ein Produkt von Linearfaktoren zerfällt. Setzen wir für K wiederum das Vorhandensein genügend vieler Einheitswurzeln voraus, so folgt nach den vorangegangenen Überlegungen aus der Auflösbarkeit der Galoisgruppe (des Zerfällungskörpers) von f die Existenz einer solchen Radikalerweiterung. Die Aussage bleibt erhalten, wenn man von der Voraussetzung über die Einheitswurzeln absieht (man kann sie in diesem Fall schrittweise zu K adjungieren), und es gilt außerdem die Umkehrung.

Satz 7. *Ein irreduzibles Polynom f über einem Körper der Charakteristik Null ist genau dann durch Radikale lösbar, wenn seine Galoisgruppe auflösbar ist.*

Den genauen *Beweis* müssen wir allerdings übergehen, da er weitere Tatsachen über Normalerweiterungen und auflösbare Gruppen erfordert.

Mit Hilfe von Satz 2 läßt sich beweisen, daß nicht jedes Polynom durch Radikale gelöst werden kann *(Unmöglichkeitssatz von Abel).* Wir benötigen dazu Polynome mit nicht auflösbarer Galoisgruppe.

Es sei $K_u := K(u_1, \ldots, u_n)$ der Körper der rationalen Funktionen in den n Unbestimmten $u_1, \ldots, u_n^1)$ und $K_u[x]$ der Polynomring über K_u. Unter dem *allgemeinen* Polynom n-ten Grades versteht man dann das Polynom über K_u:

$$f := x^n + u_1 x^{n-1} + \ldots + u_{n-1} x + u_n.$$

Wir geben ohne Beweis an, daß die Galoisgruppe des (irreduziblen) Polynoms f über K_u die symmetrische Gruppe $\mathfrak{S}_n$ der Permutationen n-ten Grades ist. (Dieses Ergebnis hängt mit den *Wurzelsätzen* von Vieta[2]) zusammen, nach denen die $u_1, \ldots, u_n$ sich als *symmetrische*

---

[1]) K_u ist der Körper der Brüche des Ringes $K[u_1, \ldots, u_n]$ der ganz-rationalen Funktionen in $u_1, \ldots, u_n$, der durch n-fache Polynomringbildung gewonnen wird: $K[u_1, \ldots, u_n] := K[u_1] \ldots [u_n]$ (wir verwenden den Buchstaben u zur Unterscheidung von dem nachfolgend adjungierten x).   [2]) F. Viète (1540–1603).

Polynome der Wurzeln schreiben lassen, die unter den Operationen von $\mathfrak{S}_n$ invariant bleiben.) Wegen der Nichtauflösbarkeit von $\mathfrak{S}_n$ für $n \geq 5$ (Aufgabe III. 27. f) ist daher f für $n \geq 5$ nicht durch Radikale lösbar.

Weiterhin ist es möglich, die Unbestimmten $u_1, \ldots, u_n$ so durch Elemente von K zu ersetzen, daß man sogar ein über K irreduzibles Polynom mit gleicher Galoisgruppe erhält *(Hilbertscher[1] Irreduzibilitätssatz)*, das dann nicht durch Radikale lösbar ist. Für $K = \mathbb{Q}$ ist etwa $x^5 - 10x - 2$ ein solches Polynom ([1]).

Die Behandlung von Polynomen, die sich nicht durch Radikale lösen lassen, wurde zuerst von F. Klein (1849–1925) versucht (Polynome mit der Ikosaedergruppe $\mathfrak{A}_5$ als Galoisgruppe). Die Gedankengänge wurden später von W. Krull im Rahmen allgemeiner gruppentheoretischer Methoden fortgeführt ([15], [6]).

Ein weiterer Problemkreis, der mit Mitteln der Galoisschen Theorie angegangen werden kann, ist die Lösbarkeit von (ebenen) geometrischen Konstruktionsaufgaben unter alleiniger Verwendung von Zirkel und Lineal (etwa ohne einen Winkelmesser).

Wir denken uns die (endlich vielen) Ausgangsgrößen (reelle Zahlen: gegeben durch Radien von Kreisen, durch Koordinaten von Punkten nach Wahl eines Koordinatensystems in der Ebene) gegeben und in dem kleinsten sie enthaltenen Körper K gelegen (K endliche Erweiterung von $\mathbb{Q}$). Nach Ausführung eines ersten Konstruktionsschrittes (Schnitt zweier Geraden, Schnitt von Kreis und Geraden oder Schnitt zweier Kreise) erhält man eine Körpererweiterung K_1 von K mit $|K_1 : K| \leq 2$ (da sich die Schnittpunkte aus linearen oder quadratischen Gleichungen berechnen). Sämtliche Elemente von K_1 sind dann konstruierbar, da alle rationalen Operationen mit Zirkel und Lineal ausführbar sind (die Multiplikation z. B. aufgrund eines Strahlensatzes).

Nach Beendigung der Konstruktion in endlich vielen Schritten haben wir eine Körperkette erhalten (wir notieren nur die echten Erweiterungen):

$$K = K_0 \subset K_1 \subset \ldots \subset K_n = L,$$

und L ist eine Erweiterung 2^n-ten Grades von K. Aus der Konstruierbarkeit durch Zirkel und Lineal folgt also, daß die zu konstruierenden Größen (reelle Zahlen) in einer reellen Körpererweiterung L von K liegen, deren Grad eine Potenz von zwei beträgt. Wir stellen fest, daß wir zur Herleitung dieses Ergebnisses noch keinen Gebrauch von der Galoisschen Theorie gemacht haben.

Liegen umgekehrt alle zu konstruierenden Größen in einer reellen Körpererweiterung L vom Grade einer Zweierpotenz über K, so können wir sie in eine kleinste Normalerweiterung N einbetten, die ebenfalls

[1] D. Hilbert (1862–1943).

vom Grade einer Potenz von zwei über K ist (ohne Beweis). Nach Satz 2 hat die Galoisgruppe G von N über K die Ordnung | N : K | und ist daher auflösbar (Aufgabe III. 27. e), d. h., G besitzt eine nach E führende Kette von Untergruppen, wobei wir sogar erreichen können, daß die Ordnungen jeweils um zwei fallen (ohne Beweis), zu der eine entsprechende Kette von quadratischen Erweiterungen (d. h. zweiten Grades) gehört. Nach Satz 6 wird jede quadratische Erweiterung durch eine Quadratwurzel erzeugt, die jeweils konstruiert werden kann. Insgesamt ergibt sich eine Konstruktion der (endlich vielen) gesuchten Größen von $L \subseteq N$ in endlich vielen Schritten.

Wir formulieren das Ergebnis:

Satz 8. *Eine geometrische Aufgabe, deren Ausgangsgrößen in einem Körper K liegen (K kleinster Körper dieser Art) ist genau dann mit Zirkel und Lineal lösbar, wenn die zu bestimmenden Größen in einer (reellen) Erweiterung L von K liegen, die vom Grade einer Potenz von zwei über K ist.*

Wir weisen noch einmal darauf hin, daß die erste Hälfte des Satzes ohne die Mittel der Galoisschen Theorie gewonnen wurde und daher zum Nachweis der Nichtkonstruierbarkeit bestimmter Probleme an früherer Stelle hätte gebracht werden können.

Als Anwendung untersuchen wir, welche regelmäßigen n-Ecke (der Kantenlänge eins) mit Zirkel und Lineal konstruiert werden können. Dabei geht es um die Konstruktion einer primitiven n-ten Einheitswurzel.[1]) Wir setzen $K = \mathbb{Q}$ und $L = K_n$ Körper der n-ten Einheitswurzeln über $\mathbb{Q}$. L ist normal über $\mathbb{Q}$ und seine Galoisgruppe G zur Einheitengruppe des Restklassenringes $\mathbb{Z}_n$ isomorph (Erweiterung von Aufgabe 5). Die Ordnung von G wird durch $\varphi(n)$ gegeben und muß eine Zweierpotenz sein, wenn die Konstruktion möglich sein soll. Im Falle einer Primzahlpotenz $n = p^r$ gilt $\varphi(n) = p^{r-1} (p - 1)$ (Aufgabe IV. 23. c). p^{r-1} und $p - 1$ müssen Potenzen von zwei sein. Bei $p = 2$ ist jeder Exponent r möglich. Für $p \neq 2$ folgt: $r = 1$ und $p - 1 = 2^h$, d. h. $p = 2^h + 1$. Primzahlen dieser Form heißen *Fermatsche Zahlen*. h muß ebenfalls eine Potenz von zwei sein (sonst besäße h einen ungeraden Teiler h' und $2^h + 1$ wäre teilbar durch $2^{h'} + 1$).

Damit erhalten wir das folgende *Ergebnis* (vgl. Aufgabe IV. 23. b): Das regelmäßige n-Eck ist für genau folgende n konstruierbar:

$$n = 2^r \cdot p_1 \cdot \ldots \cdot p_s,$$

[1]) An dieser Stelle handelt es sich um die Konstruktion einer komplexen Zahl. Die zu Satz 8 führenden Überlegungen lassen sich auf diesen Fall übertragen. Die Konstruktion einer Quadratwurzel einer komplexen Zahl ist ebenfalls möglich, da sie auf das Ziehen einer Quadratwurzel aus einer positiven reellen Zahl und die Halbierung eines Winkels hinausläuft (vgl. Aufgabe VI. 1. c).

wobei $p_1, \ldots, p_s$ Fermatsche Primzahlen sind, d. h. die Form $2^{2^h} + 1$ haben.

Für $h = 0, 1, 2, 3, 4$ ergibt sich p zu: 3, 5, 17, 257, 65 537. Ob weitere Fermatsche Primzahlen existieren, ist nicht bekannt.

Für die explizite Konstruktion etwa des 17-Ecks (zuerst von Gauß durchgeführt) verweisen wir auf [4] und [14].

Aufgaben

9. Beweise die Unlösbarkeit folgender Konstruktionsaufgaben mit Zirkel und Lineal:

   a) Dreiteilung eines Winkels von 60°

   b) Bestimmung der Kantenlänge eines Würfels, dessen Volumen das Doppelte eines Würfels der Kantenlänge eins beträgt *(Delisches Problem)*.

   c) Bestimmung der Kantenlänge eines Quadrates, dessen Flächeninhalt gleich dem eines Kreises mit dem Radius eins ist *(Quadratur des Kreises)*.

10.*Untersuche die Möglichkeit der Konstruktion eines Dreiecks mit Zirkel und Lineal, wenn zwei Seiten und eine Winkelhalbierende gegeben sind.

   Hinweis (nach [4]). Berechne die Winkelhalbierende als Funktion der drei Seiten und löse nach der jeweils gesuchten Seite auf.

4.* Algebraische Zahlen

In Abschnitt VI. 2 hatten wir die *algebraischen Zahlen* als über dem Körper $\mathbb{Q}$ der rationalen Zahlen algebraische Elemente eingeführt, die wir wegen der algebraischen Abgeschlossenheit des Körpers $\mathbb{C}$ der komplexen Zahlen (vgl. die Bemerkungen am Schluß von Abschnitt VI. 2) als in $\mathbb{C}$ liegend annehmen können. Halten wir diese Gegebenheit noch einmal fest:

Definition 4. *Eine komplexe Zahl α heißt eine algebraische Zahl, wenn sie einer Gleichung*

$$a_n \alpha^n + \ldots + a_1 \alpha + a_0 = 0$$

mit rationalen Koeffizienten $a_0, a_1, \ldots, a_n$ genügt, d. h. Nullstelle des Polynoms $f := a_n x^n + \ldots + a_1 x + a_0 \in \mathbb{Q}[x]$ ist.

In der Definition können wir o. B. d. A. $a_n = 1$ annehmen (sonst Division der Gleichung durch $a_n \neq 0$). f heißt dann ein *normiertes* Polynom (ist f außerdem irreduzibel, so wissen wir nach den Ausführungen im Anschluß an Satz VI. 6, daß f als Polynom kleinsten

Grades mit der Nullstelle α eindeutig bestimmt ist: f heißt das *Minimal-polynom* von α).

Beispiele für algebraische Zahlen sind etwa $\sqrt{2}$ und $\sqrt[3]{5}$ als Nullstellen der irreduziblen Polynome $x^2 - 2$ und $x^3 - 5$ über $\mathbb{Q}$.

Satz 9. *Jedes Element eines Zahlkörpers, d. h. einer endlichen Erweiterung K von $\mathbb{Q}$, ist eine algebraische Zahl.*[1]

Beweis. Wegen der endlichen Dimension von K über $\mathbb{Q}$ können nicht sämtliche Potenzen $1, \alpha, \alpha^2, \ldots$ eines beliebigen Elementes $\alpha \in K$ linear-unabhängig über $\mathbb{Q}$ sein, d. h., es muß eine Gleichung

$$c_0 + c_1 \alpha + \ldots + c_n \alpha^n = 0$$

mit $c_0, c_1, \ldots, c_n \in \mathbb{Q}$ gelten. α ist daher eine algebraische Zahl.

Wir setzen (der Einfachheit halber) im folgenden K zusätzlich als normal über $\mathbb{Q}$ voraus und definieren zwei wichtige Größen einer algebraischen Zahl $\alpha \in K$. Sind $\alpha_1 = \alpha, \alpha_2, \ldots, \alpha_n \in K$ diejenigen Elemente aus K, die man nach der Anwendung aller $\mathbb{Q}$-Automorphismen von K auf α erhält ($n = |K : \mathbb{Q}|$, vgl. Satz 2), so setzt man:

$$\mathfrak{S}(\alpha) := \alpha_1 + \ldots + \alpha_n \quad \textit{Spur von } \alpha,$$
$$\mathfrak{N}(\alpha) := \alpha_1 \cdot \ldots \cdot \alpha_n \quad \textit{Norm von } \alpha.$$

Die für Spuren und Normen geltenden Regeln fassen wir in einem Satz zusammen.

Satz 10. *K sei ein Zahlkörper.*

1. Die Spur und die Norm einer algebraischen Zahl α aus K ist eine rationale Zahl.

2. Für algebraische Zahlen α und β aus K gilt:

$$\mathfrak{S}(\alpha + \beta) = \mathfrak{S}(\alpha) + \mathfrak{S}(\beta)$$
$$\mathfrak{N}(\alpha \cdot \beta) = \mathfrak{N}(\alpha) \cdot \mathfrak{N}(\beta)$$

3. Für $c \in \mathbb{Q}$ gilt: $\mathfrak{S}(c) = nc, \mathfrak{N}(c) = c^n (n = |K : \mathbb{Q}|)$.

Beweis. 1. Für einen $\mathbb{Q}$-Automorphismus σ von K gilt: $\sigma(\mathfrak{S}(\alpha)) = \sigma(\alpha_1) + \ldots + \sigma(\alpha_n) = \alpha_1 + \ldots + \alpha_n = \mathfrak{S}(\alpha)$, da die $\sigma(\alpha_1), \ldots, \sigma(\alpha_n)$ nur eine Permutation der $\alpha_1, \ldots, \alpha_n$ darstellen. Nach Satz 3 folgt daher $\mathfrak{S}(\alpha) \in \mathbb{Q}$. Die entsprechende Überlegung ($\cdot$ statt +) ergibt $\mathfrak{N}(\alpha) \in \mathbb{Q}$.
2. $\mathfrak{S}(\alpha + \beta) = (\alpha_1 + \beta_1) + \ldots + (\alpha_n + \beta_n) = (\alpha_1 + \ldots + \alpha_n) + (\beta_1 + \ldots + \beta_n) = \mathfrak{S}(\alpha) + \mathfrak{S}(\beta)$. Entsprechend für die Norm.
3. Ergibt sich unmittelbar aus der Definition.

Das Ergebnis des Satzes kann kurz so ausgesprochen werden, daß man durch die Spuren und Normen einen Homomorphismus von der additiven bzw. multiplikativen Gruppe des Zahlkörpers K in die entsprechenden Gruppen von $\mathbb{Q}$ erhält.

[1] Wir bemerken, daß die Sätze 9–11 allgemeiner gefaßt werden können.

Läßt sich für eine algebraische Zahl eine Gleichung mit ganzen Koeffizienten und $a_n = 1$ angeben, so nennen wir sie eine *ganz-algebraische Zahl*.

Definition 5. *Eine komplexe Zahl α heißt eine ganz-algebraische Zahl, wenn sie Nullstelle eines normierten ganzzahligen Polynoms ist:*

$$\alpha^n + a_{n-1}\alpha^{n-1} + \ldots + a_1\alpha + a_0 = 0,$$
$$a_0, a_1, \ldots, a_{n-1} \in \mathbb{Z}.$$

Die erwähnten algebraischen Zahlen $\sqrt{2}$ und $\sqrt[3]{5}$ sind demnach ganz-algebraische Zahlen. Algebraische, aber nicht ganz-algebraische Zahlen sind z. B. $\dfrac{1}{\sqrt{2}}$ und $\sqrt{\dfrac{2}{3}}$.

Mit einer ganz-algebraischen Zahl α sind auch ihre Konjugierten $\alpha_2, \ldots, \alpha_n$ ganz-algebraisch, da sie wie α derselben Gleichung über $\mathbb{Q}$ genügen:

$$\sigma(\alpha)^n + a_{n-1}\sigma(\alpha)^{n-1} + \ldots + a_1\sigma(\alpha) + a_0$$
$$= \sigma(\alpha^n + a_{n-1}\alpha^{n-1} + \ldots + a_1\alpha + a_0) = \sigma(0) = 0$$

(σ $\mathbb{Q}$-Automorphismus von K).

Satz 11. *Die Spur und die Norm einer ganz-algebraischen Zahl α (eines Zahlkörpers K) sind ganze Zahlen.*

Beweis. Wir verwenden ohne Beweis, daß die Summe und das Produkt ganz-algebraischer Zahlen wieder ganz-algebraisch sind (Ringeigenschaft der ganz-algebraischen Zahlen in einem Zahlkörper, siehe unten). Dann sind $\mathfrak{S}(\alpha)$ und $\mathfrak{N}(\alpha)$ rationale Zahlen, die gleichzeitig ganz-algebraische Zahlen sind. Wir zeigen allgemein, daß solche Zahlen ganze Zahlen sind.

Erfüllt nämlich die rationale Zahl $\dfrac{a}{b}$ (a und b werden als teilerfremd angenommen) eine Gleichung

$$\left(\frac{a}{b}\right)^n + a_{n-1}\left(\frac{a}{b}\right)^{n-1} + \ldots + a_1\left(\frac{a}{b}\right) + a_0 = 0,$$

so ergibt sich nach Multiplikation mit b^n:

$$a^n + a_{n-1}\,a^{n-1}\,b + \ldots + a_1\,a\,b^{n-1} + a_0\,b^n = 0.$$

Ist p ein Primteiler von b, so muß p a^n und damit a teilen im Widerspruch zur Teilerfremdheit von a und b. Es gibt also keinen solchen Primteiler p, d. h., $b = \pm 1$, und $\dfrac{a}{b}$ ist eine ganze Zahl.

Die einfachsten Beispiele von Zahlkörpern stellen die quadratischen Zahlkörper, d. h. Erweiterungen K zweiten Grades über $\mathbb{Q}$ dar. Wie sich aus der Auflösungsformel für quadratische Gleichungen ergibt, werden sie durch eine Quadratwurzel erzeugt:

$$K = \mathbb{Q}\left(\sqrt{d}\right),$$

wobei wir d als ganz und quadratfrei annehmen können (vgl. Abschnitt III. 1). Wie wir aus den Betrachtungen im Anschluß an Satz VI.6 wissen, bilden 1 und $\alpha := \sqrt{d}$ eine Basis von K über $\mathbb{Q}$, d. h., jedes Element von K besitzt eine eindeutige Darstellung als $a + b\sqrt{d}$, a, b $\in \mathbb{Q}$. 1 und α sind ganz-algebraische Zahlen, die letztere als Nullstelle von $x^2 - d \in \mathbb{Z}[x]$.

Während allgemein die Spuren und Normen ganz-algebraischer Zahlen ganze Zahlen sind, gilt für ganz-algebraische Zahlen in einem quadratischen Zahlkörper auch das Umgekehrte.

Satz 12. *Eine Zahl α eines quadratischen Zahlkörpers K ist genau dann ganz-algebraisch, wenn ihre Spur $\mathfrak{S}(\alpha)$ und ihre Norm $\mathfrak{N}(\alpha)$ ganze Zahlen sind.*

Beweis. Für $\alpha = a + b\sqrt{d}$ gilt $\mathfrak{S}(\alpha) = 2a$ und $\mathfrak{N}(\alpha) = a^2 - db^2$. α ist Nullstelle des Polynoms

$$x^2 - 2ax + (a^2 - db^2) = x^2 - \mathfrak{S}(\alpha)x + \mathfrak{N}(\alpha)$$

(Vietascher Wurzelsatz). Aus der Ganzzahligkeit von $\mathfrak{S}(\alpha)$ und $\mathfrak{N}(\alpha)$ folgt daher, daß α Nullstelle eines normierten Polynoms über $\mathbb{Z}$, d. h. eine ganz-algebraische Zahl ist. (Ist umgekehrt $\alpha \in K$ eine ganz-algebraische Zahl, so ist ihr Minimalpolynom und damit $\mathfrak{S}(\alpha)$ und $\mathfrak{N}(\alpha)$ ganzzahlig. Wir brauchten in diesem Fall Satz 11 also nicht zu benutzen.)

Mit Hilfe von Satz 12 können wir für den Fall eines quadratischen Zahlkörpers K sämtliche in K enthaltenen ganz-algebraischen Zahlen bestimmen.

Für eine ganz-algebraische Zahl $\alpha = a + b\sqrt{d} \in K$ ist $\mathfrak{S}(\alpha) = 2a \in \mathbb{Z}$ und $\mathfrak{N}(\alpha) = a^2 - db^2 \in \mathbb{Z}$. Es folgt $(2a)^2 - d(2b)^2 \in \mathbb{Z}$, $d(2b)^2 \in \mathbb{Z}$ und wegen der Quadratfreiheit von d $2b \in \mathbb{Z}$. Wir setzen: $u := 2a$, $v := 2b$. Wegen $a^2 - db^2 \in \mathbb{Z}$ ist 4 ein Teiler von $u^2 - dv^2$ oder

$$u^2 - dv^2 \equiv 0 \ (4)$$

(zur Schreibweise vgl. S. 20). Hieraus ergibt sich:
Ist v gerade, so auch u gerade und a, b ganz. Für ungerades folgt u ungerade (sonst $v^2 \equiv 1$ (4), $u^2 \equiv 0$ (4) und $d \equiv 0$ (4), d. h., 4 wäre ein Teiler von d im Widerspruch zur Quadratfreiheit von d) und $d \equiv 1$ (4). Umgekehrt überzeugt man sich (durch Berechnung der Spur und der Norm), daß sich in den verbleibenden Fällen tatsächlich ganz-algebraische Zahlen ergeben.
Wir formulieren das Ergebnis (im Falle $d \equiv 1$ (4) schreiben wir a, b anstatt u, v):

Satz 13. *Die ganz-algebraischen Zahlen in einem quadratischen Zahlkörper K werden gegeben durch: $a + b\sqrt{d}$ mit a, b $\in$ $\mathbb{Z}$, falls d $\equiv$ 2 oder 3 (4); $\frac{1}{2}(a + b\sqrt{d})$ mit a, b $\in$ $\mathbb{Z}$ und a, b entweder beide gerade oder beide ungerade, falls d $\equiv$ 1 (4).*

Aus Satz 13 ergibt sich speziell, daß die ganz-algebraischen Zahlen in allen Fällen einen Unterring R von K bilden. Fassen wir R insbesondere als Modul über $\mathbb{Z}$ auf, so bilden die ganz-algebraischen Zahlen 1 und $\omega := \sqrt{d}$ bzw. $\omega := \frac{1}{2}(1 + \sqrt{d})$ eine Basis von R über $\mathbb{Z}$ (vgl. Aufgabe 15).

Im Falle d $<$ 0 (man spricht von *imaginären* quadratischen Zahlkörpern) lassen sich die Verhältnisse ähnlich wie bei den ganzen Gaußschen Zahlen (d $=$ $-$1, vgl. Fig. 29) in einem zweidimensionalen Punktgitter veranschaulichen (Fig. 43 und 44).

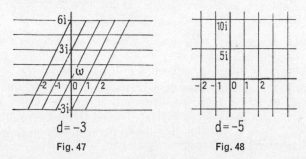

Fig. 47   Fig. 48

Die Punkte der Form $a + b\sqrt{-5}$, a, b ganz, bilden ein Teilgitter (Unterring) in Fig. 48.

Wie wir ohne Beweis angeben wollen, bilden die ganz-algebraischen Zahlen auch in einem beliebigen Zahlkörper K einen Unterring R von K, der als $\mathbb{Z}$-Modul eine Basis aus n Elementen besitzt (falls n $=$ $|K:\mathbb{Q}|$).[1] Es handelt sich bei R also um einen freien $\mathbb{Z}$-Modul im Sinne von Aufgabe V. 6. Jedes Ideal in R stellt einen $\mathbb{Z}$-Untermodul von R dar und ist daher ebenfalls frei und wird von endlich vielen Elementen erzeugt. (Stellt man sich R als n-dimensionales Punktgitter vor, so werden die Ideale zu h-dimensionalen Teilgittern, 0 $\leq$ h $\leq$ n). Unter Verwendung von Aufgabe IV. 34. f folgt daraus, daß R ein noetherscher Ring ist, d. h., jede aufsteigende Kette von Idealen nach endlich vielen Schritten abbricht.

Die letzte Tatsache ist für die Teilbarkeitstheorie der Ringe der ganz-algebraischen Zahlen in Zahlkörpern von Bedeutung, die, wie erwähnt, Anlaß zur Entwicklung des Idealbegriffes gegeben hat und auf die wir

[1] Der Beweis wird mit Mitteln der linearen Algebra ($\mathbb{Z}$-Moduln) geführt.

zum Abschluß kurz eingehen. In Aufgabe IV. 31 haben wir bereits ein Beispiel vorgestellt, in dem die eindeutige Zerlegbarkeit in Produkte von Primelementen nicht gegeben ist. Anstelle der Zerlegung in Primelemente tritt bei den von uns betrachteten Ringen die allgemein geltende eindeutige Zerlegbarkeit in Produkte von Primidealen (*ZPI*-Ringe oder nach ihrem Entdecker *Dedekindsche* Ringe genannt), d. h., jedes Ideal $\mathfrak{a}$ in R ist eindeutig als ein Produkt von Primidealen $\mathfrak{p}_1, \ldots, \mathfrak{p}_n$ darstellbar (Produktbildung wie in Aufgabe IV. 34. g):

$$\mathfrak{a} = \mathfrak{p}_1 \cdot \ldots \cdot \mathfrak{p}_n.$$

Außerdem gilt (und wird mit in die Definition des ZPI-Ringes gefaßt), daß aus dem Enthaltensein zweier Ideale $\mathfrak{a} \subseteq \mathfrak{b}$ die (Ideal-)Teilbarkeit folgt, d. h., es ein Ideal $\mathfrak{c}$ mit $\mathfrak{a} = \mathfrak{b} \cdot \mathfrak{c}$ gibt.

Beide Bedingungen sind neben den Ringen der ganz-algebraischen Zahlen in Zahlkörpern von beliebigen Hauptidealringen erfüllt (bei denen es sich übrigens um die einzigen Ringe handelt, die sowohl ZPE- als auch ZPI-Ringe sind), wie man unmittelbar erkennt.

Für Beispiele von Idealzerlegungen verweisen wir auf Aufgabe 18.

Fassen wir die in einer Zerlegung mehrfach vorkommenden Primideale zu Potenzen zusammen, so erhalten wir einen Ausdruck:

$$\mathfrak{a} = \mathfrak{p}_1{}^{r_1} \cdot \ldots \cdot \mathfrak{p}_s{}^{r_s}$$

mit natürlichen Zahlen $r_1, \ldots, r_s$.

Diese Zerlegung läßt sich auf den ganzen Zahlkörper K (der Körper der Brüche von R ist, vgl. Aufgabe 12) ausdehnen, wenn man gewisse „gebrochene" Ideale einführt und als r_i beliebige ganze Zahlen zuläßt. Die vom Nullideal verschiedenen Ideale (in dem erweiterten Sinne) bilden dann eine multiplikative Gruppe.

Aufgaben

1. Zeige, daß folgende Zahlen algebraische Zahlen sind. Welche dieser Zahlen sind ganz-algebraische Zahlen?

   a) $\sqrt{2} + \sqrt{3}$ b) $2 - \sqrt[3]{5}$ c) $1 + \dfrac{1}{\sqrt{2}}$

   d) $\frac{1}{2}\left(1 + \sqrt{5}\right)$ e) eine beliebige n-te Einheitswurzel

   f) $\sqrt{-1} + \sqrt{2} - \sqrt{3}$ g) $\dfrac{1 - \sqrt{2}}{\sqrt[4]{3}}$

2. Zeige, daß jede algebraische Zahl α in der Form $\alpha = \dfrac{\alpha'}{c}$ geschrieben werden kann, wobei α' eine ganz-algebraische und c eine ganze Zahl (verschieden von Null) ist.

13. Zeige, daß die Menge aller algebraischen Zahlen
    a) einen Körper bildet,
    b) abzählbar ist.

14. Durch welche Quadratwurzel wird der Körper K_3 der dritten Einheitswurzeln über $\mathbb{Q}$ erzeugt?

15.* Zeige, daß in dem Ring R der ganz-algebraischen Zahlen in einem quadratischen Zahlkörper $K = \mathbb{Q}\left(\sqrt{d}\right)$ mit $d \equiv 1 \ (4)$ (d ganz und quadratfrei) 1 und $\omega := \frac{1}{2}\left(1 + \sqrt{d}\right)$ eine Basis von R (als $\mathbb{Z}$-Modul) bilden.

16. Der Zahlkörper K werde durch die Nullstelle α des irreduziblen Polynoms
$$f = x^n + a_{n-1} x^{n-1} + \ldots + a_1 x + a_0$$
über $\mathbb{Q}$ erzeugt: $K = \mathbb{Q}(\alpha)$.
Zeige: $\mathfrak{S}(\alpha) = -a_{n-1}, \quad \mathfrak{N}(\alpha) = (-1)^n a_0$.

17.** (Bestimmung der ganz-algebraischen Zahlen im Körper K_p der p-ten Einheitswurzeln über $\mathbb{Q}$, p Primzahl) ζ sei eine primitive p-te Einheitswurzel. $1, \zeta, \ldots, \zeta^{p-2}$ bilden dann eine Basis von K_p über $\mathbb{Q}$.

a) Berechne unter Zuhilfenahme von Aufgabe IV. 28. e) die Spur und die Norm von $1 - \zeta$.

b) R bezeichne den Unterring der ganz-algebraischen Zahlen in K_p.
Zeige: $(1 - \zeta) R \cap \mathbb{Z} = p \mathbb{Z}$.
Hinweis (nach [25]). Aus a) folgt $p \in (1 - \zeta) R \cap \mathbb{Z}$. Wäre $p \mathbb{Z} \subset (1 - \zeta) R \cap \mathbb{Z}$, dann müßte $1 - \zeta$ und damit p eine Einheit in R sein, Widerspruch.

c) Zeige: $a_0 + a_1 \zeta + \ldots + a_{p-2} \zeta^{p-2} \in K_p$ ist genau dann eine ganz-algebraische Zahl, wenn $a_0, a_1, \ldots, a_{p-2}$ ganze Zahlen sind.
Hinweis. Verwende die sich aus b) ergebende Tatsache, daß die Spur von $\alpha \cdot (1 - \zeta)$ ($\alpha \in R$ beliebig) ein Vielfaches von p ist.

18.* Zerlege das Ideal 6 R im Ring $R = \mathbb{Z}\left[\sqrt{-5}\right]$ in ein Produkt von Primidealen.

VIII. GEORDNETE
ALGEBRAISCHE STRUKTUREN

Bei den Zahlbereichen liegt neben der algebraischen Struktur eine Ordnung vor, auf die wir bisher nicht in systematischer Form eingegangen sind. Als wichtiges Beispiel einer (Vor-)Ordnung hatten wir weiterhin im ersten Kapitel die Teilbarkeitsrelation in der Menge der ganzen Zahlen erkannt. Wir beschäftigen uns in diesem abschließenden kurzen Kapitel mit geordneten algebraischen Strukturen, und zwar in der Allgemeinheit, wie sie für die von uns angestrebten Fälle angebracht ist.

Zunächst wiederholen wir einige grundlegende ordnungstheoretische Begriffe (vgl. Kapitel I). Unter einer *Vorordnung* $\leqslant$ (das Zeichen soll an das gewöhnliche Kleiner-Gleich-Zeichen erinnern, aber wegen seines allgemeineren Charakters davon unterschieden werden) in einer Menge M verstehen wir eine Relation in M mit den beiden Eigenschaften:

1. $a \leqslant a$ für beliebige $a \in M$ *(Reflexivität)*,

2. aus $a \leqslant b$ und $b \leqslant c$ (a, b, c $\in$ M) folgt $a \leqslant c$ *(Transitivität)*.

Wir formulieren weiter die Gesetze:

3. aus $a \leqslant b$ und $b \leqslant a$ (a, b $\in$ M) folgt $a = b$ *(Antisymmetrie)*,

4. für beliebige a, b $\in$ M gilt $a \leqslant b$ oder $b \leqslant a$ *(Totalität)*.

Sind 1. bis 3. erfüllt, spricht man von einer *Ordnung,* bei 1. bis 4. von einer *Totalordnung.* Die Menge M heißt entsprechend *vorgeordnet, geordnet* oder *totalgeordnet.*

Wir führen außerdem das Zeichen < ein: $a < b$ steht für: $a \leqslant b$ und $a \neq b$ (a, b $\in$ M). Bei einer Totalordnung gilt dann für beliebige a, b $\in$ M genau eine der Relationen:

$$a < b, \quad a = b, \quad b < a \quad \text{(vgl. Aufgabe 1)}.$$

Wir behandeln zuerst vorgeordnete Mengen mit einer algebraischen Struktur, in der nur eine Verknüpfung gegeben ist. Da in unseren Beispielen das assoziative und das kommutative Gesetz immer erfüllt ist (kommutative Halbgruppe), setzen wir dies im folgenden voraus (wir schließen in diesem Kapitel die Kommutativität in den Begriff der Halbgruppe mit ein).

Betrachten wir bei den natürlichen Zahlen nur die Addition, so gilt bekanntlich:

$$\text{aus } a \leq b \ (a, b \in \mathbb{N}) \text{ folgt } a + c \leq b + c$$

für beliebiges $c \in \mathbb{N}$, eine Aussage, die einen Zusammenhang der $\leq$-Relation mit der algebraischen Struktur von $\mathbb{N}$ als additive Halbgruppe herstellt. Entsprechend erklären wir allgemein:

Definition 1. *Gegeben sei eine Vorordnung $\leqslant$ in einer Halbgruppe H (Verknüpfung o). Die Vorordnung $\leqslant$ heißt verträglich mit der Verknüpfung $\bigcirc$ bzw. der Halbgruppenstruktur von H, wenn gilt:*
aus $a \leqslant b$ (a, b ∈ H) folgt $a \bigcirc c \leqslant b \bigcirc c$
für beliebiges c ∈ H.
H heißt dann eine vorgeordnete Halbgruppe.

Über Definition 1 hinaus spricht man von einer *geordneten (totalgeordneten) Halbgruppe* bzw. einer *vorgeordneten (geordneten, totalgeordneten) Gruppe,* wenn die entsprechenden Eigenschaften für H und die Relation $\leqslant$ gelten.

Für die Addition als Verknüpfung ist die in der Definition geforderte Bedingung bei allen Zahlbereichen (außer $\mathbb{C}$, vgl. Aufgabe 10) erfüllt. Wir erhalten damit die totalgeordnete Halbgruppe $\mathbb{N}$, die totalgeordneten Gruppen $\mathbb{Z}$, $\mathbb{Q}$ und $\mathbb{R}$.

Auch die anfangs erwähnte Teilbarkeitsrelation $a \mid b$ (a *teilt* b) im Bereich der ganzen Zahlen paßt sich ein, wenn wir jetzt die Multiplikation in $\mathbb{Z}$ zugrunde legen. Für ganze Zahlen a, b, c gilt mit $a \mid b$ auch $a \cdot c \mid b \cdot c$, d. h., die Teilbarkeitsrelation ist mit der (multiplikativen) Halbgruppenstruktur von $\mathbb{Z}$ verträglich. $\mathbb{Z}$ wird auf diese Weise zu einer vorgeordneten Halbgruppe, eine Feststellung, die sich für einen beliebigen Integritätsbereich (sogar einen beliebigen kommutativen Ring) machen läßt.

Im folgenden erläutern wir mit Hilfe ordnungstheoretischer Begriffe die Teilbarkeitstheorie eines beliebigen Integritätsbereiches R, der als vorgeordnete Halbgruppe aufgefaßt wird. Da die Aussagen der Teilbarkeitstheorie bis auf Einheiten gelten, führen wir in R die Äquivalenzrelation $\sim$ ein, indem wir (wie im Abschnitt IV. 3) setzen, $a \sim b$ (a assoziiert zu b, a, b ∈ R), wenn a und b sich um eine Einheit unterscheiden, d. h. $a = b \cdot c$ mit einer Einheit c ∈ R ist. Dabei gilt: Ist a ein Teiler von b: $a \mid b$ (a, b ∈ R) und $a \sim a'$, $b \sim b'$ (a′, b′ ∈ R), dann ist auch a′ ein Teiler von b′: $a' \mid b'$.

Definition 2. *Eine Äquivalenzrelation $\sim$ in einer Menge M heißt verträglich mit einer in M gegebenen Vorordnung $\leqslant$ wenn gilt:*
aus $a \leqslant b$ und $a \sim a'$, $b \sim b'$ (a, a′, b, b′ ∈ M) folgt $a' \leqslant b'$.

Die durch die Assoziierung von Elementen bestimmte Äquivalenzrelation in $R^* := R - \{0\}$ (wir schließen von jetzt ab in unserer Betrachtung das Nullelement des Ringes R aus) ist demnach mit der Teilbarkeitsrelation in R* verträglich. Außerdem ist sie nach unseren früheren Erkenntnissen eine Kongruenzrelation bezüglich der Multiplikation in R*.

Wir gehen daher zu Äquivalenzklassen über, deren Gesamtheit wir mit $\overline{R^*}$ bezeichnen. In $\overline{R^*}$ läßt sich eine Vorordnung (gleiches Zeichen $\leqslant$) einführen durch: $\overline{a} \leqslant \overline{b}$ (a, b $\in$ R*) genau dann, wenn a $\leqslant$ b (die Unabhängigkeit von der Wahl der Repräsentanten ergibt sich aufgrund der Verträglichkeit von $\sim$ mit der Halbgruppenstruktur von R*). In $\overline{R^*}$ liegt jetzt sogar eine Ordnung vor, denn aus $\overline{a} \leqslant \overline{b}$ und $\overline{b} \leqslant \overline{a}$ (a, b $\in$ R*) folgt a $\leqslant$ b und b $\leqslant$ a, d. h. a | b und b | a, also a $\sim$ b (Satz IV. 9) und $\overline{a} = \overline{b}$. Durch die Klassenbildung erhalten wir damit eine *geordnete* Halbgruppe H = $\overline{R^*}$. (Wir bemerken, daß sich die Betrachtung für eine beliebige vorgeordnete Halbgruppe hätte durchführen lassen.)

Zur Übertragung der Begriffe Primelement, größter gemeinschaftlicher Teiler (g. g. T.) und kleinstes gemeinschaftliches Vielfache (k. g. V.) sind einige Definitionen erforderlich.

Definition 3. *Ein Element a in einer geordneten Menge M (Ordnungsrelation $\leqslant$) heißt minimal, wenn es kein b $\in$ M gibt, so daß b < a ist.*

Die zu Primelementen gehörenden Klassen in $\overline{R^*}$ lassen sich damit als minimale Elemente der geordneten Menge $\overline{R^*} - \{\overline{1}\}$ derjenigen Klassen kennzeichnen, die von der das Einselement 1 enthaltenden Klasse verschieden sind.

Definition 4. *Gegeben sei eine geordnete Halbgruppe H (Verknüpfung $\bigcirc$, Ordnungsrelation $\leqslant$).*

a) *Ein Element c $\in$ H heißt kleinste obere Schranke (Supremum) der Elemente a, b $\in$ H, Bezeichnung: c : = sup (a, b), wenn gilt:*
   1. a $\leqslant$ c und b $\leqslant$ c (c obere Schranke),
   2. ist c' ein weiteres Element aus H mit a $\leqslant$ c' und b $\leqslant$ c', dann ist c $\leqslant$ c' (c kleinste obere Schranke).

b) *Ein Element d $\in$ H heißt größte untere Schranke (Infimum) der Elemente a, b $\in$ H, Bezeichnung: d : = inf (a, b), wenn gilt:*
   1. d $\leqslant$ a und d $\leqslant$ b (d untere Schranke),
   2. ist d' ein weiteres Element aus H mit d' $\leqslant$ a und d' $\leqslant$ b, dann ist d' $\leqslant$ (d größte untere Schranke).

In einer geordneten Halbgruppe H sind die kleinste obere Schranke und die größte untere Schranke (falls vorhanden) eindeutig bestimmt. Denn sind c und c' kleinste obere Schranken von a, b $\in$ H, so gilt c $\leqslant$ c' und c' $\leqslant$ c und damit c = c' (entsprechend für größte untere Schranken von a, b). Dieser Tatsache entspricht in der Teilbarkeits-

theorie die eindeutige Bestimmtheit des g. g. T. c und des k. g. V. d
zweier Elemente a, b $\in$ R* bis auf Einheiten, deren Klassen $\bar{c}$ und $\bar{d}$
die kleinste obere Schranke bzw. größte untere Schranke von $\bar{a}$, $\bar{b}$ $\in$ $\bar{R}$*
sind:

$$\bar{c} = \sup(\bar{a}, \bar{b}), \quad \bar{d} = \inf(\bar{a}, \bar{b}).$$

Eine geordnete Menge H, in der die kleinste obere Schranke und die
größte untere Schranke zweier (und damit endlich vieler) Elemente
stets existieren, nennt man einen *Verband,* im Falle einer geordneten
Halbgruppe H eine *Verbandshalbgruppe.* Haben wir speziell einen
Hauptidealring und damit einen ZPE-Ring R vorliegen, in dem also
der größte gemeinschaftliche Teiler und das kleinste gemeinschaftliche Vielfache zweier Elemente von R stets existieren, so haben wir
demnach in H = $\bar{R}$* eine Verbandshalbgruppe gewonnen.
Durch Erweiterung der Teilbarkeitsrelation auf den Körper K der
Brüche eines Integritätsbereiches R (Aufgabe 4) erhält man in der-
selben Weise (nach Klassenbildung) eine geordnete *Gruppe* bzw. im
Falle eines Hauptidealringes R eine Verbands*gruppe.*

Geht man anstatt von einem Hauptidealring R allgemeiner von einem ZPI-Ring
(Dedekindschen Ring) R aus, so betrachtet man die Halbgruppe $\mathfrak{H}$ der Ideale
in R (vgl. Aufgabe IV. 34), die geordnet wird durch:

$$\mathfrak{a} \leqslant \mathfrak{b} \ (\mathfrak{a}, \mathfrak{b} \in \mathfrak{H}) \text{ genau dann, wenn } \mathfrak{b} \subseteq \mathfrak{a}$$

(im Falle eines Hauptidealringes R stimmt diese Festlegung mit der früheren
überein, da das Hauptideal a R, a $\in$ R, durch die Klasse $\bar{a}$ als Gesamtheit der
erzeugenden Elemente von a R charakterisiert wird).
$\mathfrak{H}$ ist damit als geordnete Halbgruppe beschrieben (denn aus $\mathfrak{a} \subseteq \mathfrak{b}$ ergibt sich
$\mathfrak{a} \cdot \mathfrak{c} \subseteq \mathfrak{b} \cdot \mathfrak{c}$, $\mathfrak{a}, \mathfrak{b}, \mathfrak{c} \in \mathfrak{H}$). Primideale (die wie bei Hauptidealringen stets auch
maximale Ideale sind, wie wir ohne Beweis angeben) sind minimale Elemente
in der geordneten Menge $\mathfrak{H} - \{R\}$ der vom Einheitsideal R verschiedenen
Ideale. Als kleinste obere Schranke bzw. größte untere Schranke der Ideale $\mathfrak{a}$
und $\mathfrak{b}$ fungieren die Ideale $\mathfrak{a} + \mathfrak{b}$ bzw. $\mathfrak{a} \cap \mathfrak{b}$ (Analogie zum Satz IV. 14), womit
sich $\mathfrak{H}$ als Verbandshalbgruppe erweist.
Durch Erweiterung der (Ideal-)Teilbarkeitstheorie auf den Körper K der Brüche
von R gelangt man schließlich zu der Verbandsgruppe $\mathfrak{G}$ der (am Schluß von
Abschnitt VII. 4 erwähnten) gebrochenen Ideale von R.

Bei den algebraischen Strukturen mit zwei Verknüpfungen gehen wir
sofort zu Ringen über, da wir hauptsächlich die Zahlbereiche als
Beispiele betrachten wollen. Außerdem legen wir von vornherein eine
Ordnung zugrunde.

Definition 5. *Gegeben sei eine Ordnung $\leqslant$ in einem kommutativen
Ring R. Die Ordnung $\leqslant$ heißt verträglich mit der Ringstruktur von R,
wenn gilt:
aus $a \leqslant b$ $(a, b \in R)$ folgt
1. $a + c \leqslant b + c$ für beliebiges $c \in R$,
2. $a \cdot c \leqslant b \cdot c$ für beliebiges $c \in R$ mit $0 \leqslant c$.
R heißt dann ein geordneter Ring.*

Die Zahlbereiche $\mathbb{Z}$, $\mathbb{Q}$ und $\mathbb{R}$ sind demnach (total-)geordnete Ringe bzw. Körper. Für Beispiele von mit der Ringstruktur verträglichen Ordnungen von $\mathbb{Z}$, die keine Totalordnungen darstellen, verweisen wir auf Aufgabe 5.

Man kann sich fragen, ob es nicht möglich gewesen wäre, die Verträglichkeit im Sinne von Definition 1 von $\leqslant$ mit der Struktur der multiplikativen Halbgruppe voll zu fordern, d. h. die Einschränkung $0 \leqslant c$ fallenzulassen. Unter dieser Annahme folgt (im Falle eines Ringes mit Einselement) aus $a \leqslant b$ ($a, b \in R$) $-a = a \cdot (-1) \leqslant b \cdot (-1) = -b$, also $-a \leqslant -b$, woraus sich nach der Addition von $a + b$ $b \leqslant a$ und $a = b$ ergibt. Es liegt damit ein uninteressanter Fall einer Ordnung vor.

Nicht jeder Ring kann totalgeordnet werden (so daß die Verträglichkeitsbedingungen erfüllt sind), denn es gilt:

Satz 1. *Ein totalgeordneter Integritätsbereich hat die Charakteristik[1]) Null.*

Beweis. Es genügt $0 < 1$ zu zeigen, da sich hieraus durch vollständige Induktion $0 < n \cdot 1$, speziell $0 \neq n \cdot 1$ ergibt.

Aus $0 \leqslant 1$ würde nach Addition von -1 folgen: $-1 \leqslant 0$. Damit erhielte man $-1 = 1 \cdot (-1) \leqslant 0 \cdot (-1) = 0$, also $-1 \leqslant 0$ und damit $0 = 1$, einen Widerspruch.

Aus dem Beweis ergibt sich insbesondere, daß der Ring $\mathbb{Z}$ der ganzen Zahlen auf genau eine Weise zu einem totalgeordneten Ring gemacht werden kann (dessen Ordnung dann mit der üblichen Ordnung auf $\mathbb{Z}$ übereinstimmt). Für eine beliebige natürliche Zahl muß nämlich gelten: $0 < n \cdot 1 = n$ und wegen der Totalordnung dann $-n < 0$. Für beliebige ganze Zahlen m_1 und m_2 ist daher $m_1 \leqslant m_2$ genau dann, wenn $0 \leqslant m_2 - m_1$, d. h. wenn $m_2 - m_1 \in \mathbb{N} \cup \{0\}$ (vgl. Aufgabe 2).

Auf $\mathbb{Q}$ als Körper der Brüche von $\mathbb{Z}$ läßt sich ebenfalls genau eine mit der Körperstruktur verträgliche Totalordnung einführen, die auf $\mathbb{Z}$ mit der üblichen übereinstimmt, eine Bemerkung, die allgemeiner für beliebige Integritätsbereiche und deren Körper der Brüche gemacht werden kann. Wir erklären nämlich für zwei Brüche $\frac{a}{b}$ und $\frac{c}{d}$, deren Nenner wir o. B. d. A. als positiv annehmen:

$$\frac{a}{b} \leqslant \frac{c}{d} \text{ genau dann, wenn } a\,d \leqslant b\,c,$$

eine Festsetzung, die notwendig in $\mathbb{Q}$ getroffen werden muß. Wir übergehen den Nachweis der Einzelheiten (Aufgabe 8).

Als Ergebnis der letzten Betrachtungen stellen wir fest, daß $\mathbb{Z}$ bzw. $\mathbb{Q}$ als der kleinste totalgeordnete Ring bzw. Körper gekennzeichnet werden kann.

---

[1]) Wir erklären als Charakteristik eines Integritätsbereiches die eines Körpers der Brüche. Die Charakteristik von Integritätsbereichen spielt sonst in unserer Darstellung keine Rolle.

Aufgaben

1. Zeige, daß für zwei Elemente a und b einer totalgeordneten Menge M genau eine der Relationen $a < b$, $a = b$, $b < a$ gilt.

2. Die Elemente a einer geordneten Gruppe G mit $e \leqslant a$ (e neutrales Element von G) werden *positiv* genannt (der Name wird bei einer als Addition gedeuteten Verknüpfung von G mit 0 als neutralem Element erklärlich).
   Zeige: a) Die Menge P der positiven Elemente einer geordneten abelschen Gruppe G bildet eine geordnete (Unter-)Halbgruppe.
   b) Ist umgekehrt in einer Gruppe G eine geordnete (Unter-)Halbgruppe P gegeben, so läßt sich G auf genau eine Weise zu einer geordneten Gruppe machen, in der P die Menge der positiven Elemente darstellt.

3. In der Menge $\mathbb{Z} \times \mathbb{Z}$ der Paare ganzer Zahlen führen wir folgende Ordnungen ein ($\leq$ bezeichnet die übliche Ordnung von $\mathbb{Z}$):
   $(a_1, a_2) \leqslant (b_1, b_2)$ $(a_1, a_2, b_1, b_2 \in \mathbb{Z})$ genau dann, wenn:
   a) $a_1 \leq b_1$ und $a_2 \leq b_2$ *(Produktordnung)*
   b) $a_1 < b_1$ oder $(a_1 = b_1$ und $a_2 \leq b_2)$ *(lexikographische Ordnung, d. h. wie im Lexikon)*
   Zeige, daß Ordnungen vorliegen, die mit der Gruppenstruktur von $\mathbb{Z} \times \mathbb{Z}$ (direktes Produkt der additiven Gruppen $\mathbb{Z}$, vgl. S. 40) verträglich sind. Welche der Ordnungen ist total?

4. R sei ein Integritätsbereich und K der Körper der Brüche von R. Sind a und b zwei von Null verschiedene Elemente aus K, so heißt b ein *Teiler* von a: $b \mid a$ (b *teilt* a), wenn es ein $c \in R$ gibt, so daß $a = b \cdot c$. Ist c dabei eine Einheit in R, so nennt man a und b *assoziiert*: $a \sim b$.
   Zeige: a) Durch die Teilbarkeit erhält man eine Vorordnung in der multiplikativen Gruppe $K^{\cdot}$ von K, die mit der Gruppenstruktur verträglich ist.
   b) Die Relation $\sim$ ist mit dieser Vorordnung verträglich und ist eine Kongruenzrelation in K.
   c) Die Gesamtheit K der Klassen nach $\sim$ kann nach b) als geordnete Gruppe angesehen werden. Zeige, daß im Falle eines Hauptidealringes R eine Verbandsgruppe vorliegt.

5. Wir führen auf $\mathbb{Z}$ die folgenden Ordnungen ein: $a \leqslant b$ $(a, b \in \mathbb{Z})$ genau dann, wenn:
   a) $a = b$, b) $b - a = 2 \cdot h$, $h \in \mathbb{N} \cup \{0\}$
   Zeige, daß mit der Ringstruktur von $\mathbb{Z}$ verträgliche Ordnungen vorliegen, die keine Totalordnungen sind.

6.* Die Elemente 1 und $\sqrt{2}$ bilden eine Basis des Zahlkörpers $K = \mathbb{Q}\left(\sqrt{2}\right)$ über $\mathbb{Q}$. Durch die Zuordnung $(a, b) \rightarrow a + b\sqrt{2}$ $(a, b \in \mathbb{Q})$ erhalten wir daher eine eineindeutige Abbildung von $\mathbb{Q} \times \mathbb{Q}$ auf K.

Übertrage mit Hilfe dieser Abbildung die Produktordnung von $\mathbb{Q} \times \mathbb{Q}$ (Definition wie in Aufgabe 3. a) auf K und zeige, daß sie mit der Körperstruktur von K verträglich ist.

Man erhält ein Beispiel eines geordneten Körpers, dessen Ordnung nicht total ist.

7. Für die Elemente eines totalgeordneten (kommutativen) Ringes R definiert man als *(Absolut-)Betrag* $|a|$ eines Elementes $a \in R$:

$$|a| := \begin{cases} a, \text{ falls } 0 \leqslant a \\ -a, \text{ falls } a \leqslant 0 \end{cases}$$

Beweise die Regeln:

$$|a + b| \leqslant |a| + |b|, \quad |a \cdot b| = |a| \cdot |b|$$

8.* R sei ein totalgeordneter Integritätsbereich. Zeige, daß der Körper K der Brüche von R auf genau eine Weise zu einem totalgeordneten Körper gemacht werden kann, dessen Ordnung auf R mit der gegebenen Ordnung übereinstimmt.

9.** Der totalgeordnete Körper $\mathbb{R}$ der reellen Zahlen kann durch folgende Eigenschaft charakterisiert werden *(Vollständigkeit):* Jede nicht-leere Teilmenge M von $\mathbb{R}$ mit einer *oberen Schranke* (d. h. einem $b \in \mathbb{R}$, so daß $a \leq b$ für alle $a \in M$) besitzt eine *kleinste obere Schranke* (d. h. ein $c \in \mathbb{R}$, so daß $b \leq c$ für alle oberen Schranken b von M).

Folgere aus dieser Eigenschaft, daß die Ordnung von $\mathbb{R}$ *archimedisch* ist, d. h., es zu jedem $a \in \mathbb{R}$ eine natürliche Zahl n mit $a \leq n$ gibt.

Hinweis. Wende die Eigenschaft auf die Menge

$$M = \left\{ -\frac{1}{n} \;\middle|\; n \in \mathbb{N} \right\} \text{ an.}$$

10. In der Menge $\mathbb{C}$ der komplexen Zahlen existiert keine mit der Körperstruktur von $\mathbb{C}$ verträgliche Totalordnung.

LÖSUNGEN DER AUFGABEN

I. Mengenlehre

1. a) $\{2\}$ b) $\{1, 2, 3, 5\}$ c) $\{2, 3\}$
   d) $\{2, 3, 7\}$ e) $\{1, 2\}$ f) $\{-1, -6\}$ g) $\{3\}$

2. a) Man überlegt sich die Gleichwertigkeit folgender Aussagen:
   $x \in A - (A - B)$, $x \in A$ und $x \notin (A - B)$, $x \in A$ und
   $(x \in A$ oder $x \in B)$, $x \in A$ und $x \in B$, $x \in A \cap B$.

   b) $A \cap B \subseteq A$ gilt immer. $A \subseteq A \cap B$ ist äquivalent mit $A \subseteq B$.

   c) $B \subseteq A \cup B$ gilt immer. $A \cup B \subseteq A$ ist äquivalent mit $B \subseteq A$.

3. Wir geben nur die Beweise an von:
   a) $M_1 \cap (M_2 \cap M_3) = (M_1 \cap M_2) \cap M_3$
   b) $M_1 \cup (M_2 \cap M_3) = (M_1 \cup M_2) \cap (M_1 \cup M_3)$

   a) $x \in M_1 \cap (M_2 \cap M_3)$ ist gleichwertig mit $x \in M_1$ und
   $(x \in M_2$ und $x \in M_3)$, dies mit $(x_1 \in M_1$ und $x \in M_2)$ und
   $x \in M_3$ und mit $x \in (M_1 \cap M_2) \cap M_3$.

   b) Aus $x \in M_1 \cup (M_2 \cap M_3)$ folgt $x \in M_1$ oder $(x \in M_2$ und $x \in M_3)$
   und damit $(x \in M_1$ oder $x \in M_2)$ und $(x \in M_1$ oder $x \in M_3)$,
   d. h. $x \in (M_1 \cup M_2) \cap (M_1 \cup M_3)$. Durch Umkehrung der Schlüsse
   erhält man die Behauptung.

4. a) $\{\emptyset\}$ b) $\big\{\emptyset, \{2\}\big\}$ c) $\big\{\emptyset, \{1\}, \{2\}, \{1, 2\}\big\}$
   d) $\big\{\emptyset, \{2\}, \{3\}, \{4\}, \{2, 3\}, \{2, 4\}, \{3, 4\}, \{2, 3, 4\}\big\}$
   e) $\big\{\emptyset, \{1\}, \{2\}, \{6\}, \{7\}, \{1, 2\}, \{1, 6\}, \{1, 7\}, \{2, 6\}, \{2, 7\}, \{6, 7\}, \{1, 2, 6\},$
   $\{1, 2, 7\}, \{1, 6, 7\}, \{2, 6, 7\}, \{1, 2, 6, 7\}\big\}$

5. Aus 2^n Elementen. Das Ergebnis ist sicher richtig für die leere
   Menge und eine Menge mit nur einem Element. Setzen wir es als
   richtig für Mengen voraus, die aus n Elementen bestehen, und
   zeigen es für eine beliebige Menge M mit $n + 1$ Elementen, etwa
   mit den Elementen $0, 1, \ldots, n + 1$.
   Nehmen wir aus M eine Zahl, etwa 1, weg, so können von dem
   Rest $\{2, \ldots, n + 1\}$ nach Induktionsvoraussetzung 2^n Teilmengen
   gebildet werden. Weitere 2^n Teilmengen von M erhält man, indem

man zu den 2^n Teilmengen ohne die 1 diese hinzufügt, insgesamt also $2^n + 2^n = 2^{n+1}$ Teilmengen von M, w. z. b. w.

6. a) $x \in M \cap \left(\bigcup_{i \in I} M_i \right)$ ist gleichwertig mit $x \in M$ und $x \in \left(\bigcup_{i \in I} M_i \right)$, d. h., $x \in M$ und x Element eines der M_i, also $x \in \bigcup_{i \in I} (M \cap M_i)$.

 b) Der Beweis von b) verläuft entsprechend.

7. a)–c) bijektiv

 d) surjektiv, nicht injektiv: 1 und −1 haben das gleiche Bild 0 unter f.

 e) nicht injektiv: $(-1)^4 = 1^4 = 1$, nicht surjektiv: die negativen reellen Zahlen treten nicht als Bild auf.

 f) nicht injektiv: $\sin \frac{\pi}{2} = \sin \frac{5\pi}{2} = 1$, nicht surjektiv: die reellen Zahlen größer als 1 treten nicht als Bild auf.

8. Wir bezeichnen die Funktionen durch ihre Rechenvorschriften:

 a) $x - 1$, $\frac{1}{2} x$, $\sqrt[3]{x}$

 b) $(x + 1) \bigcirc (2x) = 2x + 1$, $(2x) \bigcirc (x + 1) = 2x + 2$, $(x + 1) \bigcirc x^3 = x^3 + 1$, $x^3 \bigcirc (x + 1) = (x + 1)^3$, $(2x) \bigcirc x^3 = 2x^3$, $x^3 \bigcirc (2x) = 8x^3$

 Man erkennt die entscheidende Bedeutung der Reihenfolge bei der Hintereinanderschaltung von Abbildungen.

9. a) Die Abbildungen $f: M_1 \to M_2$ und $g: M_2 \to M_3$ seien injektiv. Aus $x \neq y$ $(x, y \in M_1)$ folgt dann $f(x) \neq f(y)$ und damit $(g \bigcirc f)(x) = g(f(x)) \neq g(f(y)) = (g \bigcirc f)(y)$.

 b) Sind f und g surjektiv, so tritt ein beliebiges $y \in M_3$ als Bild eines $x' \in M_2$ unter g auf: $y = f(x')$. x' ist wiederum Bild eines Elementes $x \in M_2$ unter f: $x' = f(x)$. Insgesamt ergibt sich: $y = g(x') = g(f(x)) = (g \bigcirc f)(x)$.

 c) ergibt sich aus der Gleichwertigkeit von $x \neq y$ und $f(x) \neq f(y)$ ($f: M \to N$ bijektive Abbildung, $x, y \in M$).

10. a) Aus der Existenz einer Abbildung g mit $g \bigcirc f = Id_M$ ergibt sich leicht die Injektivität von f. Wäre nämlich $f(x) = f(y)$ für Elemente $x, y \in M$ mit $x \neq y$, dann müßte $x = Id_M(x) = (g \bigcirc f)(x) = g(f(x)) = g(f(y)) = (g \bigcirc f)(y) = y$, also $x = y$ im Widerspruch zur Annahme sein.

 Ordnen wir umgekehrt im Falle der Injektivität von f denjenigen Elementen $y \in N$, die als Bild unter f eines (dann eindeutig bestimmten) Elementes $x \in M$ auftreten: $y = f(x)$, das jeweilige x zu, so erhalten wir eine Abbildung $g: N \to M$ mit der gewünschten Eigenschaft, wenn den verbleibenden Elementen von N willkürlich irgendwelche Elemente von M zugeordnet werden.

b) Aus der Existenz einer Abbildung g mit $f \circ g = Id_N$ folgt die Surjektivität von f. Ein beliebiges $y \in N$ ist Bild unter f von g (y), da $y = Id_N$ (y) = (f $\circ$ g) (y) = f (g (y)).

Ist umgekehrt f surjektiv, so erhalten wir eine Abbildung g : N → M mit der geforderten Eigenschaft, indem wir jedem $y \in M$ eines der Elemente $x \in M$ zuordnen, dessen Bild y unter f ist.

11. a) Für $x \in A$ ist f (x) $\in$ f (A), also $x \in \bar{f}^1$ (f (A)).

b) Sei $x \in f(\bar{f}^1 (B))$, d. h. x = f (y) mit einem $y \in \bar{f}^1$ (B). Dann ist x = f (y) $\in$ B.

c) Für die Funktion f : ℝ → ℝ, x → x², gilt:
$\{1\} \subset \{1, -1\} = \bar{f}^1 (\{1\}) = \bar{f}^1 (f (\{1\}))$ und
$f (\bar{f}^1 (\{1, -1\})) = f (\{1, -1\}) = \{1\} \subset \{1, -1\}$.

Der Beweis von d) ergibt sich unmittelbar aus der Definition der Injektivität bzw. der Surjektivität.

12. a) Es genügt, die Abzählbarkeit der Menge ℕ × ℕ der Paare von natürlichen Zahlen zu beweisen, die wir (nach Cantor) in einem (unendlichen) quadratischen Schema anordnen:

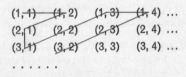

Die Abzählung nimmt man so vor, daß man den im Schema angegebenen Zickzackweg durchläuft.

b) Fassen wir die rationalen Zahlen $\frac{a}{b}$ als Paare (a, b) ganzer Zahlen auf, so erhalten wir eine (unendliche) echte Teilmenge (da die Bruchdarstellung nicht eindeutig ist) von ℤ × ℤ, die nach a) abzählbar ist.

13. Nur das 4. Beispiel erfordert einige Überlegung, die im Haupttext auf S. 20 angegeben ist.

14. a): b)   b): a) — d)   c): a), c)   d): b)
In den Fällen a) und d) könnte man noch d) (Antisymmetrie) angeben, denn die Voraussetzung a < b und b < a für ganze Zahlen a und b tritt niemals ein, und eine Aussage wird in der Mathematik als richtig angesehen, solange sie nicht widerlegt werden kann (entsprechend bei der Relation d).

15. a) Die Eigenschaften einer Äquivalenzrelation ergeben sich aus den Aussagen (a, b, c ∈ M) : f (a) = f (a); mit f (a) = f (b) ist auch f (b) = f (a); aus f (a) = f (b) und f (b) = f (c) folgt f (a) = f (c).

b) Zwei ganze Zahlen stehen in der angegebenen Relation, wenn sie in der gleichen Restklasse nach dem Modul 5 liegen, d. h. wenn a ≡ b (5) ist.

.	.	.	.
.	.	.	.
.	.	.	.
−4	−3	−2	−1
0	1	2	3
4	5	6	7
8	9	10	11
.	.	.	.
.	.	.	.
.	.	.	.
$\Re_0$	$\Re_1$	$\Re_2$	$\Re_3$

16. Modul 2 : $\{2\,k\mid k\in\mathbb{Z}\}, \{2\,k+1\mid k\in\mathbb{Z}\}$
Modul 3 : $\{3\,k\mid k\in\mathbb{Z}\},$
$\qquad\{3\,k+1\mid k\in\mathbb{Z}\},$
$\qquad\{3\,k+2\mid k\in\mathbb{Z}\}$
Modul 4 : $\{4\,k\mid k\in\mathbb{Z}\}, \{4\,k+1\mid k\in\mathbb{Z}\},$
$\qquad\{4\,k+3\mid k\in\mathbb{Z}\},$
$\qquad\{4\,k+3\mid k\in\mathbb{Z}\}$

Zur Übersicht ordnen wir die Restklassen nach dem Modul 4 in einem Schema an.

Nach unten ändern sich die Zahlen um jeweils 4, nach rechts um 1.

17.

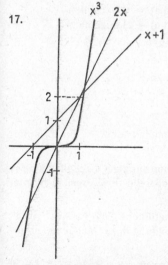

Fig. 49

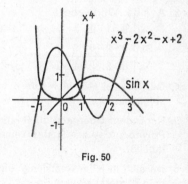

Fig. 50

18. Wir nannten a, b ∈ M äquivalent, wenn a und b in einer Klasse der gegebenen Klasseneinteilung liegen. a liegt in der gleichen Klasse wie a (a ∈ M). Mit a und b liegen auch b und a in der gleichen

Klasse ($a, b \in M$). Liegen a und b in der gleichen Klasse und außerdem b und c in der gleichen Klasse, dann liegen auch a und c in der gleichen Klasse ($a, b, c \in M$). Die Eigenschaften einer Äquivalenzrelation sind damit nachgewiesen.

II. Algebraische Strukturen

1. a) : a), b)   b) : a) — d)   c) : a) — c)
   d) : a), b)   e) : a) — d)   f) : a) — c)
   g) : a) — d)   h) : b), c)   i) : a) — d) (vgl. Aufgabe I. 9)
   j) : a) — c)   k) : a) — c)

2. a) Wir stellen die Ergebnisse in Tafeln dar.

$+$	$\bar 0$	$\bar 1$	$\bar 2$
$\bar 0$	$\bar 0$	$\bar 1$	$\bar 2$
$\bar 1$	$\bar 1$	$\bar 2$	$\bar 0$
$\bar 2$	$\bar 2$	$\bar 0$	$\bar 1$

$\cdot$	$\bar 0$	$\bar 1$	$\bar 2$
$\bar 0$	$\bar 0$	$\bar 0$	$\bar 0$
$\bar 1$	$\bar 0$	$\bar 1$	$\bar 2$
$\bar 2$	$\bar 0$	$\bar 2$	$\bar 1$

$\mathbf{Z}_3$

$+$	$\bar 0$	$\bar 1$	$\bar 2$	$\bar 3$
$\bar 0$	$\bar 0$	$\bar 1$	$\bar 2$	$\bar 3$
$\bar 1$	$\bar 1$	$\bar 2$	$\bar 3$	$\bar 0$
$\bar 2$	$\bar 2$	$\bar 3$	$\bar 0$	$\bar 1$
$\bar 3$	$\bar 3$	$\bar 0$	$\bar 1$	$\bar 2$

$\cdot$	$\bar 0$	$\bar 1$	$\bar 2$	$\bar 3$
$\bar 0$	$\bar 0$	$\bar 0$	$\bar 0$	$\bar 0$
$\bar 1$	$\bar 0$	$\bar 1$	$\bar 2$	$\bar 3$
$\bar 2$	$\bar 0$	$\bar 2$	$\bar 0$	$\bar 2$
$\bar 3$	$\bar 0$	$\bar 3$	$\bar 2$	$\bar 1$

$\mathbf{Z}_4$

b) : a) — d) bezüglich $+$ und a) — c) bezüglich $\cdot$

c) $\mathbf{Z}_3 - \{\bar 0\}$: a), b) bezüglich $+$ und a) — d) bezüglich $\cdot$
   $\mathbf{Z}_4 - \{\bar 0\}$: a), b) bezüglich $+$ und a) — c) bezüglich $\cdot$
   ($\bar 2$ besitzt kein Inverses bezüglich $\cdot$).

3. Aus der Wertetabelle

$\bar x$	$\bar 0$	$\bar 1$	$\bar 2$	$\bar 3$	$\bar 4$
$2\bar x$	$\bar 0$	$\bar 2$	$\bar 0$	$\bar 2$	$\bar 0$
$3\bar x$	$\bar 0$	$\bar 3$	$\bar 2$	$\bar 1$	$\bar 0$

erhält man:

a) $\bar 3$ b) keine Lösung

c) $\bar 1, \bar 3$

4. Der Beweis läßt sich aus der Multiplikationstafel für $\mathbf{Z}_5$ sofort ablesen.

5. Nach dem Übergang zu Restklassen modulo 3 erhält man das Polynom $x^3 - x - \bar 2$, das keine Nullstelle in $\mathbf{Z}_3$ besitzt (Wertetabelle).

6. Da sich in jeder Restklasse eine natürliche Zahl befindet, erhält man $\mathbf{Z}_m$ bereits durch Restklassenbildung in der Menge der natürlichen Zahlen.

7. Bei a) liegt keine Kongruenzrelation vor, da z. B. $3 \sim -3$, $4 \sim 4$, aber nicht $7 = 3 + 4 \sim 1 = -3 + 4$, die Verträglichkeit also nicht vorliegt.
   Im Fall b) liegt eine Kongruenzrelation vor, die eine entscheidende Rolle bei der Definition der Brüche spielt (vgl. Abschnitt IV. 1).

8. Die Aufgabe ist ein Teil des Beweises von Satz 1.

9. a) Isomorphismus bezüglich + und ·.
   b) Es liegt eine bijektive Abbildung vor. Die Homomorphiebedingung ist sowohl für + als auch für · verletzt.
   c) Isomorphismus bezüglich +, kein Isomorphismus bezüglich ·. Stelle wiederum eine Wertetabelle auf.

10. Jeder Homomorphismus φ von $\mathbb{Z}_3$ in sich wird durch das Bild von $\bar{1}$ bestimmt.
    $\varphi(\bar{1}) = \bar{0}$: Alle Elemente von $\mathbb{Z}_3$ werden auf das *Nullelement* $\bar{0}$ von $\mathbb{Z}_3$ abgebildet *(Nullhomomorphismus)*.
    $\varphi(\bar{1}) = \bar{1}$: Es ergibt sich die identische Abbildung von $\mathbb{Z}_3$.
    $\varphi(\bar{1}) = \bar{2}$: $\varphi(\bar{0}) = \bar{0}$, $\varphi(\bar{2}) = \varphi(\bar{1} + \bar{1}) = \varphi(\bar{1}) + \varphi(\bar{1})$
    $= \bar{2} + \bar{2} = \bar{4} = \bar{1}$.
    In allen drei Fällen liegen Homomorphismen vor.

11. a) Die Homomorphiebedingung ergibt sich aus der Funktionalgleichung
    $$e^{x+y} = e^x \cdot e^y \ (x, y \in \mathbb{R} \text{ beliebig}).$$

    b) Durch Beschränkung der Abbildung auf die reellen Zahlen größer als Null. Die Umkehrabbildung ist dann der natürliche Logarithmus.

12. Es bleibt noch die Bemerkung, daß die Abbildung $A/\sim \to \overline{A}$ bijektiv ist, was sich aus der Definition der Klasseneinteilung ergibt.

III. Gruppen

1. Wir bezeichnen mit δ_0, δ_1, δ_2 die Drehungen (um den Mittelpunkt des gleichseitigen Dreiecks) um die Winkel 0°, 120°, 240° und mit σ_1, σ_2, σ_3 die Klappungen (bzw. Spiegelungen, vgl. die Bemerkung auf S. 32) um die durch die Eckpunkte 1, 2, 3 verlaufenden Achsen.

Fig. 51

∘	δ_0	δ_1	δ_2	σ_1	σ_2	σ_3
δ_0	δ_0	δ_1	δ_2	σ_1	σ_2	σ_3
δ_1	δ_1	δ_2	δ_0	σ_3	σ_1	σ_2
δ_2	δ_2	δ_0	δ_1	σ_2	σ_3	σ_1
σ_1	σ_1	σ_2	σ_3	δ_0	δ_1	δ_2
σ_2	σ_2	σ_3	σ_1	δ_2	δ_0	δ_1
σ_3	σ_3	σ_1	σ_2	δ_1	δ_2	δ_0

2. δ_0, δ_1, δ_2, δ_3 bezeichnen die Drehungen um die Winkel 0°, 90°, 180°, 270°, σ_1, σ_2, σ_3, σ_4 die Klappungen (Spiegelungen) um die in Fig. 52 eingezeichneten Achsen.

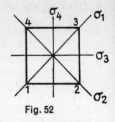

Fig. 52

Dreieck: $\delta_1 \bigcirc \sigma_1 = \sigma_3 \neq \sigma_2 = \sigma_1 \bigcirc \delta_1$
Quadrat: $\delta_1 \bigcirc \sigma_1 = \sigma_4 \neq \sigma_3 = \sigma_1 \bigcirc \delta_1$

3. Für ein beliebiges $a \in G$ gilt: $a'(a\,a') = (a'\,a)\,a' = e\,a' = a'$.
$a\,a' = e\,(a\,a') = (a''\,a')\,(a\,a') = a''\,(a'(a\,a')) = a''\,a' = e$
(a'' links-neutrales Element von a'), also: $a\,a' = e$.
$a\,e = a\,(a'\,a) = (a\,a')\,a = e\,a = a$.

4. a) $\begin{pmatrix} 1 & 2 & 3 \\ 1 & 3 & 2 \end{pmatrix}$

   b) $\begin{pmatrix} 1 & 2 & 3 & 4 & 5 \\ 1 & 5 & 2 & 1 & 4 \end{pmatrix}$

   c) $\begin{pmatrix} 1 & 2 & 3 & 4 & 5 & 6 & 7 & 8 \\ 6 & 3 & 2 & 5 & 7 & 1 & 4 & 8 \end{pmatrix}$

   d) $\begin{pmatrix} 1 & 2 & 3 & 4 \\ 2 & 4 & 3 & 1 \end{pmatrix}$

   e) $\begin{pmatrix} 1 & 2 & 3 & 4 \\ 2 & 4 & 3 & 1 \end{pmatrix}$

   f) $\begin{pmatrix} 1 & 2 & 3 & 4 & 5 & 6 \\ 1 & 2 & 4 & 3 & 6 & 5 \end{pmatrix} = (3\ 4) \bigcirc (5\ 6)$

   g) $\begin{pmatrix} 1 & 2 & 3 & 4 & 5 & 6 \\ 1 & 2 & 5 & 6 & 3 & 4 \end{pmatrix} = (3\ 5) \bigcirc (4\ 6)$

   h) $(3\ 4)$ i) $(1\ 4)$ j) $(1\ 2\ 3\ 4\ 5)$ k) $(1\ 2\ 3\ 4\ 5)$

5. a) $(1\ 2) \bigcirc (3\ 4)$ b) $(2\ 3\ 4) \bigcirc (5\ 6) = (2\ 3) \bigcirc (3\ 4) \bigcirc (5\ 6)$
   c) $(1\ 2\ 3\ 4\ 6\ 5) = (1\ 2) \bigcirc (2\ 3) \bigcirc (3\ 4) \bigcirc (4\ 6) \bigcirc (6\ 5)$
   d) $(1\ 2) \bigcirc (3\ 4\ 8) \bigcirc (5\ 7) = (1\ 2) \bigcirc (3\ 4) \bigcirc (4\ 8) \bigcirc (5\ 7)$
   e) $(1\ 4\ 5\ 2\ 8\ 7\ 3\ 6) = (1\ 4) \bigcirc (4\ 5) \bigcirc (5\ 2) \bigcirc (2\ 8) \bigcirc (8\ 7)$
      $\bigcirc (7\ 3) \bigcirc (3\ 6)$

6. (1), $(1\ 2)$, $(1\ 3)$, $(1\ 4)$, $(2\ 3)$, $(2\ 4)$, $(3\ 4)$, $(1\ 2\ 3)$, $(1\ 3\ 2)$,
   $(1\ 2\ 4)$, $(1\ 4\ 2)$, $(1\ 3\ 4)$, $(1\ 4\ 3)$, $(2\ 3\ 4)$, $(2\ 4\ 3)$, $(1\ 2\ 3\ 4)$,
   $(1\ 2\ 4\ 3)$, $(1\ 3\ 2\ 4)$, $(1\ 3\ 4\ 2)$, $(1\ 4\ 2\ 3)$, $(1\ 4\ 3\ 2)$,
   $(1\ 2) \bigcirc (3\ 4)$, $(1\ 3) \bigcirc (2\ 4)$, $(1\ 4) \bigcirc (2\ 3)$

7. Die Tafel stimmt mit der von Aufgabe 1 überein, wenn man setzt:
   $\delta_0 := (1)$, $\delta_1 := (1\ 2\ 3)$, $\delta_2 := (1\ 3\ 2)$,
   $\sigma_1 := (2\ 3)$, $\sigma_2 := (1\ 3)$, $\sigma_3 := (1\ 2)$.

8. a) σ_1, σ_2 seien gerade Permutationen, d. h. ein Produkt von geraden Anzahlen von Transpositionen:
   $$\sigma_1 = \tau_1 \bigcirc \ldots \bigcirc \tau_{2m}, \quad \sigma_2 = \tau'_1 \bigcirc \ldots \bigcirc \tau'_{2n}.$$
   Dann ist $\sigma_1 \bigcirc \sigma_2 = \tau_1 \bigcirc \ldots \bigcirc \tau_{2m} \bigcirc \tau'_1 \bigcirc \ldots \bigcirc \tau'_{2n}$ Produkt von $2\,(m+n)$ Transpositionen, also eine gerade Permutation, und $\sigma_1^{-1} = \tau_{2m} \bigcirc \ldots \bigcirc \tau_1$ ebenfalls eine gerade Permutation.

b) In $\mathfrak{S}_3$ sind (1) und die beiden 3-Zyklen (1 2 3) und (1 3 2) gerade Permutationen.

In $\mathfrak{S}_4$ sind (1), die *Transpositionspaare* (1 2) $\bigcirc$ (3 4), (1 3) $\bigcirc$ (2 4), (1 4) $\bigcirc$ (2 3) und alle 3-Zyklen gerade Permutationen.

9. a)

+	$\bar{0}$	$\bar{1}$	$\bar{2}$
$\bar{0}$	$\bar{0}$	$\bar{1}$	$\bar{2}$
$\bar{1}$	$\bar{1}$	$\bar{2}$	$\bar{0}$
$\bar{2}$	$\bar{2}$	$\bar{0}$	$\bar{1}$

$\mathbf{Z}_3$

+	$\bar{0}$	$\bar{1}$	$\bar{2}$	$\bar{3}$	$\bar{4}$
$\bar{0}$	$\bar{0}$	$\bar{1}$	$\bar{2}$	$\bar{3}$	$\bar{4}$
$\bar{1}$	$\bar{1}$	$\bar{2}$	$\bar{3}$	$\bar{4}$	$\bar{0}$
$\bar{2}$	$\bar{2}$	$\bar{3}$	$\bar{4}$	$\bar{0}$	$\bar{1}$
$\bar{3}$	$\bar{3}$	$\bar{4}$	$\bar{0}$	$\bar{1}$	$\bar{2}$
$\bar{4}$	$\bar{4}$	$\bar{0}$	$\bar{1}$	$\bar{2}$	$\bar{3}$

$\mathbf{Z}_5$

+	$\bar{0}$	$\bar{1}$	$\bar{2}$	$\bar{3}$	$\bar{4}$	$\bar{5}$
$\bar{0}$	$\bar{0}$	$\bar{1}$	$\bar{2}$	$\bar{3}$	$\bar{4}$	$\bar{5}$
$\bar{1}$	$\bar{1}$	$\bar{2}$	$\bar{3}$	$\bar{4}$	$\bar{5}$	$\bar{0}$
$\bar{2}$	$\bar{2}$	$\bar{3}$	$\bar{4}$	$\bar{5}$	$\bar{0}$	$\bar{1}$
$\bar{3}$	$\bar{3}$	$\bar{4}$	$\bar{5}$	$\bar{0}$	$\bar{1}$	$\bar{2}$
$\bar{4}$	$\bar{4}$	$\bar{5}$	$\bar{0}$	$\bar{1}$	$\bar{2}$	$\bar{3}$
$\bar{5}$	$\bar{5}$	$\bar{0}$	$\bar{1}$	$\bar{2}$	$\bar{3}$	$\bar{4}$

$\mathfrak{S}_3$ vgl. Aufgabe 7 bzw. 1

$\mathbf{Z}_6$

$\circ$	δ_0	δ_1	δ_2	δ_3	σ_1	σ_2	σ_3	σ_4
δ_0	δ_0	δ_1	δ_2	δ_3	σ_1	σ_2	σ_3	σ_4
δ_1	δ_1	δ_2	δ_3	δ_0	σ_4	σ_3	σ_1	σ_2
δ_2	δ_2	δ_3	δ_0	δ_1	σ_2	σ_1	σ_4	σ_3
δ_3	δ_3	δ_0	δ_1	δ_2	σ_3	σ_4	σ_2	σ_1
σ_1	σ_1	σ_3	σ_2	σ_4	δ_0	δ_2	δ_1	δ_3
σ_2	σ_2	σ_4	σ_1	σ_3	δ_2	δ_0	δ_3	δ_1
σ_3	σ_3	σ_2	σ_4	σ_1	δ_3	δ_1	δ_0	δ_2
σ_4	σ_4	σ_1	σ_3	σ_2	δ_1	δ_3	δ_2	δ_0

D_4, Bezeichnungen in Aufgabe 2

b) $\mathbf{Z}_3$: $\bar{1}, \bar{2}$; $\mathbf{Z}_5$: $\bar{1}, \bar{2}, \bar{3}, \bar{4}$; $\mathbf{Z}_6$: $\bar{1}, \bar{5}$

c) In $\mathbf{Z}_3$ und $\mathbf{Z}_5$ existiert keine von der Gesamtgruppe und der aus dem neutralen Element allein bestehenden Gruppe verschiedene Untergruppe.

In $\mathbf{Z}_6$ gibt es außer diesen die Untergruppen: $\{\bar{0}, \bar{3}\}$ und $\{\bar{0}, \bar{2}, \bar{4}\}$.

10. a) Wir behandeln nur die Fälle 1. $m < 0$, $n < 0$ und 2. $m \geq 0$, $n < 0$, $m + n \geq 0$ (Beweis der übrigen entsprechend).

1. Setzen wir $m' := -m$, $n' := -n$, dann gilt:
$$a^{m+n} = a^{-(m'+n')} = (a^{m'+n'})^{-1} = (a^{m'} \cdot a^{n'})^{-1}$$
$$= (a^{m'})^{-1} \cdot (a^{n'})^{-1} = a^{-m'} \cdot a^{-n'} = a^m \cdot a^n.$$

2. $n' := -n$. $a^{m+n} \cdot a^{n'} = a^{m-n+n'} = a^m$.
Daher: $a^{m+n} = a^m \cdot (a^{n'})^{-1} = a^m \cdot a^{-n'} = a^m \cdot a^n$.

b) Für den Fall $m \geq 0$, $n \geq 0$ beweisen wir die Behauptung durch vollständige Induktion über n. $(a^m)^1 = a^m$. $(a^m)^{n+1} = (a^m)^n \cdot a^m$ Ind. $=$ vor. $a^{mn} \cdot a^m = a^{mn+m} = a^{m(n+1)}$.

Der Beweis verläuft in den anderen Fällen wie bei a).

11. Die Abbildung ist eineindeutig, denn aus $a\,g_1 = a\,g_2$ $(g_1, g_2 \in G)$ folgt $g_1 = g_2$. Sie ist surjektiv, da ein beliebiges $g \in G$ Bild von $a\,g^{-1}$ ist: $g = (a\,g^{-1})\,g$.

12. a) $\mathfrak{S}_3 : (1\,2), (1\,3);$ $\mathfrak{A}_4 : (1\,2\,3), (1\,2\,4)$

b) $(1\,2), (1\,3), (1\,4)$

c) Drehung um den Winkel $\dfrac{360°}{n}$, Klappung (Spiegelung) um eine durch eine Ecke verlaufende Achse.

d) Die Elemente von G sind Produkte von a und b wie z. B.: a b a a b a b. Wegen der Vertauschbarkeit von a und b sind sie alle vertauschbar.

13. a) U_1, U_2 seien Untergruppen von G. Aus $a, b \in U_1 \cap U_2$ folgt $a, b \in U_1$ und $a, b \in U_2$ und damit wegen der Untergruppeneigenschaft von U_1 und U_2 $a \cdot b^{-1} \in U_1$, $a \cdot b^{-1} \in U_2$, $a \cdot b^{-1} \in U_1 \cap U_2$.

b) In D_4 gilt: $\delta_2\,\sigma_1 = \sigma_2 \notin \{\delta_0, \delta_2\} \cup \{\delta_0, \sigma_1\}$.

c) Ist $G = U_1 \cup U_2$ mit $U_1 \neq G$, $U_2 \neq G$, dann gibt es ein $a \in G$ mit $a \notin U_1$ und ein $b \in G$ mit $b \notin U_2$. Wegen $G = U_1 \cup U_2$ ist dann $a \in U_2$ und $b \in U_1$. Für das Produkt $a \cdot b \in G$ gilt: $a \cdot b \notin U_1$, (denn aus $a \cdot b \in U_1$ würde folgen $a = (a \cdot b) \cdot b^{-1} \in U_1$, Widerspruch) und $a \cdot b \notin U_2$ (entsprechende Begründung), d. h. $a \cdot b \notin U_1 \cup U_2 = G$, was nicht sein kann.

14. U sei eine Untergruppe der von dem Element a erzeugten zyklischen Gruppe Z, h die kleinste natürliche Zahl mit $a^h \in Z$.
Im Falle einer unendlichen Gruppe Z ist $U = \ldots a^{-h}, e, a^h, a^{2h}, \ldots$ (also ebenfalls unendlich zyklisch).
Bei einem endlichen $Z = \{e, a, \ldots, a^{n-1}\}$ ist h ein Teiler von n, denn ergäbe sich nach Division von n durch h ein Rest: $n = h \cdot q + r$, $0 < r < h$, dann wäre $e = a^n = a^{h \cdot q + r} = (a^h)^q \cdot a^r \in U$ und damit $a^r \in U$ entgegen der Minimalität von h. U besteht aus den
Elementen: $e, a^h, \ldots, a^{h \cdot \left(\frac{n}{h} - 1\right)}$.

15. a) Sind a und b erzeugende Elemente der zyklischen Gruppen Z_1 und Z_2 der Ordnungen zwei bzw. drei, dann hat das Element $(a, b) \in G := Z_1 \times Z_2$ die Ordnung sechs und erzeugt daher G.

b) Die Behauptung folgt aus: $(a_1, b_1) \cdot (a_2, b_2) = (a_1 \cdot a_2, b_1 \cdot b_2)$
$= (a_2 \cdot a_1, b_2 \cdot b_1) = (a_2, b_2) \cdot (a_1, b_1)$ $(a_1, a_2 \in A, b_1, b_2 \in B;$ A, B
abelsche Gruppen).

16. Normalteiler   Nebenklassen

a) $\{\bar{0}, \bar{3}\}$ $\{\bar{1}, \bar{4}\}, \{\bar{2}, \bar{5}\}$
$\{\bar{0}, \bar{2}, \bar{4}\}$ $\{\bar{1}, \bar{3}, \bar{5}\}$

b) $\mathfrak{A}_3 = \{(1), (1\ 2\ 3), (1\ 3\ 2)\}$ $\{(1\ 2), (1\ 3), (2\ 3)\}$

c) $\{\delta_0, \delta_2\}$ $\{\delta_1, \delta_3\}, \{\sigma_1, \sigma_2\}, \{\sigma_3, \sigma_4\}$
$\{\delta_0, \delta_2, \sigma_1, \sigma_2\}$ $\{\delta_1, \delta_3, \sigma_3, \sigma_4\}$
$\{\delta_0, \delta_2, \sigma_1, \sigma_3\}$ $\{\delta_1, \delta_3, \sigma_2, \sigma_4\}$
$\{\delta_0, \delta_2, \sigma_2, \sigma_3\}$ $\{\delta_1, \delta_3, \sigma_1, \sigma_4\}$

d) $\{e, -e\}$ $\{i, -i\}, \{j, -j\}, \{h, -h\}$
$\{e, -e, i, -i\}$ $\{j, -j, h, -h\}$
$\{e, -e, j, -j\}$ $\{i, -i, h, -h\}$
$\{e, -e, h, -h\}$ $\{i, -i, j, -j\}$

17. a) Der Beweis ergibt sich aus (U Untergruppe der abelschen
Gruppe G): $a\,U = \{a\,c \mid c \in U\}$ (G abelsch) $= \{c\,a \mid c \in U\} = U\,a$
$(a \in G$ beliebig).

b) Eine Untergruppe U vom Index zwei in G besitzt nur eine von
U verschiedene Links- und Rechtsnebenklasse, die sich aus
den nicht in U enthaltenen Elementen zusammensetzen:
$a\,U = G - U = U\,a$ $(a \notin U)$.

c) Bildet man das Produkt einer beliebigen geraden (ungeraden)
Permutation mit der Transposition (1 2), so erhält man eine
ungerade (gerade) Permutation. Es gibt also in $\mathfrak{S}_n$ genausoviel
gerade wie ungerade Permutationen, und $\mathfrak{A}_n$ ist vom Index
zwei in $\mathfrak{S}_n$.

d) Die Behauptung folgt aus: $a\,(N_1 \cap N_2) = (a\,N_1) \cap (a\,N_2)$
$= (N_1\,a) \cap (N_2\,a) = (N_1 \cap N_2)\,a$ $(a \in G$ beliebig, N_1, N_2 Normalteiler in G).

18. a) Bei einer durch ein Element a erzeugten zyklischen Gruppe Z
ergibt sich ein Isomorphismus durch die Zuordnung:
$$Z \to \mathbb{Z}, \quad a^h \to h \text{ (unendlicher Fall)}$$
bzw. $Z \to \mathbb{Z}_n$, $a^h \to \bar{h}$ (Gruppenordnung n).

b) U sei eine Untergruppe einer (endlichen oder unendlichen
zyklischen Gruppe Z, die durch a erzeugt werde. Ist a^h ein
erzeugendes Element von U (h kleinste natürliche Zahl in dieser
Eigenschaft), dann besteht die Quotientengruppe Z / U aus
den Restklassen U, aU, ..., $a^{h-1}\,U$.

19. a) Die Isomorphie ergibt sich aus der Übereinstimmung der
Gruppentafeln in den Aufgaben 1 und 7.

b) Wir erhalten eine zu D_4 isomorphe Untergruppe von $\mathfrak{S}_4$, indem wir setzen: $\delta_0 := (1)$, $\delta_1 := (1\ 2\ 3\ 4)$, $\delta_2 := (1\ 3)\ (2\ 4)$, $\delta_3 := (1\ 4\ 3\ 2)$, $\sigma_1 := (2\ 4)$, $\sigma_2 := (1\ 3)$, $\sigma_3 := (1\ 4)\ (2\ 3)$, $\sigma_4 := (1\ 2)\ (3\ 4)$ (vgl. Figur 52).

c) Jedes Symmetrieelement des Tetraeders ergibt eine gerade Permutation seiner vier Ecken. Jede gerade Permutation von vier Elementen wird so erhalten.

d) Wir gehen auf die Einzelheiten nicht näher ein ([10]).

20. Man erhält einen Isomorphismus durch die Zuordnungen: $a \to \sigma_1$, $b \to \delta_1$ (vgl. Aufgabe 9. a).

21. a) Ordnung 1: δ_0
Ordnung 2: δ_2, σ_1, σ_2, σ_3, σ_4
Ordnung 4: δ_1, δ_3

b) Für beliebige a, $b \in G$ gilt: $a\,b\,a\,b = (a\,b)^2 = e$ und damit $b\,a = a^{-1}\,b^{-1} = a\,b$ wegen $a^2 = b^2 = e$, d.h., $a = a^{-1}$ und $b = b^{-1}$.

c) Wir führen den Beweis für den Fall $r = 2$ (allgemein durch vollständige Induktion über r). a und b seien Elemente von G mit den Ordnungen m und n. Sind m und n teilerfremd, so stellt a · b ein Element der Ordnung m · n dar (Verallgemeinerung von Aufgabe 15. a). Anderenfalls betrachten wir für jeden gemeinsamen Primteiler p von m und n, die größte der Potenzen, die in m oder n aufgeht. In G existiert dann ein Element a_p mit dieser Potenz von p als Ordnung (vgl. Aufgabe 14). Das Produkt über alle so erhaltenen a_p hat dann die gewünschte Eigenschaft.

22. a) Aus a, $b \in \varphi\,(U)$, d. h. $a = \varphi\,(a')$, $b = \varphi\,(b')$ für gewisse a', $b' \in U$, folgt $a \cdot b^{-1} = \varphi\,(a') \cdot \varphi\,(b')^{-1} = \varphi\,(a' \cdot b'^{-1}) \in \varphi\,(U)$.

b) Sind a, $b \in \overset{-1}{\varphi}\,(V)$, d. h. $\varphi\,(a)$, $\varphi\,(b) \in V$, dann gilt $\varphi\,(a\,b^{-1}) = \varphi\,(a)\,\varphi\,(b)^{-1} \in V$, d. h. $a\,b^{-1} \in \overset{-1}{\varphi}\,(V)$.

d) Aus der Injektivität von φ folgt sofort $\overset{-1}{\varphi}\,(\{e\}) = \{e\}$. Trifft dies umgekehrt zu, so folgt aus $\varphi\,(a) = \varphi\,(b)$ (a, $b \in G$) $\varphi\,(a\,b^{-1}) = \varphi\,(a)\,\varphi\,(b)^{-1} = e$, d. h. $a\,b^{-1} \in \overset{-1}{\varphi}\,(\{e\}) = \{e\}$, $a\,b^{-1} = e$ und $a = b$.

23. Im Haupttext wurden bereits die Gruppenordnungen m = 2, 3, 4, 5 und 7 behandelt.
$m = 6$. G ist zyklisch, wenn es in G ein Element sechster Ordnung gibt. Ist dies nicht der Fall, so gibt es in G ein Element b dritter Ordnung (wären nämlich alle Elemente von zweiter Ordnung, so müßte es in G eine Kleinsche Vierergruppe geben, was wegen des

Satzes von Lagrange nicht sein kann). Wir bezeichnen mit U die von b erzeugte Untergruppe von G:

$U := \{e, b, b^2\} \cdot G = U \cup a U \ (a \notin U)$.

a U hat in der Quotientengruppe G / U die Ordnung zwei $(a U)^2$ = U, also ist $a^2 \in U$. Damit ergeben sich die Möglichkeiten: $a^2 = e$ oder $a^2 = b$ oder $a^2 = b^2$. Die beiden letzteren scheiden aus, denn a ist nicht von zweiter, nicht von sechster, aber dann auch nicht von dritter Ordnung (aus $a^3 = e$ ergäbe sich a b = e bzw. a b^2 = e, in beiden Fällen $a \in U$).

In G sind sämtliche Produkte bestimmt, wenn wir b a kennen, für das folgende Möglichkeiten bestehen (b a $\notin$ U): b a = a (scheidet aus, da b = e folgen würde), b a = a b, b a = a b^2.

Im ersten der verbleibenden Fälle ist G kommutativ (Aufgabe 12 d) und $a \cdot b$ von der Ordnung sechs $\big($denn $(a b)^2 = a^2 b^2 = b^2 \neq e$, $(a b)^3 = a^3 b^3 = a^3 = a \neq e\big)$, d. h., G zyklisch.

Im zweiten Fall liegt eine zu $\mathfrak{S}_3$ isomorphe Gruppe vor $\big($man erhält einen Isomorphismus durch die Zuordnung a → (1 2), b → (1 2 3)$\big)$.

$m = 8$. Wir behandeln nur die nicht-kommutativen Gruppen. Es gibt in G ein Element b vierter Ordnung (wären alle Elemente von zweiter Ordnung, so wäre G nach Aufgabe 21. b abelsch), das eine Untergruppe U erzeugt:

$U = \{e, b, b^2, b^3\}$. $G = U \cup a U \ (a \notin U)$. Wie bei m = 6 gilt $a^2 \in U$, wobei aus ähnlichen Überlegungen nur die Fälle $a^2 = e$ oder $a^2 = b^2$ übrigbleiben.

Da U Normalteiler in G, ist a b a^{-1} ebenfalls ein Element von U und aus ähnlichen Gründen nur a b $a^{-1} = b^3 = b^{-1}$ möglich. Hieraus ergibt sich b a = a b^{-1} = a b^3, wodurch alle Produkte in G bestimmt sind.

Bei $a^2 = e$ liegt die Diedergruppe vor (Aufgabe 20) und bei $a^2 = b^2$ die Quaternionengruppe.

24. Wir geben nur das Ergebnis für die im Haupttext nichtbehandelten kommutativen Gruppen an.

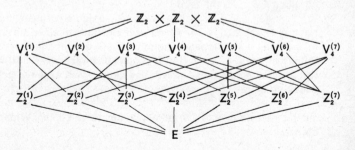

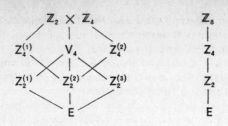

25. a) $(c\,g_1\,c^{-1})\,(c\,g_2\,c^{-1}) = c\,(g_1\,g_2)\,c^{-1}$ $(g_1, g_2 \in G)$ zeigt die Homomorphieeigenschaft.

Aus $c\,g_1\,c^{-1} = c\,g_2\,c^{-1}$ folgt $g_1 = g_2$. $g \in G$ ist Bild von $c^{-1}g\,c$: $c\,(c^{-1}\,g\,c)\,c^{-1} = (c\,c^{-1})\,g\,(c\,c^{-1}) = e\,g\,e = g$.

b) Die Eigenschaften einer Äquivalenzrelation ergeben sich aus $(a, b, c \in G): a = e\,a\,e^{-1}$,

mit $b = c\,a\,c^{-1}$ ist $a = c^{-1}\,b\,c = (c^{-1})\,b\,(c^{-1})^{-1}$,

mit $b = c_1\,a\,c_1{}^{-1}$, $c = c_2\,b\,c_2{}^{-1}$ ist $c = c_2\,(c_1\,a\,c_1{}^{-1})\,c_2{}^{-1}$ $= (c_2\,c_1)\,a\,(c_2\,c_1)^{-1}$.

c) $(1\,3), (1\,2), (2\,3)$.

d) Die Elemente von $\Re_a$ werden durch die Nebenklassen nach N_a charakterisiert, da genau die zu den Elementen einer solchen gehörenden inneren Automorphismen a auf dasselbe Element von $\Re_a$ abbilden.

e) Beweis wie in a).

f) In der Bezeichnungsweise von Fig. 24 auf S. 41 sind $Z_2^{(1)}$ und $Z_2^{(2)}$ konjugiert, ebenso $Z_4^{(4)}$ und $Z_4^{(5)}$. Die übrigen Untergruppen sind Normalteiler, bilden also je eine aus einem einzigen Element bestehende Konjugiertenklasse.

g) Durch den zu einem Element $a \in G$ gehörenden inneren Automorphismus werden die Untergruppen $U_1, \ldots, U_r$ einer Konjugiertenklasse von G untereinander permutiert. Daher gilt: $a\,(U_1 \cap \ldots \cap U_r)\,a^{-1} = (a\,U_1\,a^{-1}) \cap \ldots \cap (a\,U_r\,a^{-1})$ $= U_1 \cap \ldots \cap U_r$.

26. a) Für $a, b \in Z$ gilt: $(a\,b)\,g = a\,g\,b = g\,(a\,b)$ und $a^{-1}\,g = g\,a^{-1}$ für alle $g \in G$. b) $\{e, \delta_2\}$

c) Wir zerlegen G in die Klassen $\Re_1, \ldots, \Re_s$ konjugierter Elemente. Nach Aufgabe 25 d ist die Anzahl der Elemente in einer Klasse $\Re_i$ ein Teiler der Gruppenordnung p^r von G, d. h. ebenfalls eine Potenz p^{r_i}, $r_i \le r$, von p $(i = 1, \ldots, s)$. Bestände das Zentrum von G nur aus dem Einselement, das dann eine Klasse für sich bildet, so würde

$$p^r = 1 + p^{r_1} + \ldots + p^{r_s}$$

mit $0 < r_i < r$, $i = 1, \ldots, s$, gelten, und p müßte 1 teilen, Widerspruch.

d) Nach c) besitzt G ein nicht-triviales Zentrum Z, das entweder aus p^2 (dann G abelsch) oder aus p Elementen besteht. Im letzteren Fall wird Z durch ein Element b, G / Z durch ein Element $\bar{a}$ (a $\in$ G) und damit G durch die Elemente a und b erzeugt, für die a b = b a wegen b $\in$ Z gilt. Aufgrund von Aufgabe 12 d ist G daher abelsch.

e) Eine Gruppe G neunter Ordnung ist entweder zyklisch oder direktes Produkt zweier zyklischer Gruppen der Ordnung drei. Wir übergehen den Beweis (vgl. dazu Aufgabe 23).

27. a) $E \subseteq Z_3 \subseteq \mathfrak{S}_3$ b) $E \subseteq Z_2 \subseteq Z_4 \subseteq D_4$

c) $E \subseteq Z_2 \subseteq Z_4 \subseteq Q_8$ d) $E \subseteq Z_2 \subseteq V_4 \subseteq \mathfrak{A}_4 \subseteq \mathfrak{S}_4$

e) Nach Aufgabe 26 c besitzt G ein nicht-triviales Zentrum Z, dessen Quotientengruppe nach Induktionsvoraussetzung auflösbar ist. In G / Z existiert demnach eine Kette von Normalteilern:

$$\bar{E} = \bar{G}_0 \subseteq \bar{G}_1 \subseteq \ldots \subseteq \bar{G}_r = G / Z.$$

Die Kette von Normalteilern in G:
$E \subseteq Z = \bar{\varphi}^1 (\bar{G}_0) \subseteq \bar{\varphi}^1 (\bar{G}_1) \subseteq \ldots \subseteq \bar{\varphi}^1 (\bar{G}_r) = G$ zeigt dann die Auflösbarkeit von G, wobei φ den kanonischen Homomorphismus von G auf G / Z bezeichnet.

f) Gäbe es eine Normalteilerkette:
$$E = G_0 \subseteq G_1 \subseteq \ldots \subseteq G_{r-1} \subseteq G_r = \mathfrak{S}_n,$$
so müßten mit $\mathfrak{S}_n$ sämtliche G_i (i = 0, 1, ..., r), speziell E jeden 3gliedrigen Zyklus enthalten, was nicht möglich ist.

IV. Ringe

1. a) kommutativer Ring, nullteilerfrei   b) kein Ring
c) kommutativer Ring, nullteilerfrei   d) Körper
e) kommutativer Ring mit Einselement   f) Körper

2. Verwendung von Satz 1:

a) $\left(a_1 + b_1 \sqrt{2}\right) - \left(a_2 + b_2 \sqrt{2}\right) = (a_1 - a_2) + (b_1 - b_2) \sqrt{2}$

$\left(a_1 + b_1 \sqrt{2}\right) \cdot \left(a_2 + b_2 \sqrt{2}\right) = (a_1 a_2 + 2 b_1 b_2) + (a_1 b_2 + b_1 a_2) \sqrt{2}$

b) $\left(a_1 + b_1 \sqrt{2} + c_1 \sqrt{3} + d_1 \sqrt{6}\right) + \left(a_2 + b_2 \sqrt{2} + c_2 \sqrt{3} + d_2 \sqrt{6}\right)$

$= (a_1 + a_2) + (b_1 + b_2) \sqrt{2} + (c_1 + c_2) \sqrt{3} + (d_1 + d_2) \sqrt{6}$

$a_1 + b_1 \sqrt{2} + c_1 \sqrt{3} + d_1 \sqrt{6}) \cdot \left(a_2 + b_2 \sqrt{2} + c_2 \sqrt{3} + d_2 \sqrt{6}\right)$

$= (a_1 a_2 + 2 b_1 b_2 + 3 c_1 c_2 + 6 d_1 d_2)$

$+ (a_1 b_2 + b_1 a_2 + 3 c_1 d_2 + 3 d_1 c_2) \sqrt{2}$

$+ (a_1 c_2 + c_1 a_2 + 2 b_1 d_2 + 2 d_1 b_2) \sqrt{3}$

$+ (a_1 d_2 + d_1 a_2 + b_1 c_2 + c_1 b_2) \sqrt{6}$

c) Ringeigenschaft wie in b). Zum Nachweis der Existenz von Inversen rechnen wir:

$$\frac{1}{a + b\sqrt{2} + c\sqrt{3} + d\sqrt{6}} = \frac{a + b\sqrt{2} - c\sqrt{3} - d\sqrt{6}}{(a + b\sqrt{2})^2 - (c\sqrt{3} + d\sqrt{6})^2}$$

$$= \frac{a + b\sqrt{2} - c\sqrt{3} - d\sqrt{6}}{\underbrace{(a^2 + 2b^2 - 3c^2 - 6d^2)}_{=: a'} + \underbrace{(2ab - 6cd)}_{=: b'}\sqrt{2}}$$

$$= \frac{(a + b\sqrt{2} - d\sqrt{3} - d\sqrt{6})(a' + b'\sqrt{2})}{a'^2 - 2b'^2}$$

Es ergibt sich also wiederum ein Ausdruck mit den Quadratwurzeln von zwei, drei und sechs.

3. a)

+	$\bar{0}$	$\bar{1}$
$\bar{0}$	$\bar{0}$	$\bar{1}$
$\bar{1}$	$\bar{1}$	$\bar{0}$

·	$\bar{0}$	$\bar{1}$
$\bar{0}$	$\bar{0}$	$\bar{0}$
$\bar{1}$	$\bar{0}$	$\bar{1}$

b)–d) Für die Addition verweisen wir auf die Aufgaben II. 2 und III. 9.

·	$\bar{0}$	$\bar{1}$	$\bar{2}$
$\bar{0}$	$\bar{0}$	$\bar{0}$	$\bar{0}$
$\bar{1}$	$\bar{0}$	$\bar{1}$	$\bar{2}$
$\bar{2}$	$\bar{0}$	$\bar{2}$	$\bar{1}$

$\mathbb{Z}_3$

·	$\bar{0}$	$\bar{1}$	$\bar{2}$	$\bar{3}$
$\bar{0}$	$\bar{0}$	$\bar{0}$	$\bar{0}$	$\bar{0}$
$\bar{1}$	$\bar{0}$	$\bar{1}$	$\bar{2}$	$\bar{3}$
$\bar{2}$	$\bar{0}$	$\bar{2}$	$\bar{0}$	$\bar{2}$
$\bar{3}$	$\bar{0}$	$\bar{3}$	$\bar{2}$	$\bar{1}$

$\mathbb{Z}_4$

·	$\bar{0}$	$\bar{1}$	$\bar{2}$	$\bar{3}$	$\bar{4}$
$\bar{0}$	$\bar{0}$	$\bar{0}$	$\bar{0}$	$\bar{0}$	0
$\bar{1}$	$\bar{0}$	$\bar{1}$	$\bar{2}$	$\bar{3}$	$\bar{4}$
$\bar{2}$	$\bar{0}$	$\bar{2}$	$\bar{4}$	$\bar{1}$	$\bar{3}$
$\bar{3}$	$\bar{0}$	$\bar{3}$	$\bar{1}$	$\bar{4}$	$\bar{2}$
$\bar{4}$	$\bar{0}$	$\bar{4}$	$\bar{3}$	$\bar{2}$	$\bar{1}$

$\mathbb{Z}_5$

4. a) Die Gesetze einer additiven abelschen Gruppe ergeben sich aus den entsprechenden Gesetzen in A. Das assoziative Gesetz

$$\varphi_1 \bigcirc (\varphi_2 \bigcirc \varphi_3) = (\varphi_1 \bigcirc \varphi_2) \bigcirc \varphi_3 \quad (\varphi_1, \varphi_2, \varphi_3 \in R)$$

gilt allgemein bei Abbildungen.
Die distributiven Gesetze

$$(\varphi + \psi)(a) = \varphi(a) + \psi(b),$$
$$\varphi(a + b) = \varphi(a) + \varphi(b)$$

$(\varphi, \psi \in R, a, b \in A)$ folgen aus der Definition der Addition in R bzw. aus der Homomorphieeigenschaft der Elemente φ von R.

b) Wir geben zunächst die Wertetabellen der Homomorphismen an (vgl. Aufgabe II. 10) und stellen dann die Verknüpfungstafeln auf.

x	$\bar{0}$	$\bar{1}$
$\varphi_0(x)$	$\bar{0}$	$\bar{0}$
$\varphi_1(x)$	$\bar{0}$	$\bar{1}$

+	φ_0	φ_1
φ_0	φ_0	φ_1
φ_1	φ_1	φ_0

$\bigcirc$	φ_0	φ_1
φ_0	φ_0	φ_0
φ_1	φ_0	φ_1

c)

$\times$	$\bar{0}$	1	$\bar{2}$
$\varphi_0(x)$	$\bar{0}$	$\bar{0}$	$\bar{0}$
$\varphi_1(x)$	$\bar{0}$	$\bar{1}$	$\bar{2}$
$\varphi_2(x)$	$\bar{0}$	$\bar{2}$	$\bar{1}$

$+$	φ_0	φ_1	φ_2
φ_0	φ_0	φ_1	φ_2
φ_1	φ_1	φ_2	φ_0
φ_2	φ_2	φ_0	φ_1

$\bigcirc$	φ_0	φ_1	φ_2
φ_0	φ_0	φ_0	φ_0
φ_1	φ_0	φ_1	φ_2
φ_2	φ_0	φ_2	φ_1

d)

$\times$	$\bar{0}$	$\bar{1}$	$\bar{2}$	$\bar{3}$
$\varphi_0(x)$	$\bar{0}$	$\bar{0}$	$\bar{0}$	$\bar{0}$
$\varphi_1(x)$	$\bar{0}$	$\bar{1}$	$\bar{2}$	$\bar{3}$
$\varphi_2(x)$	$\bar{0}$	$\bar{2}$	$\bar{0}$	$\bar{2}$
$\varphi_3(x)$	$\bar{0}$	$\bar{3}$	$\bar{2}$	$\bar{1}$

$+$	φ_0	φ_1	φ_2	φ_3
φ_0	φ_0	φ_1	φ_2	φ_3
φ_1	φ_1	φ_2	φ_3	φ_0
φ_2	φ_2	φ_3	φ_0	φ_1
φ_3	φ_3	φ_0	φ_1	φ_2

$\cdot$	φ_0	φ_1	φ_2	φ_3
φ_0	φ_0	φ_0	φ_0	φ_0
φ_1	φ_0	φ_1	φ_2	φ_3
φ_2	φ_0	φ_2	φ_0	φ_2
φ_3	φ_0	φ_3	φ_2	φ_1

5. a) $m(na) = (mn)a$

b) $m(ab) = \underbrace{ab + \ldots + ab}_{m} = (\underbrace{a + \ldots + a}_{m})b = (ma)b$

$= a(\underbrace{b + \ldots + b}_{m}) = a(mb)$

(genauer vollständige Induktion über m).

6. Vollständige Induktion über n: $(a+b)^1 = a+b$,

$$(a+b)^{n+1} = (a+b)^n (a+b) = \left(\sum_{i=0}^{n} \binom{n}{i} a^i b^{n-i} \right) (a+b)$$

$$= \sum_{i=0}^{n} \binom{n}{i} a^{i+1} b^{n-i} + \sum_{i=0}^{n} \binom{n}{i} a^i b^{(n+1)-i}$$

$$= a^{n+1} + \sum_{i=1}^{n} \binom{n}{i-1} a^i b^{(n+1)-i} + \sum_{i=1}^{n} \binom{n}{i} a^i b^{(n+1)-i} + b^{n+1}$$

$$= a^{n+1} + \sum_{i=1}^{n} \left(\binom{n}{i-1} + \binom{n}{i} \right) a^i b^{(n+1)-i} + b^{n+1}$$

$$= \sum_{i=0}^{n+1} \binom{n+1}{i} a^i b^{(n+1)-i}$$

7. a) $\begin{pmatrix} 1 & -1 \\ 5 & 3 \end{pmatrix}$
   b) $\begin{pmatrix} \frac{9}{4} & \frac{5}{2} \\ \frac{3}{8} & \frac{3}{2} \end{pmatrix}$
   c) $\begin{pmatrix} 6 & 3 \\ -3 & 3 \end{pmatrix}$

d) $\begin{pmatrix} 6 & 3 \\ -3 & 3 \end{pmatrix}$
   e) $\begin{pmatrix} 2 & -4 \\ -1 & 2 \end{pmatrix}$
   f) $\begin{pmatrix} \frac{13}{6} & -\frac{1}{3} & \frac{11}{6} \\ \frac{20}{3} & \frac{1}{2} & \frac{13}{3} \\ \frac{9}{4} & -\frac{1}{4} & \frac{3}{2} \end{pmatrix}$

8. a) Mit $X = \begin{pmatrix} x_1 & x_2 \\ x_3 & x_4 \end{pmatrix}$ erhält man das Gleichungssystem:

$$x_1 + x_3 = 1$$
$$x_2 + x_4 = 0$$
$$x_3 = 0 \quad \text{und damit } X = \begin{pmatrix} 1 & -1 \\ 0 & 1 \end{pmatrix}$$
$$x_4 = 1$$

b) $X = \begin{pmatrix} 2 & -2 \\ -1 & 4 \end{pmatrix}$

9. Wir zeigen, daß ein Unterring der Gesamtheit $M_2 (\mathbb{R})$ aller quadratischen Matrizen mit reellen Koeffizienten vorliegt.

$$\begin{pmatrix} a_1 & b_1 \\ -b_1 & a_1 \end{pmatrix} - \begin{pmatrix} a_2 & b_2 \\ -b_2 & a_2 \end{pmatrix} = \begin{pmatrix} a_1 - a_2 & b_1 - b_2 \\ -(b_1 - b_2) & a_1 - a_2 \end{pmatrix}$$

$$\begin{pmatrix} a_1 & b_1 \\ -b_1 & a_1 \end{pmatrix} \cdot \begin{pmatrix} a_2 & b_2 \\ -b_2 & a_2 \end{pmatrix} = \begin{pmatrix} a_1\,a_2 - b_1\,b_2 & a_1\,b_2 + b_1\,a_2 \\ -(a_1\,b_2 + b_1\,a_2) & a_1\,a_2 - b_1\,b_2 \end{pmatrix}$$

Einselement ist $\begin{pmatrix} 1 & 0 \\ 0 & 1 \end{pmatrix}$. Inverses Element von $\begin{pmatrix} a & b \\ -b & a \end{pmatrix}$

(nicht $a = b = 0$) ist $\begin{pmatrix} \dfrac{a}{a^2 + b^2} & \dfrac{-b}{a^2 + b^2} \\ \dfrac{b}{a^2 + b^2} & \dfrac{a}{a^2 + b^2} \end{pmatrix}$

10. a) und b) folgt aus: $(a_0 + a_1 x + \ldots + a_m x^m) \cdot (b_0 + b_1 x + \ldots + b_n x^n) = (a_0\,b_0 + \ldots + a_m\,b_n x^{m+n})$ und $a_m\,b_n \neq 0$, falls $a_m \neq 0$, $a_n \neq 0$ (R nullteilerfrei).

11. Sind $a_1, \ldots, a_n$ die von Null verschiedenen Elemente von R und a ein beliebiges von Null verschiedenes Element von R, dann sind $a \cdot a_1, \ldots, a \cdot a_n$ alle untereinander und von Null verschieden (anderenfalls erhielte man Nullteiler), d.h., es ergeben sich wiederum alle von Null verschiedenen Elemente von R. Eines dieser Elemente ist das Einselement, für das daher eine Gleichung $a \cdot a_i = 1$ für ein $i \in \{1, \ldots, n\}$ gelten muß. a_i ist dann Inverses zu a.

12. Das Verfahren wird mit der Änderung durchgeführt, daß man statt der Addition die in H vorliegende Verknüpfung $\bigcirc$ verwendet und keine weitere Verknüpfung berücksichtigt.

13. a) und c) Ideale b) kein Ideal

14. Wir notieren die Ideale außer $\{0\}$ und dem Gesamtring R (vgl. die nachfolgende Aufgabe).

n	2	3	4	5	6	
Ideal	—	—	$\{\bar{0}, \bar{2}\}$	—	$\{\bar{0}\ \bar{2}\ \bar{4}\}$,	$\{\bar{0}, \bar{3}\}$
Quotientenring			$\mathbb{Z}_2$		$\mathbb{Z}_2$	$\mathbb{Z}_3$

15. Die Idealeigenschaft ist unmittelbar einzusehen.

16. a) α sei ein vom Nullideal verschiedenes Ideal in einem Körper K und $a \in \alpha$ mit $a \neq 0$. Wegen der Idealeigenschaft von α gilt dann für ein beliebiges Element $b \in K$:
$b = b (a^{-1} a) = (b\, a^{-1})\, a \in \alpha$ und damit $\alpha = K$.

b) Wir geben nur den Hinweis, daß man durch Multiplikation einer Matrix $A \neq 0$ eines Ideals in $R := M_n (K)$ mit geeigneten Elementen von R die Matrizen

$$c_{ij} := \begin{pmatrix} 0 \cdots \vdots \cdots 0 \\ \cdots \vdots \cdots \\ 0 \cdots 010 \cdots 0 \\ \cdots \vdots \cdots \\ 0 \cdots \vdots \cdots 0 \end{pmatrix} \quad i,\, j = 1, \ldots, n,$$

und damit alle Elemente von R erhält.

c) Ein Homomorphismus eines einfachen Ringes R (in einen Ring S) ist entweder injektiv oder der Nullhomomorphismus, d. h. bildet alle Elemente von R auf das Nullelement von S ab.

17. a) Aus $a, b \in \alpha$, d. h. $\varphi (a) = \varphi (b) = 0$ folgt $\varphi (a - b) = \varphi (a \cdot b) = 0$, d. h. $a - b$, $a \cdot b \in \alpha$.

b) Aus der Eineindeutigkeit folgt sofort $\alpha = \{0\}$, woraus sich umgekehrt für Elemente $a, b \in R$ mit $\varphi (a) = \varphi (b)$ ergibt:
$\varphi (a - b) = \varphi (a) - \varphi (b) = 0$, d. h. $a - b \in \alpha = \{0\}$, also $a - b = 0$ und $a = b$.

18. Für die Fälle $n = 2 - 5$ kann man das Ergebnis bereits aus der Übereinstimmung der Verknüpfungstafeln ersehen (vgl. die Aufgaben 3, 5, II. 2 und III. 9). Allgemein wird jeder Endomorphismus von $\mathbb{Z}_n$ durch das Bild des Elementes $\bar{1} \in \mathbb{Z}_n$ bestimmt, wodurch sich eine eineindeutige Abbildung von der Menge der Endomorphismen von $\mathbb{Z}_n$ auf $\mathbb{Z}_n$ ergibt, die einen Isomorphismus darstellt.

19. a) $(a + b, 0, 0, \ldots) = (a, 0, 0, \ldots) + (b, 0, 0, \ldots)$, aus $(a, 0, 0, \ldots) = (b, 0, 0, \ldots)$ folgt $a = b$ $(a, b \in R)$.

b) $\overline{(a + b, 1)} = \overline{(a \cdot 1 + b \cdot 1, 1 \cdot 1)} = \overline{(a, 1)} + \overline{(b, 1)}$, aus $\overline{(a, 1)} = \overline{(b, 1)}$ folgt $(a, 1) \sim (b, 1)$, d. h. $a = b$ $(a, b \in R)$.

c) Die Eineindeutigkeit ist unmittelbar klar. Es bleibt zu zeigen:

$$\begin{pmatrix} A & \vdots & 0 \\ & \vdots & \vdots \\ & \vdots & 0 \\ \cdots & 0 \\ 0 \cdots 0 & 1 \end{pmatrix} \cdot \begin{pmatrix} B & \vdots & 0 \\ & \vdots & \vdots \\ & \vdots & 0 \\ \cdots & 0 \\ 0 \cdots 0 & 1 \end{pmatrix} = \begin{pmatrix} A \cdot B & \vdots & 0 \\ & \vdots & \vdots \\ & \vdots & 0 \\ \cdots & 0 \\ 0 \cdots 0 & 1 \end{pmatrix} \quad (A, B \in M_n (R)).$$

20. Jeder Körper der Brüche von R besteht notwendig aus den Produkten $a \cdot b^{-1}$ ($a, b \in R$, $b \neq 0$). Wir erhalten Isomorphismen zwischen ihnen, indem wir diese jeweils einander zuordnen.

21. a) Die Homomorphieeigenschaft ergibt sich daraus, daß das Rechnen in R [x] und R [α] formal gleich verläuft.

    b) Sämtliche Polynome in α müssen notwendig zum kleinsten enthaltenden Unterring von S gehören.

    c) Die den Polynomen $x^3 + x + \bar{1}$, $\bar{2}x^3 + \bar{1} \in \mathbb{Z}_3$ [x] zugeordneten Funktionen stimmen überein, wie man aus der folgenden Wertetabelle erkennt:

x	$\bar{0}$	$\bar{1}$	$\bar{2}$
$x^3 + x + \bar{1}$	$\bar{1}$	$\bar{0}$	$\bar{2}$
$\bar{2}x^3 + \bar{1}$	$\bar{1}$	$\bar{0}$	$\bar{2}$

22. a) $\{\bar{1}, \bar{3}\}$ b) $\{\bar{1}, \bar{2}, \bar{3}, \bar{4}\}$ c) $\{\bar{1}, \bar{3}, \bar{5}, \bar{7}\}$

    d) $\{\bar{1}, \bar{5}, \bar{7}, \overline{11}\}$ e) $\{1, -1\}$ f) $\mathbb{Q} - \{0\}$

a)

·	$\bar{1}$	$\bar{3}$
$\bar{1}$	$\bar{1}$	$\bar{3}$
$\bar{3}$	$\bar{3}$	$\bar{1}$

b) Siehe Aufgabe 3. d)

c)

·	$\bar{1}$	$\bar{3}$	$\bar{5}$	$\bar{7}$
$\bar{1}$	$\bar{1}$	$\bar{3}$	$\bar{5}$	$\bar{7}$
$\bar{3}$	$\bar{3}$	$\bar{1}$	$\bar{7}$	$\bar{5}$
$\bar{5}$	$\bar{5}$	$\bar{7}$	$\bar{1}$	$\bar{3}$
$\bar{7}$	$\bar{7}$	$\bar{5}$	$\bar{3}$	$\bar{1}$

d)

·	$\bar{1}$	$\bar{5}$	$\bar{7}$	$\overline{11}$
$\bar{1}$	$\bar{1}$	$\bar{5}$	$\bar{7}$	11
$\bar{5}$	$\bar{5}$	$\bar{1}$	11	$\bar{7}$
$\bar{7}$	$\bar{7}$	$1\bar{1}$	$\bar{1}$	$\bar{5}$
$\overline{11}$	$\overline{11}$	$\bar{7}$	$\bar{5}$	$\bar{1}$

$\mathbb{Z}_8 : \bar{2} \sim \bar{6}$
$\mathbb{Z}_{12} : \bar{2} \sim 10$, $\bar{3} \sim \bar{9}$, $\bar{4} \sim \bar{6}$

23. a)

n	1	2	3	4	5	6	7	8	9	10	11	12	20	30	100
φ (n)	1	1	2	2	4	2	6	4	6	4	10	4	8	8	40

b) m und p^r besitzen genau dann einen gemeinsamen Teiler, wenn m ein Vielfaches von p ist. In der Zahlenreihe:
$1 \, 2 \ldots p \, p + 1 \ldots 2p \, 2p + 1 \ldots p^{r-1} \, p^{r-1} + 1 \ldots p^r$
gibt es p^{r-1} solcher Vielfache, also: $\varphi(p^r) = p^r - p^{r-1}$.

24. Jede Einheit von R ist auch Einheit von R [x]. Ist andererseits f eine Einheit in R [x], d.h., gibt es ein $g \in R$ [x] mit $f \cdot g = 1$, so müssen aufgrund von Aufgabe 10 f und g konstante, vom Nullpolynom verschiedene Polynome, also Einheiten in R sein.

25. a) Für $\alpha = a_1 + b_1 \sqrt{d}$ und $\beta = a_2 + b_2 \sqrt{d}$ ist

$$\mathfrak{N}(\alpha \cdot \beta) = \mathfrak{N}\left((a_1\,a_2 + d\,b_1\,b_2) + (a_1\,b_2 + b_1\,a_2)\sqrt{d}\right)$$
$$= (a_1\,a_2 + d\,b_1\,b_2)^2 - d\,(a_1\,b_2 + b_1\,a_2)^2$$
$$= (a_1{}^2 - d\,b_1{}^2) \cdot (a_2{}^2 - d\,b_2{}^2) = \mathfrak{N}(\alpha) \cdot \mathfrak{N}(\beta).$$

b) Aus $\alpha \mid \beta$, d. h. $\beta = \alpha \cdot \gamma$ $(\alpha, \beta, \gamma \in R)$ folgt:
$\mathfrak{N}(\beta) = \mathfrak{N}(\alpha) \cdot \mathfrak{N}(\gamma)$, d. h. $\mathfrak{N}(\alpha) \mid \mathfrak{N}(\beta)$.

c) Für eine Einheit α von R gilt: $\alpha \cdot \beta = 1$ mit einem $\beta \in R$, $\mathfrak{N}(\alpha)$ $\cdot\ \mathfrak{N}(\beta) = \mathfrak{N}(1) = 1$, d. h. $\mathfrak{N}(\alpha)$ Einheit in $\mathbb{Z}$, d. h. $\mathfrak{N}(\alpha)$ $= \pm 1$. Ist umgekehrt $\alpha = a + b\sqrt{d}$, $\mathfrak{N}(\alpha) = \pm 1$, so setzt man

$$\beta := \frac{a - b\sqrt{d}}{\mathfrak{N}(\alpha)} \in R, \text{ und es ist } \alpha \cdot \beta = 1.$$

d) $d = -1$: Aus $\alpha = a + b\sqrt{-1}$, $\mathfrak{N}(\alpha) = \pm 1$ erhält man die *diophantische* Gleichung[1]: $a^2 + b^2 = 1$ (-1 scheidet aus), deren Lösungen $a = \pm 1$, $b = 0$ und $a = 0$, $b = \pm 1$ sind. 1, -1, i und $-$i sind daher sämtliche Einheiten in R.
$d = -5$: Man erhält entsprechend $a^2 + 5b^2 = 1$, 1 und -1 sind die einzigen Einheiten in R.

e) Neben $a = \pm 1$, $b = 0$ ist $a = b = 1$ eine Lösung der diophantischen Gleichung $a^2 - 2\,b^2 = \pm 1$, d. h., 1, -1 und $1 + \sqrt{2}$ sind Einheiten in R. Mit $1 + \sqrt{2}$ sind auch alle Potenzen $\left(1 + \sqrt{2}\right)^n$, $n \in \mathbb{Z}$, Einheiten in R, von denen es unendlich viele gibt $\left(\text{da } 1 + \sqrt{2} < \left(1 + \sqrt{2}\right)^2 < \left(1 + \sqrt{2}\right)^3 < \ldots\right)$. Wir bemerken (ohne Beweis), daß wir in -1 und $1 + \sqrt{2}$ erzeugende Elemente der Einheitengruppe gefunden haben.

26. a) irreduzibel

b) besitzt keine Nullstelle in $\mathbb{Q}$, daher irreduzibel

c) und d) $x - 1$ Teiler, daher nicht irreduzibel

e) keine Nullstelle (Wertetabelle), irreduzibel

f) irreduzibel, da es sonst ein irreduzibles Polynom ersten oder zweiten Grades, d. h. x, $x + \bar{1}$ oder $x^2 + x + \bar{1}$ als Teiler gäbe, was nicht der Fall ist.

g) und h) irreduzibel nach e) und f) und dem Hinweis

i) $1 + \sqrt{-1}$ irreduzibel: Die Norm eines echten Teilers von $1 + \sqrt{-1}$ müßte ein echter Teiler von $\mathfrak{N}\left(1 + \sqrt{-1}\right) = 2$ sein. 2 reduzibel: $2 = \left(1 + \sqrt{-1}\right) \cdot \left(1 - \sqrt{-1}\right)$

j) $1 + \sqrt{-5}$ und 2 irreduzibel: Echte Teiler müßten die Norm 2 oder 3 (als echte Teiler von $\mathfrak{N}\left(1 + \sqrt{-5}\right) = 6$ oder $\mathfrak{N}(2) = 4$) haben.

---

[1] Gleichungen mit ganzen Koeffizienten, zu denen ganzzahlige Lösungen gesucht werden, nach Diophantos von Alexandria (um 250).

Die Gleichungen $a^2 + 5b^2 = 2$ und $a^2 + 5b^2 = 3$ sind aber nicht ganzzahlig lösbar.

k) irreduzibel: $\mathfrak{N}\left(2 + \sqrt{2}\right) = 2$

27. a) $(x - 1)(x + 5)$ b) $(x - 1)(x^2 + x + 1)$

   c) $(x + \bar{1})^4$ d) $(x + \bar{1})^6$

   e) $\left(1 + \sqrt{-1}\right)\left(1 - \sqrt{-1}\right),\ \left(1 + \sqrt{-1}\right)^2\left(1 - \sqrt{-1}\right)^2$

   f) $\left(2 + \sqrt{2}\right)\left(2 - \sqrt{2}\right),\ \left(2 + \sqrt{2}\right)^2\left(2 - \sqrt{2}\right)^2$

28. a) Aus einer Zerlegung $f = g \cdot h$ mit $g = b_0 + b_1 x + \ldots + b_2 x^l$, $h = c_0 + c_1 x + \ldots + c_m x^m$ würde folgen: $a_0 = b_0 \cdot c_0, \ldots$, $a_i = b_i c_0 + b_{i-1} c_1 + \ldots + b_0 c_i, \ldots, a_n = b_l c_m$. Da p ein Teiler von a_0 ist, teilt p entweder b_0 oder c_0, etwa $p \mid b_0$ (würde $p b_0$ und c_0 teilen, wäre p^2 ein Teiler von a_0). b_i sei der erste nicht durch p teilbare Koeffizient von g (es gibt einen solchen, da $p \nmid b_e$ wegen $p \nmid a_n$). Aus $p \mid a_i$ und $p \mid b_0, b_1, \ldots, b_{i-1}$, ergibt sich $p \mid b_i c_0$, woraus wegen $p \nmid c_0$ (sonst $p \mid a_0$) $p \mid b_i$ im Widerspruch zur obigen Annahme folgt.

In den nachfolgenden Fällen ist immer $R = \mathbb{Z}$.

  b) $p = 2$ c) $p = 3$ d) $(x^4 + 1)^4 + 1 = x^4 + 4x^3 + 6x^2 + 4x + 2$, $p = 2$

  e) $(x + 1)^{p-1} + \ldots + (x + 1) + 1 = \dfrac{(x + 1)^p - 1}{(x + 1) - 1}$

$$= x^{p-1} + \binom{p}{1} x^{p-2} + \ldots + \binom{p}{p-1}$$

$$p \mid \binom{p}{i},\ i = 1, \ldots, p - 1,\ p^2 \nmid \binom{p}{p-1} = p$$

29. a) und b) folgt aus der Division mit Rest

  c) $(x^7 + 4x^5 - 2x^2 + 1) : (x^3 - x + 1) = x^4 + 5x^2 - x + 5$

$$
\begin{array}{l}
\underline{x^7 - x^5 + x^4} \\
\quad 5x^5 - x^4 - 2x^2 + 1 \\
\quad \underline{5x^5 - 5x^3 + 5x^2} \\
\qquad -x^4 + 5x^3 - 7x^2 + 1 \\
\qquad \underline{-x^4 + \qquad\ x^2 - x} \\
\qquad\qquad 5x^3 - 8x^2 + x + 1 \\
\qquad\qquad \underline{5x^3 - 5x + 5} \\
\qquad\qquad\qquad -8x^2 + 6x - 4
\end{array}
$$

Ergebnis

$x^7 + 4x^5 - 2x^2 + 1 = (x^3 - x + 1)(x^4 + 5x^2 - x + 5)$
$+ (-8x^2 + 6x - 4)$

d) Wir dividieren f durch $x - \alpha$ mit Rest: $f = (x - \alpha) \cdot q + r$, wobei $r = 0$ oder $|r| = 0 < |x - \alpha| = 1$, also r eine Konstante. Nach Einsetzen von α ergibt sich $0 = f(\alpha) = 0 \cdot q + r$ und damit $r = 0$.

e) Seien α, $\beta \in \mathbb{Z}\left[\sqrt{-1}\right]$, $\beta \neq 0$. λ sei die in der (Gaußschen) Zahlenebene nächstgelegene *ganze* Gaußsche Zahl zu $\lambda' := \alpha \cdot \beta^{-1}$ und $\varepsilon := \lambda' - \lambda$. Dann gilt $\mathfrak{N}(\varepsilon) \leq \left(\frac{1}{2}\right)^2 + \left(\frac{1}{2}\right)^2 = \frac{1}{2} < 1$ (die Real- und Imaginärteile von λ und λ' unterscheiden sich jeweils um höchstens $\frac{1}{2}$) und $\mathfrak{N}(\alpha - \lambda\beta) = \mathfrak{N}(\varepsilon\beta) = \mathfrak{N}(\varepsilon) \cdot \mathfrak{N}(\beta) < \mathfrak{N}(\beta)$. Bei $\mathbb{Z}\left[\sqrt{2}\right]$ ergibt sich entsprechend $|\mathfrak{N}(\varepsilon)| \leq |\left(\frac{1}{2}\right)^2 - 2\left(\frac{1}{2}\right)^2| = \frac{1}{4} < 1$.

f) $\mathfrak{a}$ sei ein vom Nullideal verschiedenes Ideal in einem euklidischen Ring R. Wir wählen ein Element $b \in \mathfrak{a}$, $b \neq 0$, mit minimalen $w(b)$ (d. h., es gibt kein $c \in \mathfrak{a}$ mit $w(c) < w(b)$). Nach Division eines beliebigen $a \in \mathfrak{a}$ durch b mit Rest erhält man: $a = b \cdot q + r$, $r = 0$ oder $w(r) < w(a)$. $r \neq 0$ mit $w(a) < w(b)$ kann wegen der Minimalität von b nicht zutreffen. a ist daher ein Vielfaches von b, das damit $\mathfrak{a}$ erzeugt. $\mathfrak{a}$ ist also ein Hauptideal.

30. a) Aus der Rechnung erkennt man, daß r_{n-1} gemeinsamer Teiler von r_{n-2}, r_{n-3}, ..., b und a ist. Durch Rückwärtsrechnen (siehe b) erhält man r_{n-1} als Vielfachsumme von a und b. Jeder gemeinsame Teiler von a und b teilt daher auch r_{n-1}.

b) $3 = 15 - 12 = 15 - (27 - 15) = 15 \cdot 2 - 27 = (312 - 27 \cdot 11) \cdot 2 - 27 = 2 \cdot 312 - 23 \cdot 27$

c) $1 = -584 \cdot 4213 + 663 \cdot 3711$

d) $-x + 1 = (6x^3 - 7x + 1) - 6x(x^2 - 1)$

e) $x^2 - x - 2 = x(x^5 - x^4 - 2x^3) + (1 - x^2)(x^4 - x^3 - x^2 - x - 2)$

31. $6 = 2 \cdot 3 = \left(1 + \sqrt{-5}\right) \cdot \left(1 - \sqrt{-5}\right)$.

Die Normen von 2, 3, $1 + \sqrt{-5}$ und $1 - \sqrt{-5}$ betragen 4, 9, 6 und 6. Wären Faktoren in den beiden Zerlegungen assoziiert, müßten ihre Normen übereinstimmen.

32. p sei ein Element mit der Eigenschaft (P) in einem Integritätsbereich R. Gäbe es echte Teiler von p: $p = a_1 \cdot a_2$, $a_1, a_2 \in R$, so wäre nach (P) p ein Teiler von a_1 oder a_2 etwa $p \mid a_1$. Da andererseits $a_1 \mid p$, würde nach Satz 8 a_1 zu p assoziiert und damit kein echter Teiler von p sein.

33. Liegt ein Hauptideal $h\,R$ ($h \in R$) vor, so ist h entweder ein konstantes Polynom oder ein Polynom von einem Grad größer als Null. Im ersten Fall ist x nicht Vielfaches von h, denn $h \neq \pm 1$, da

± 1 nicht als Vielfachsumme von 2 und x dargestellt werden kann. Bei $|h| > 0$ haben alle Elemente des Ideals einen größeren Grad als Null, und 2 kann kein Element sein.

34. Wir übergehen die einfachen Beweise der Idealeigenschaften und der Regeln für die eingeführten Ideale.

   d) Summe: $2\,\mathbb{Z}, 3\,\mathbb{Z}, 3\,\mathbb{Z}$
      Durchschnitt: $12\,\mathbb{Z}, 108\,\mathbb{Z}, 3498\,\mathbb{Z}$

   e) folgt unmittelbar aus den Definitionen

   f) Bei einem beliebigen Ideal $\mathfrak{a}$ eines noetherschen Ringes wählen wir ein $a_1 \in \mathfrak{a}$. Wenn $a_1 R \neq \mathfrak{a}$, gibt es ein $a_2 \in \mathfrak{a}$ mit $a_2 \notin a_1 R$. Ist wiederum $a_1 R + a_2 R \neq \mathfrak{a}$, wählen wir ein Element $a_3 \in \mathfrak{a}$ mit $a_3 \notin a_1 R + a_2 R$ usw. Das Verfahren muß nach endlich vielen Schritten abbrechen, sonst erhielte man die unendliche Kette echt aufsteigender Ideale: $a_1 R \subset a_2 R \subset \ldots$
   Ist umgekehrt eine Kette echt aufsteigender Ideale gegeben: $\mathfrak{a}_1 \subset \mathfrak{a}_2 \subset \ldots$, so bilden wir das Ideal (!) $\mathfrak{a} := \bigcup\limits_{i=1,2,\ldots} \mathfrak{a}_i$, das endlich erzeugt ist: $\mathfrak{a} = a_1 R + \ldots + a_n R$. Die $a_1, \ldots, a_n$ liegen in gewissen Idealen $\mathfrak{a}_{h_1}, \mathfrak{a}_{h_2}, \ldots$ der Kette und damit in dem größten dieser Ideale, etwa in $\mathfrak{a}_{h_n}$, bei dem die Kette dann abbricht.

   h) $6\,\mathbb{Z}, 12\,\mathbb{Z}, 16\,\mathbb{Z}, 3\,\mathbb{Z}, 6\,\mathbb{Z}$

V. Vektorräume

1. a)
$$c \cdot \left(c' \cdot \begin{pmatrix} a_{11} & \ldots & a_{1n} \\ & \ldots & \\ a_{m1} & \ldots & a_{mn} \end{pmatrix} \right) = c \cdot \begin{pmatrix} c'\,a_{11} & \ldots & c'\,a_{1n} \\ & \ldots & \\ c'\,a_{m1} & \ldots & c'\,a_{mn} \end{pmatrix}$$

$$= \begin{pmatrix} c\,(c'\,a_{11}) & \ldots & c\,(c'\,a_{1m}) \\ & \ldots & \\ c\,(c'\,a_{m1}) & \ldots & c\,(c'\,a_{mn}) \end{pmatrix} = \begin{pmatrix} (c\,c')\,a_{11} & \ldots & (c\,c')\,a_{1n} \\ & \ldots & \\ (c\,c')\,a_{1m} & \ldots & (c\,c')\,a_{mn} \end{pmatrix}$$

$$= (c\,c') \cdot \begin{pmatrix} a_{11} & \ldots & a_{1n} \\ & \ldots & \\ a_{m1} & \ldots & a_{mn} \end{pmatrix}$$

$$1 \cdot \begin{pmatrix} a_{11} & \ldots & a_{1n} \\ & \ldots & \\ a_{m1} & \ldots & a_{mn} \end{pmatrix} = \begin{pmatrix} 1 \cdot a_{11} & \ldots & 1 \cdot a_{1n} \\ & \ldots & \\ 1 \cdot a_{m1} & \ldots & 1 \cdot a_{mn} \end{pmatrix} = \begin{pmatrix} a_{11} & \ldots & a_{1n} \\ & \ldots & \\ a_{m1} & \ldots & a_{mn} \end{pmatrix}$$

$$c \cdot \left(\begin{pmatrix} a_{11} & \ldots & a_{1n} \\ & \ldots & \\ a_{m1} & \ldots & a_{mn} \end{pmatrix} + \begin{pmatrix} b_{11} & \ldots & b_{1n} \\ & \ldots & \\ b_{m1} & \ldots & b_{mn} \end{pmatrix} \right)$$

$$= c \cdot \begin{pmatrix} a_{11} + b_{11} & \ldots & a_{1n} + b_{1n} \\ & \ldots\ldots & \\ a_{m1} + b_{m1} & \ldots & a_{mn} + b_{mn} \end{pmatrix}$$

$$= \begin{pmatrix} c\,(a_{11} + b_{11}) & \ldots & c\,(a_{1n} + b_{1n}) \\ & \ldots\ldots & \\ c\,(a_{m1} + b_{m1}) & \ldots & c\,(a_{mn} + b_{mn}) \end{pmatrix}$$

$$= \begin{pmatrix} c\,a_{11} + c\,b_{11} & \ldots & c\,a_{1n} + c\,b_{1n} \\ & \ldots\ldots & \\ c\,a_{m1} + c\,b_{m1} & \ldots & c\,a_{mn} + c\,b_{mn} \end{pmatrix}$$

$$= \begin{pmatrix} c\,a_{11} & \ldots & c\,a_{1n} \\ & \ldots\ldots & \\ c\,a_{m1} & \ldots & c\,a_{mn} \end{pmatrix} + \begin{pmatrix} c\,b_{11} & \ldots & c\,b_{1n} \\ & \ldots\ldots & \\ c\,b_{m1} & \ldots & c\,b_{mn} \end{pmatrix}$$

$$= c \cdot \begin{pmatrix} a_{11} & \ldots & a_{1n} \\ & \ldots\ldots & \\ a_{m1} & \ldots & a_{mn} \end{pmatrix} + c \cdot \begin{pmatrix} b_{11} & \ldots & b_{1n} \\ & \ldots\ldots & \\ b_{m1} & \ldots & b_{mn} \end{pmatrix}$$

Der Beweis des anderen distributiven Gesetzes verläuft entsprechend.

b) $m \cdot n$. Jede (m, n) — Matrix kann als Linearkombination der e_{ii} geschrieben werden, die ihrerseits linear-unabhängig sind.

2. a) linear-unabhängig

b) linear-abhängig: $(0, 1, 0) - (0, 1, 1) - (0, 0, 1) = (0, 0, 0)$

c) linear-unabhängig: Aus einer Gleichung $c_1 \cdot (0, 1, 0) + c_2 \cdot (0, 1, 1) = (0, c_1 + c_2, c_2) = (0, 0, 0)$ folgt $c_1 + c_2 = 0$, $c_2 = 0$ und damit $c_1 = 0$.

d) Basis: Zum Nachweis der linearen Unabhängigkeit erhält man aus einem Ansatz wie bei c) $3c_1 - c_2 + 2c_2 = c_2 - c_3$ $= c_1 - 2c_2 + c_3 = 0$, woraus sich durch schrittweises Einsetzen $c_1 = c_2 = c_3 = 0$ ergibt. Nach dem Satz von Steinitz liegt dann auch ein Erzeugendensystem vor (der direkte Nachweis führt auf drei entsprechende Gleichungen, die sich stets lösen lassen).

e) linear-abhängig: $(0, 2, 0) - (1, 1, 0) - (-1, 1, 0) = (0, 0, 0)$

3. a) Aus $c_1 + c_2 \sqrt{2} = 0$ folgt $c_1 = c_2 = 0$

b) $c_1 \left(5 + \sqrt{2}\right) + c_2 \left(1 - \sqrt{3}\right) = 5c_1 + c_2 + c_1 \sqrt{2} - c_2 \sqrt{3} = 0$ ergibt $c_1 = c_2 = 0$.

c) Aus $c_1 \left(1 + \sqrt{2}\right)^{-1} + c_2 \left(1 + \sqrt{2}\right)^3 = c_1 \left(\sqrt{2} - 1\right) + c_2 \left(7 + 5\sqrt{2}\right)$ $= (7c_2 - c_1) + (c_1 + 5c_2) \sqrt{2} = 0$ folgt $7c_2 - c_1 = c_1 + 5c_2 = 0$ und damit $12c_2 = 0$, $c_2 = c_1 = 0$.

4. a) p^n. Jedes Element a des Vektorraumes kann geschrieben werden als $a = c_1 a_1 + \ldots + c_n a_n$ $(a_1, \ldots, a_n$ Basis), wobei für die c_i jeweils p Möglichkeiten bestehen.

b) Bei unendlicher Dimension gibt es kein endliches Erzeugendensystem. Ist K endlich und $a \neq 0$ ein Element aus einer Basis des Vektorraumes, so erhalten wir in $c \cdot a$, $c \in K$, unendlich viele Elemente.

c)

$(\overline{-1}, \overline{1})$ $(\overline{0}, \overline{1})$ $(\overline{1}, \overline{1})$

$(\overline{-1}, \overline{0})$ $(\overline{0}, \overline{0})$ $(\overline{1}, \overline{0})$

$(\overline{-1}, \overline{-1})$ $(\overline{0}, \overline{-1})$ $(\overline{1}, \overline{-1})$ Fig. 53

d) Entsprechende Zeichnung bei einem Würfel

5. Die Polynome $1, x, \ldots, x^n$ (definiert in $[0, 1]$, $n \in \mathbb{N}$ beliebig) sind linear-unabhängig (daher ist F sicherlich nicht endlich erzeugbar): Aus $c_0 + c_1 x + \ldots + c_n x^n = 0$ folgt nach Einsetzen von Null $c_0 = 0$. Die Differentiation ergibt $c_1 + 2c_2 x + \ldots + (n-1) c_n x^{n-1} = 0$ und damit $c_1 = 0$. Schließlich erhält man
$$c_0 = c_1 = \ldots = c_n = 0.$$

6. a) Die Idealeigenschaft ist leicht zu verifizieren.

b) Ein beliebiges $a \in U$ kann geschrieben werden als $a = c_1 a_1 + \ldots + c_n a_n$, wobei $c_n = c_n' \cdot d$ $(c_n' \in R)$. Dann ist $a - c_n' b_k = (c_1 - c_n' d_1) a_1 + \ldots + (c_{n-1} - c_n' d_{n-1}) a_{n-1} \in U \cap (a_1, \ldots, a_{n-1}) \cdot R$ eine Linearkombination von $b_1, \ldots, b_{k-1}, b_k$.
Aus einer Gleichung $c_1 b_1 + \ldots + c_{k-1} b_{k-1} + c_k b_k = 0$ $(c_k \neq 0$, sonst $b_1, \ldots, b_{k-1}$ linear-abhängig) folgt $b_k = -c_k^{-1}(c_1 b_1 + \ldots + c_{k-1} b_{k-1})$ und damit $d a_n = b_k - d_1 a_1 - \ldots - d_{n-1} a_{n-1}$ aus $(a_1, \ldots, a_{n-1}) \cdot R$ im Widerspruch zur linearen Unabhängigkeit der $a_1, \ldots, a_n$.

7. a)

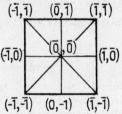

$(\overline{-1}, \overline{1})$ $(\overline{0}, \overline{1})$ $(\overline{1}, \overline{1})$

$(\overline{-1}, \overline{0})$ $(\overline{0}, \overline{0})$ $(\overline{1}, \overline{0})$

$(\overline{-1}, \overline{-1})$ $(0, -1)$ $(\overline{1}, \overline{-1})$ Fig. 54

[1]) Die Geraden werden in Fig. 53 (ebenso wie in Fig. 54) der Übersichtlichkeit halber durchgezogen, bestehen tatsächlich jedoch jeweils aus 3 Punkten.

b) Entsprechende Zeichnung bei einem Würfel

c) und d) werden mit Hilfe der *Dimensionsformel* erhalten, die wir ohne Beweis angeben:

$$\dim (U_1 \cap U_2) + \dim (U_1 + U_2) = \dim U_1 + \dim U_2$$

(U_1, U_2 Untervektorräume von V, Definition der *Summe* $U_1 + U_2$ von U_1 und U_2 wie in Aufgabe IV. 34).

8. a) Mit a, b $\in$ U, d. h. φ (a) = φ (b) = 0, und c $\in$ K ist φ (a — b) = φ (a) — φ (b) = 0 — 0 = 0 und φ (c a) = c φ (a) = c $\cdot$ 0 = 0, d. h. a — b, c a $\in$ U.

b) Aus der Eineindeutigkeit folgt sofort U = {0}, wonach sich umgekehrt aus φ (a) = φ (b) (a, b $\in$ V)φ (a—b) = φ (a) — φ (b) = 0 und a — b $\in$ U = {0}, also a — b = 0, a = b ergibt.

9. a) Die Homomorphieeigenschaft von φ_A ergibt sich aus:

$$A \cdot (x + y) = A \cdot x + A \cdot y \ (x, y \in K^n)$$

b) Jedes Element $x_0 + y$ aus $x_0 + U$ ist Lösung:
$A \cdot (x_0 + y) = a \cdot x_0 + a \cdot y = a + 0 = a$. Aus $A \cdot z = a$ folgt andererseits $A \cdot (z - x_0) = A \cdot z - A \cdot x_0 = a - a = 0$, d. h. $z - x_0 \in U$ und $z = x_0 + (z - x_0) \in x_0 + U$.

c) Wir bestimmen zunächst den Kern U, d. h., wir lösen das *(homogene)* Gleichungssystem:

$$
\begin{aligned}
4x_1 + x_2 \quad\quad &= 0 \\
x_1 \quad\quad + x_3 &= 0 \\
2x_1 + 3x_2 - 2x_2 &= 0
\end{aligned}
$$

Durch Addition des 2-fachen der zweiten zur dritten Gleichung erhält man die Gleichung $4x_1 + 3x_2 = 0$, die von der ersten Gleichung subtrahiert $-2x_2 = 0$, d. h. $x_2 = 0$ ergibt. Es folgt $4x_1 = 0$, $x_1 = 0$ und $x_3 = 0$. Der Kern besteht also nur aus dem Nullelement. Auf entsprechende Weise erhält man eine Lösung des ursprünglichen Gleichungssystems in $x_1 = -2$, $x_2 = 8$, $x_3 = 9$, die die einzige Lösung darstellt.

d) In $\mathbb{Z}_2$ geht das Gleichungssystem über in:

$$
\begin{aligned}
x_2 &= \bar{0} \\
x_1 + x_3 &= \bar{1} \\
x_2 &= \bar{0}
\end{aligned}
$$

$x_1 = x_2 = x_3 = \bar{0}$ und $x_1 = \bar{1}$, $x_2 = \bar{0}$, $x_3 = \bar{1}$ sind die Elemente von U und $x_1 = \bar{1}$, $x_2 = x_2 = \bar{0}$ und $x_1 = x_2 = \bar{0}$, $x_3 = \bar{1}$ die Lösungen des Gleichungssystems.

10. a) Vgl. Aufgabe IV. 4.

b) $\varphi \in R$ wird durch die Bildelemente $\varphi(a_i)$ $(i = 1, \ldots, n)$ und diese wiederum durch ihre Koordinaten bezüglich $a_1, \ldots, a_n$ charakterisiert. Hierauf beruht die Bijektivität der Abbildung.

Wir zeigen noch die Homomorphieeigenschaft bezüglich der Verknüpfung $\bigcirc$. Es seien $\varphi, \psi \in R$,

$$\varphi \to C = \begin{pmatrix} c_{11} & \cdots & c_{1n} \\ & \cdots & \\ c_{n1} & \cdots & c_{nn} \end{pmatrix} \qquad \psi \to D = \begin{pmatrix} d_{11} & \cdots & d_{1n} \\ & \cdots & \\ d_{n1} & \cdots & d_{nn} \end{pmatrix}$$

$$\varphi \bigcirc \psi \to F = \begin{pmatrix} f_{11} & \cdots & f_{1n} \\ & \cdots & \\ f_{n1} & \cdots & f_{nn} \end{pmatrix}$$

$(\varphi \bigcirc \psi)(a_i) = f_{1i} a_1 + \ldots + f_{ni} a_n$
$= \varphi(d_{1i} a_1 + \ldots + d_{ni} a_n) = d_{1i} \varphi(a_1) + \ldots + d_{ni} \varphi(a_n)$
$= d_{1i}(c_{11} a_1 + \ldots + c_{n1} a_n) + \ldots + d_{ni}(c_{1n} a_1 + \ldots + c_{nn} a_n)$
$= (c_{11} d_{1i} + \ldots + c_{1n} d_{ni}) a_1 + \ldots + (c_{n1} d_{1i} + \ldots + c_{nn} d_{ni}) a_n$
Der Koeffizientenvergleich ergibt: $f_{ki} = c_{k1} d_{1i} + \ldots + c_{kn} d_{ni}$;
d. h., das in der k-ten Zeile und i-ten Spalte von F stehende Element wird durch Komposition der k-ten Zeile von C mit der i-ten Spalte von D gewonnen $(i, k = 1, \ldots, n)$. Es gilt daher $F = C \cdot D$, w. z. b. w.

VI. Körper

1. In der additiven Gruppe eines Körpers K von vier Elementen hat jedes von 0 verschiedene Element a die Ordnung zwei, da sonst $(2a)^2 = 4a^2 = 0$ und 2a ein Nullteiler wäre. Es liegt also eine Kleinsche Vierergruppe vor.

Bezeichnen wir die von 0 und 1 verschiedenen Elemente von K mit a und b, so gilt $a b = b a = 1$ (denn aus $a b = a$ z.B. würde $b = 1$ folgen). Für a^2 bestehen die Möglichkeiten $a^2 = 1$ und $a^2 = b$ (bei $a^2 = a$ wäre $a = 1$). Aus $a^2 = 1$ würde $b = a^2 b = a (a b) = a$, d. h. $a = b$ folgen. Es bleibt nur $a^2 = b$ und entsprechend $b^2 = a$, wodurch die Multiplikation in K bestimmt ist.

Andererseits liegt tatsächlich ein Körper vor. Wir haben darübe hinaus gezeigt, daß ein Körper mit vier Elementen (bis auf Isomorphie) eindeutig bestimmt ist. Seine Verknüpfungstafeln sind nach dem Vorhergehenden:

+	0	1	a	b
0	0	1	a	b
1	1	0	b	a
a	a	b	0	1
b	b	a	1	0

·	0	1	a	b
0	0	0	0	0
1	0	1	a	b
a	0	a	b	1
b	0	b	1	a

2. a) 2   b) 2   c) 4 (Gradsatz)

3. Wäre $\mathbb{R}$ von endlichem Grad über $\mathbb{Q}$, so müßte sich jedes Element $a \in \mathbb{R}$ darstellen lassen als $a = c_1 a_1 + \dots + c_n a_n$ ($c_1, \dots, c_n \in \mathbb{Q}$, $a_1, \dots, a_n$ Basis von $\mathbb{R}$ über $\mathbb{Q}$), und $\mathbb{R}$ wäre abzählbar.

4. a) Nach dem binomischen Lehrsatz (Aufgabe IV. 6) gilt:

$$(a + b)^p = \sum_{i=0}^{p} \binom{p}{i} a^i b^{p-i}.$$ Für $1 \le i \le p - 1$ ist p ein Teiler von $\binom{p}{i}$, so daß die zugehörigen Summanden wegfallen.

b) Wegen der Nullteilerfreiheit in K folgt aus $c^p = 0$ ($c \in K$) $c = 0$. Die Homomorphiebedingung wird in a) ausgedrückt.

c) Bei einem endlichen Körper K ist die in b) betrachtete Abbildung auch surjektiv, d.h., jedes Element $c \in K$ ist als p-te Potenz darstellbar, $c = c'^p$ mit einem $c' \in K$.

5. a) Der Hinweis ist leicht zu verifizieren, woraus sich unmittelbar die Behauptung ergibt.

b) $\mathbb{Q}$, $\mathbb{Q}$, $\mathbb{Q}$ und $\mathbb{Z}_2$.

c) Nach a) besteht der Primkörper aus den Elementen der Form $a \cdot b^{-1}$ (a, b ganze Elemente in K, $b \ne 0$). Im Falle der Charakteristik 0 ist er zu $\mathbb{Q}$, bei Charakteristik p zu $\mathbb{Z}_p$ isomorph.

6. a) $z_1 = a_1 + b_1 i$, $z_2 = a_2 + b_2 i$, $\overline{z_1 + z_2} = (a_1 + a_2) - (b_1 + b_2) i$
$= (a_1 - a_2 i) + (a_2 - b_2 i) = \overline{z_1} + \overline{z_2}$.
$\overline{z_1 \cdot z_2} = (a_1 a_2 - b_1 b_2) - (a_1 b_2 + b_1 a_2) i = (a_1 - b_1 i)(a_2 - b_2 i)$
$= \overline{z_1} \cdot \overline{z_2}$.

b) $|z_1 \cdot z_2|^2 = (a_1 a_2 - b_1 b_2)^2 + (a_1 b_2 + b_1 a_2)^2 = (a_1^2 + b_1^2) \cdot (a_2^2 + b_2^2) = |z_1^2| \cdot |z_2^2|$, $|z_1 + z_2|^2 = (a_1 + a_2)^2 + (b_1 + b_2)^2$
$= a_1^2 + a_2^2 + b_1^2 + b_2^2 + 2(a_1 a_2 + b_1 b_2)$,
$(|z_1| + |z_2|)^2 = a_1^2 + b_1^2 + a_2^2 + b_2^2 + 2 |z_1| |z_2| (a_1 a_2 + b_1 b_2)^2$
$\le |z_1|^2 |z_2|^2 = (a_1^2 + b_1^2)(a_2^2 + b_2^2)$ wegen $0 \le (a_1 b_2 - b_1 a_2)^2$.

c) $|z_1| = |z_1| \cdot (\cos \varphi_1 + \sin \varphi_1)$, $z_2 = |z_2| \cdot (\cos \varphi_2 + i \sin \varphi_2)$.
$z_1 \cdot z_2 = |z_1| \cdot |z_2| \cdot (\cos \varphi_1 \cos \varphi_2 - \sin \varphi_1 \sin \varphi_2) + i (\sin \varphi_1 \cos \varphi_2 - \cos \varphi_1 \sin \varphi_1) = |z_1| \cdot |z_2| \cdot (\cos (\varphi_1 + \varphi_2) + i \sin (\varphi_1 + \varphi_2))$.
Zwei komplexe Zahlen werden also multipliziert, indem man ihre Beträge multipliziert und ihre Winkel addiert.

d) Nach c) wird eine primitive sechste Einheitswurzel gegeben durch $\cos 60° + i \sin 60°$. Setzen wir $\cos 60° = \frac{1}{2}$ als bekannt voraus, so ergibt sich $\sin 60° = \sqrt{\frac{3}{2}}$ ($\sin^2 60° + \cos^2 60° = 1$). Die sechsten Einheitswurzeln lauten dann:

$\left(\frac{1}{2} + \sqrt{\frac{3}{2}}\,i\right)^k$, $k = 0, 1, \ldots, 5$, explizit:

$1,\ \frac{1}{2} + \sqrt{\frac{3}{2}}\,i,\ -\frac{1}{2} + \sqrt{\frac{3}{2}}\,i,\ -1,\ -\frac{1}{2} - \sqrt{\frac{3}{2}}\,i,\ \frac{1}{2} - \sqrt{\frac{3}{2}}\,i.$

e) Aufgrund der Auflösungsformel für quadratische Gleichungen genügt es zu zeigen, daß in $\mathbb{C}$ jede Quadratwurzel gezogen werden kann, was nach c) möglich ist (Quadratwurzel des Betrages, Halbierung des Winkels).

Ohne Aufsuchen des Winkels erhält man eine Quadratwurzel $w = x + y\,i$ aus $z = a + b\,i$ mit Hilfe der Gleichungen:

$x^2 - y^2 = a$, $2xy = b$ (wegen $w^2 = z$) und $x^2 + y^2 = \sqrt{a^2 + b^2}$ (wegen $|w|^2 = |z|$), aus denen sich x^2, y^2 und dann x, y bestimmen lassen.

f) Die Isomorphie erhält man durch die Zuordnung

$$a + b\,i \to \begin{pmatrix} a & b \\ -b & a \end{pmatrix}.$$

7. a) $1,\ \sqrt[4]{2},\ \sqrt{2},\ \left(\sqrt[4]{2}\right)^3,\ i,\ i\,\sqrt[4]{2},\ i\,\sqrt{2},\ i\left(\sqrt[4]{2}\right)^3$ (Gradsatz).

b) $1, \zeta, \ldots, \zeta^{p-2}$ (ζ primitive p-te Einheitswurzel).

8. a) und b) folgen unmittelbar aus dem Hinweis bzw. der Definition.

c) $\sqrt{2} + i$. Zunächst gilt $\mathbb{Q}\left(\sqrt{2} + i\right) \subseteq \mathbb{Q}\left(i, \sqrt{2}\right)$. Mit $\sqrt{2} + i$ und $3 \cdot \left(\sqrt{2} + i\right)^{-1} = \sqrt{2} - i$ ist $\sqrt{2}$ und damit i aus $\mathbb{Q}\left(\sqrt{2} + i\right)$, also: $\mathbb{Q}\left(\sqrt{2} + i\right) = \mathbb{Q}\left(i, \sqrt{2}\right)$.

d) $\sqrt{2} + \sqrt{3}$ (Beweis entsprechend).

e) ζ primitive p-te Einheitswurzel.

9. Der g. g. T. von f und g läßt sich sowohl bezüglich K [x] als auch bezüglich L [x] mit Hilfe des euklidischen Algorithmus bestimmen. Dabei führt die Rechnung nicht aus K heraus. In beiden Fällen erhält man denselben (in K [x] liegenden) g. g. T.

10. $f = a_0 + a_1 x + \ldots + a_n x^n$, $g = g_0 + b_1 x + \ldots + b_m x^m$.

a) $(f + g)' = (a_1 + b_1) + \ldots + n\,(a_n + b_n)\,x^{n-1}$
$= (a_1 + \ldots + n\,a_n x^{n-1}) + (b_1 + \ldots + n\,b_n x^{n-1}) = f' + g'$
(etwa $n = m$, überzählige Koeffizienten Null).

b) $(f \cdot g)' = (a_0 b_1 + a_1 b_0) + \ldots + (n + m)\,a_n b_m x^{n+m-1}$
$= (a_1 + \ldots + n\,a_n^{n-1})\,(b_0 + \ldots + b_m x^m) + (a_0 + \ldots + a_n x^n) \cdot$
$(b_1 + \ldots + m\,b_m x_m{}^{-1}) = f' \cdot g + f \cdot g'$ (wir übergehen die genaue Berechnung der einzelnen Koeffizienten).

c) und d) durch vollständige Induktion aus a) und b).

e) In einem Zerfällungskörper L von f gilt $f = (x - \alpha_1) \cdot \ldots \cdot (x - \alpha_n)$ und damit nach d) $f' = (x - \alpha_2) \cdot \ldots \cdot (x - \alpha_n) + \ldots + (x - \alpha_1) \cdot \ldots \cdot (x - \alpha_{n-1})$. Eine mehrfache Nullstelle α_i liegt genau dann vor (d. h. α_i stimmt mit einem der α_j, $j \neq i$, überein), wenn $x - \alpha_i$ gemeinsamer Teiler von f und f' ist. Mit Aufgabe 9 folgt dann die Behauptung.

11. Nehmen wir $f = a_0 + a_1 x + \ldots + a_n x^n$ als nicht separabel an. Nach Aufgabe 10 e) haben f und f' dann einen gemeinsamen Teiler. Wegen der Irreduzibilität muß f ein Teiler von f' sein, was nur im Falle $f' = a_1 + \ldots + n\, x^{n-1} = 0$ sein kann.

Bei Charakteristik Null folgt $a_1 = \ldots n\, a_n = 0$, Widerspruch (f ist nicht konstant). Im Falle der Charakteristik p sind alle Koeffizienten gleich Null, deren Index kein Vielfaches von p ist, d. h., f hat die Gestalt:

$$f = b_0 + b_1 x^p + \ldots + b_m x^{pm} = \text{(Aufgabe 4 c)} \; c_0^p + c_1^p x^p$$
$$+ \ldots + c_m^p x^p = \text{(Aufgabe 4 a)} \; (c_0 + c_1 x + \ldots + c_m x^m)^p$$

im Widerspruch zur Irreduzibilität.

VII. Galoissche Theorie

1. a) Nicht $\mathbb{Q}$-isomorph. Ein $\mathbb{Q}$-Isomorphismus würde $\sqrt{2}$ auf ein $\alpha = a + b\sqrt{3}$ abbilden. Wegen $(\sqrt{2})^2 = 2$ müßte dann $\alpha^2 = a^2 + 3b^2 + 2ab\sqrt{3}$, d. h. $a^2 + 3b^2 = 0$ und $2ab = 0$ sein. Bei $b = 0$ ergäbe sich $a^2 = 0$, bei $b \neq 0$ $a = 0$ und $3b^2 = 2$ im Widerspruch zu a, b $\in \mathbb{Q}$.

   b) $\mathbb{Q}$-isomorph: $\mathbb{Q}\left(\sqrt{3}\right) = \mathbb{Q}\left(\sqrt{12}\right)$.

   c) $\mathbb{Q}$-isomorph: $\sqrt[4]{2}$ und $i \cdot \sqrt[4]{2}$ sind Nullstellen des irreduziblen Polynoms $x^4 - 2$ über $\mathbb{Q}$.

   d) Nicht $\mathbb{Q}$-isomorph: Es handelt sich um Erweiterungen verschiedener Grade über $\mathbb{Q}$.

   e) Nicht $\mathbb{Q}$-isomorph: Vergleiche a).

2. Bei einem Automorphismus von $\mathbb{Q}$ werden 1 und −1 und damit $\frac{m}{n}$ (m, n $\in \mathbb{Z}$, n $\neq$ 0) auf sich abgebildet. $\mathbb{C}$ besitzt zwei Automorphismen (die, auf $\mathbb{R}$ eingeschränkt, die Indentität ergeben): die Identität und den Automorphismus, bei dem jedes $z = a + b\,i$ in das konjugiert Komplexe $\bar{z} = a - b\,i$ übergeht.

3. a) Normal als Zerfällungskörper von $x^2 - 3$, Galoisgruppe: ε Identität, $\sigma : a + b\sqrt{3} \to a - b\sqrt{3}$.

   b) Normal: $\mathbb{Q}(1 + i) = \mathbb{Q}(i)$, im Haupttext behandelt.

c) Normal als Zerfällungskörper von $x^2 + 2$, Galoisgruppe: ε Identität, $\sigma : a + b \sqrt{2}\,i \rightarrow a - b\sqrt{2}\,i$.

d) Nicht normal: Der durch die Zuordnung $\sqrt[4]{2} \rightarrow i\sqrt[4]{2}$ definierte Q-Isomorphismus ist kein Q-Automorphismus.

e) Normal als Zerfällungskörper, $N = \mathbb{Q}\left(\zeta, \sqrt[3]{2}\right) = \mathbb{Q}\left(i\sqrt{3}, \sqrt[3]{2}\right)$
$\left(\zeta = \frac{1}{2} - \sqrt{\frac{3}{2}}\,i \text{ primitive dritte Einheitswurzel}\right)$.
$|\,N : \mathbb{Q}\,| = 6$ (Gradsatz).
Die Galoisgruppe G besteht aus den Elementen: ε Identität, $\sigma, \sigma^2, \tau, \tau\,\sigma, \tau\sigma^2$ mit $\sigma : \sqrt[3]{2} \rightarrow \zeta\sqrt[3]{2}, \; \zeta \rightarrow \zeta$ und $\tau : \sqrt[3]{2} \rightarrow \sqrt[3]{2}$, $\zeta \rightarrow \zeta^2 = \bar{\zeta} \left(\text{dann } i\sqrt{3} \rightarrow -i\sqrt{3}\right)$ und ist zu $\mathfrak{S}_3$ isomorph.

4. K ist normal als Zerfällungskörper von $x^{p^n} - x$ über einem Primkörper. Nach Aufgabe VI. 4. b) ist $\sigma : K \rightarrow K$, $c \rightarrow c^p$, ein Automorphismus, der die zyklische Galoisgruppe der Ordnung n erzeugt.

5. Ist ζ eine primitive p-te Einheitswurzel, so erhalten wir durch die Zuordnungen $\zeta \rightarrow \zeta^h$, $h = 1, 2, \ldots, p - 1$, sämtlich Q-Automorphismen von K_p. Dabei können die Hochzahlen h jeweils durch beliebige modulo p kongruente ganze Zahlen ersetzt werden.

6. $f \in K\,[x]$ sei ein irreduzibles Polynom mit α als Nullstelle. $\sigma_1\,(\alpha), \ldots, \sigma_n\,(\alpha)$ sind dann ebenfalls Nullstellen von f (etwa $\sigma_1\,(\alpha) = \alpha$), die wegen der Wahl von α alle untereinander verschieden sind. Für den durch α erzeugten Körper $K\,(\alpha)$ gilt daher:
$$|\,K\,(\alpha)\,/\,K\,| = |\,f\,| \geq n \text{ und damit } K\,(\alpha) = L.$$

7. a) Es bleibt nachzuweisen, daß z. B. $\mathbb{Q}\left(\sqrt{2}\right)$ der Fixkörper von $\{\varepsilon, \sigma\}$ ist $\left(\sigma\left(\sqrt{3}\right) = -\sqrt{3}\right)$. Nehmen wir dazu an, daß $\alpha = a + b\sqrt{2} + c\sqrt{3} + d\sqrt{6}$ invariant unter σ ist, d. h. bei Anwendung von σ auf sich abgebildet wird: $\alpha = \sigma\,(\alpha) = a + b\sqrt{2} - c\sqrt{3} - d\sqrt{6}$, so folgt $c = d = 0$ und $\alpha = a + b\sqrt{2} \in \mathbb{Q}\left(\sqrt{2}\right)$. Daß umgekehrt jedes Element aus $\mathbb{Q}\left(\sqrt{2}\right)$ invariant unter σ ist, sieht man unmittelbar ein.
Durch Nachweis der Invarianz unter allen Automorphismen (einer vorgegebenen Untergruppe einer Galoisgruppe) wird allgemein die Fixkörpereigenschaft überprüft, was wir nicht im einzelnen durchführen.

b) $\mathbb{Q}\,(\zeta + \zeta^{-1}) : \zeta + \zeta^{-1}$ invariant unter σ^2 ($\sigma\,(\zeta) = \zeta^2$, ζ primitive fünfte Einheitswurzel).

c) $\mathbb{Q}\,(\zeta + \zeta^2 + \zeta^4)$, $\mathbb{Q}\,(\zeta + \zeta^{-1}) : \zeta + \zeta^2 + \zeta^4$, $\zeta + \zeta^{-1}$ invariant unter σ^3 bzw. σ^2 ($\sigma\,(\zeta) = \zeta^3$, primitive siebente Einheitswurzel).

d) $\mathbb{Q}(\sqrt{2})$, $\mathbb{Q}(\sqrt{3})$, $\mathbb{Q}(\sqrt{5})$, $\mathbb{Q}(\sqrt{6})$, $\mathbb{Q}(\sqrt{10})$, $\mathbb{Q}(\sqrt{15})$, $\mathbb{Q}(\sqrt{30})$, $\mathbb{Q}(\sqrt{2}, \sqrt{3})$, $\mathbb{Q}(\sqrt{2}, \sqrt{5})$, $\mathbb{Q}(\sqrt{3}, \sqrt{5})$, $\mathbb{Q}(\sqrt{2}, \sqrt{15})$, $\mathbb{Q}(\sqrt{3}, \sqrt{10})$, $\mathbb{Q}(\sqrt{5}, \sqrt{6})$, $\mathbb{Q}(\sqrt{6}, \sqrt{10})$.

e) $\mathbb{Q}(\zeta)$, $\mathbb{Q}(\sqrt[3]{2})$, $\mathbb{Q}(\zeta\sqrt[3]{2})$, $\mathbb{Q}(\zeta^2\sqrt[3]{2})$ (ζ primitive dritte Einheitswurzel).

8. Zu jedem Teiler m von n gibt es genau einen Unterkörper (bestehend aus den $(p^m - 1)$-ten Einheitswurzeln).

9. a) Die Dreiteilung ergibt einen Winkel von $20°$ und damit eine regelmäßiges 18-Eck, das nicht konstruierbar ist.

b) Die Aufgabe führt auf die irreduzible Gleichung $x^3 - 2 = 0$ über $\mathbb{Q}$, deren (reelle) Lösung in einer Körpererweiterung dritten Grades über $\mathbb{Q}$ liegt.

c) Die Aufgabe führt auf die Bestimmung der über $\mathbb{Q}$ transzendenten Zahl π.

10. Bezeichnen a, b, c die (Längen der) Seiten und w die auf c treffende Winkelhalbierende, so gilt die Formel:

$$w = \frac{1}{a + b} \sqrt{a\, b\, (a + b + c)\, (a + b - c)}$$

(Beweis mit Mitteln der Vektorrechnung in [4]). Bei gesuchtem c ist die Konstruktion stets möglich, während man bei gesuchtem a für b, c und w Werte so angeben kann, daß die Aufgabe auf eine irreduzible Gleichung dritten Grades für a über $\mathbb{Q}$ führt.

11. a) Für $\alpha := \sqrt{2} + \sqrt{3}$ gilt: $\alpha^2 = 5 + 2\sqrt{6}$, $\alpha^2 - 5 = 2\sqrt{6}$, $\alpha^4 - 10\alpha^2 + 1 = 0$, d. h., α ist eine ganz-algebraische Zahl als Nullstelle des ganzzahligen Polynoms $x^4 - 10x^2 + 1$.

b) ganz-algebraische Zahl: Nullstelle von $x^3 - 6x^2 + 12x - 3$

c) algebraische, nicht ganz-algebraische Zahl: Nullstelle des (irreduziblen) Polynoms $x^2 - 2x + \frac{1}{2}$ über $\mathbb{Q}$.

d) ganz-algebraische Zahl: Nullstelle von $x^2 - x - 1$

e) ganz-algebraische Zahl: Nullstelle von $x^n - 1$

f) ganz-algebraische Zahl: Nullstelle eines ganzzahligen Polynoms achten Grades

g) algebraische, nicht ganz-algebraische Zahl: Nullstelle eines normierten nicht-ganzzahligen (irreduziblen) Polynoms achten Grades über $\mathbb{Q}$.

12. Wir erweitern die Gleichung $\alpha^n + a_{n-1}\alpha^{n-1} + \ldots + a_0 = 0$ mit der n-ten Potenz des Hauptnenners c der $a_0, a_1, \ldots, a_{n-1} \in \mathbb{Q}$: $(c\,\alpha)^n + a_{n-1}\, c\, (c\,\alpha)^{n-1} + \ldots + a_0\, c^n = 0$. Dann ist

$\alpha' := c\,\alpha$ eine ganz-algebraische Zahl und $\alpha = \dfrac{\alpha'}{c}$.

13. a) Für algebraische Zahlen α und β ist $\mathbb{Q}\,(\alpha, \beta)$ eine Körpererweiterung endlichen Grades über $\mathbb{Q}$ (Gradsatz), deren Elemente sämtlich algebraische Zahlen sind (Satz 9). Speziell sind $\alpha - \beta$ und $\alpha \cdot \beta$ algebraische Zahlen.

   b) Die algebraischen Zahlen werden als Nullstellen von Polynomen über $\mathbb{Q}$ gewonnen, von denen es abzählbar viele gibt (Abzählbarkeit von $\mathbb{Q}$).

14. Quadratwurzel von -3 (vgl. Aufgabe 6 d).

15. Die lineare Unabhängigkeit ist sofort einzusehen. Bei einer ganz-algebraischen Zahl $\alpha = \frac{1}{2}\left(a + b\,\sqrt{d}\right)$ mit a und b gerade ist $\alpha = \left(\frac{a}{2} - \frac{b}{2}\right) + \frac{b}{2} \cdot \omega$. Der Fall a und b ungerade wird durch Subtraktion von ω auf den vorigen Fall zurückgeführt.

16. Über einem Zerfällungskörper von f gilt: $f = (x - \alpha_1) \cdot \ldots \cdot (x - \alpha_n)$, woraus sich durch Ausmultiplikation und Koeffizientenvergleich die Behauptung ergibt.

17. a) $\mathfrak{S}\,(1 - \zeta) = \mathfrak{S}\,(1) - \mathfrak{S}\,(\zeta) = (p - 1) - (-1) = p$
   $\mathfrak{N}\,(1 - \zeta) = (-1)^p\,\mathfrak{N}\,(\zeta - 1) = (-1)^p\,(-1)^p\,p = p$, da $\zeta - 1$ Nullstelle von $x^{p-1} + \ldots + p$ (Aufgabe IV. 28. e).

   b) Wegen $p = \mathfrak{N}\,(1 - \zeta) = (1 - \zeta) \cdot \ldots \cdot (1 - \zeta^{p-1})$ (Produkt der Konjugierten von $1 - \zeta$) ist $p \in (1 - \zeta)\,R \cap \mathbb{Z}$, $p\,\mathbb{Z} \subseteq (1 - \zeta)\,R \cap \mathbb{Z}$. Wäre $p\,\mathbb{Z}$ echte Teilmenge, dann wäre $(1 - \zeta)\,R \cap \mathbb{Z} = \mathbb{Z}$ ($p\,\mathbb{Z}$ maximales Ideal), $1 - \zeta$, damit alle Konjugierten und p Einheiten in R, d. h. $\frac{1}{p}$ eine ganz-algebraische Zahl, Widerspruch.

   c) Wegen $1 - \zeta^i = (1 - \zeta)(1 + \ldots + \zeta^{i-1})$ sind die Konjugierten $\alpha_i\,(1 - \zeta^i)$ und damit $\mathfrak{S}\,(\alpha\,(1 - \zeta))$ Vielfache von $1 - \zeta$, d. h. $\mathfrak{S}\,(\alpha\,(1 - \zeta)) \in (1 - \zeta)\,R = p\,\mathbb{Z}$.
   Für eine ganz-algebraische Zahl $\alpha = a_0 + a_1\,\zeta + \ldots + a_{p-2}\,\zeta^{p-2}$ ist $\alpha\,(1 - \zeta) = a_0\,(1 - \zeta) + a_1\,(\zeta - \zeta^2) + \ldots + a_{p-2}\,(\zeta^{p-2} - \zeta^{p-1})$ und $\mathfrak{S}\,(\alpha\,(1 - \zeta)) = a_0\,p \in p\,\mathbb{Z}$ ($\mathfrak{S}\,(1 - \zeta) = p$, $\mathfrak{S}\,(\zeta - \zeta^2) = \mathfrak{S}\,(1 - \zeta^2) - \mathfrak{S}\,(1 - \zeta) = p - p = 0, \ldots$). Mit der Nullteilerfreiheit von R folgt $a_0 \in \mathbb{Z}$.
   Aus $(\alpha - a_0) \cdot \zeta^{-1} = a_1 + a_2\,\zeta + \ldots + a_{p-2}\,\zeta^{p-3} \in R$ ergibt sich auf dieselbe Weise $a_1 \in \mathbb{Z}$. Entsprechend verfährt man bei $a_2, \ldots, a_{p-2}$. Sind umgekehrt $a_1, \ldots, a_n$ ganze Zahlen, so ist α ganz-algebraisch aufgrund der Ringeigenschaft von R.

18. $6\,R = 2\,R \cdot 3\,R = \left(2\,R + \left(1 + \sqrt{-5}\right)\,R\right)^2 \left(3\,R + \left(1 + \sqrt{-5}\right)\,R\right)$
   $\left(3\,R + \left(1 - \sqrt{-5}\right)\,R\right)$. Sämtliche Ideale des Produktes sind maximal, da ihre Quotientenringe Körper darstellen.

VIII. Geordnete algebraische Strukturen

1. Von den genannten Fällen können nicht zwei gleichzeitig eintreten. Gilt nicht $a \leqslant b$, so ist $b \leqslant a$, d. h. entweder $b < a$ oder $b = a$.

2. a) Für zwei positive Elemente a_1, a_2, d. h. $e \leqslant a_1$, $e \leqslant a_2$, gilt $e \leqslant a_1 \cdot a_2$, d. h. $a_1 \cdot a_2$ positiv.

   b) G wird geordnet, indem man $a \leqslant b$ genau dann setzt, wenn $a^{-1} b \in P$ (notwendig, da $e \leqslant a^{-1} b$ gelten muß).

3. Wir behandeln nur die Totalität.

   a) nicht total: es gilt weder $(3, 5) \leqslant (5, 3)$ noch $(5, 3) \leqslant (3, 5)$

   b) total: aus nicht $(a_1, a_2) \leqslant (b_1, b_2)$, d. h. aus $b_1 \leq b_2$ und ($a_1 \neq b_1$ oder $b_2 < a_2$) folgt $b_1 < a_1$ oder ($b_1 = a_1$ und $b_2 < a_2$), d. h. $(b_1, b_2) < (a_1, a_2)$.

4. Die Nachweise entsprechen denen bei Integritätsbereichen.

5. Wir zeigen, daß die Ordnungen nicht total sind.

   a) Aus $a \neq b$ folgt nicht $b = a$.

   b) Es gilt weder $2 \leqslant 3$ noch $3 \leqslant 2$.

6. Wir gehen auf die Verträglichkeit mit der Multiplikation ein. Es sei $a_1 + b_1 \sqrt{2} \leqslant a_2 + b_2 \sqrt{2}$ und $0 \leqslant c + d \sqrt{2}$, d. h. $a_1 \leq a_2$, $b_1 \leq b_2$, $0 \leq c$. Dann gilt: $(a_1 + b_1 \sqrt{2}) (c + d \sqrt{2}) = a_1 c + 2 b_1 d + (a_1 d + b_1 c) \sqrt{2} \leqslant a_2 c + 2 b_2 d + (a_2 d + b_2 c) \sqrt{2} = (a_2 + b_2 \sqrt{2})(c + b \sqrt{2})$ wegen $a_1 c + 2 b_1 d \leq a_2 c + 2 b_2 d$ und $a_1 d + b_1 c \leq a_2 d + b_2 c$.

7. Der Beweis wird mit Hilfe von Fallunterscheidungen geführt. Wir behandeln etwa den Fall $a \leqslant 0, 0 \leqslant b, 0 \leqslant a + b$ (letzteres nur für die Addition). Aus $|a| + |a + b| = -a + a + b = b = |b|$ folgt $|a + b| = |b| - |a| \leqslant |a| + |b|$. $|a b| = -(a b) = (-a) b = |a| |b|$

8. Die Ordnung wird in gleicher Weise wie bei Q eingeführt (S. 127). Seien $\frac{a_1}{b_1} \leqslant \frac{a_2}{b_2}$, d. h. $a_1 b_2 \leqslant b_1 a_2$, und $\frac{c}{d}$ beliebig (alle Nenner positiv).

Dann gilt: $\frac{a_1}{b_1} + \frac{c}{d} = \frac{a_1 d + b_1 c}{b_1 d} = \frac{a_1 b_2 d + b_1 b_2 c}{b_1 b_2 d}$

$\leqslant \frac{a_2 b_1 d + b_1 b_2 c}{b_1 b_2 c} = \frac{a_2 d + b_2 c}{b_2 c} = \frac{a_2}{b_2} + \frac{c}{d}$

Zum Nachweis der Verträglichkeit mit der Multiplikation nehmen wir zusätzlich $\frac{c}{d}$, d. h. c als positiv an:

$$\frac{a_1}{b_1} \cdot \frac{c}{d} = \frac{a_1 c}{b_1 d} = \frac{a_1 b_2 c}{b_1 b_2 d} \leqslant \frac{b_1 a_2 c}{b_1 b_2 d} = \frac{a_2 c}{b_2 d} = \frac{a_2}{b_2} \cdot \frac{c}{d}$$

9. Für die kleinste obere Schranke s von M gilt $s \leq 0$ (0 obere Schranke von M), $s \notin M$ und bei beliebigem positivem reellen ε $s - \varepsilon < -\frac{1}{n}$ für eine natürliche Zahl n (im Falle $s < 0$, $|\varepsilon| = s$, also $2s < -\frac{1}{n}$, d. h. $s < -\frac{1}{2n}$, was nicht sein kann). Wegen $s = 0$ gibt es dann zu jeder positiven reellen Zahl a eine natürliche Zahl n mit $-\frac{1}{a} < -\frac{1}{n}$, d. h. $a < n$, w. z. b. w.

10. Im Falle einer Totalordnung $\leqslant$ wäre $0 \leqslant i$ oder $i \leqslant 0$, bei $0 \leqslant i$: $0 = 0 \cdot i \leqslant i \cdot i = -1$, bei $i \leqslant 0 : 0 \leqslant (-i)(-i) = -1$. In beiden Fällen ergäbe sich $1 \leqslant 0$, ein Widerspruch (vgl. Beweis von Satz 1).

LITERATUR

A Zur Algebra

1. Artin, E., Galoissche Theorie, Zürich–Frankfurt a. M. 1968
2. Bourbaki, N., Algèbre 2me éd. chap. 1, 4–7, Paris 1964
3. Hasse, H., Höhere Algebra I/II, 5./4. Aufl., Berlin 1963/1958; Hasse, H. – Klobe, W., Aufgabensammlung zur Höheren Algebra, 3. Aufl., Berlin 1961
4. Hornfeck, B., Algebra, Berlin 1969
5. Jacobson, N., Lectures in Abstract Algebra, 3 Bände, New York 1951, 1953, 1964
6. Krull, W., Elementare und klassische Algebra vom modernen Standpunkt I/II, Berlin 1963 (3. Aufl.)/1959
7. Kurosch, A. G., Gruppentheorie, Berlin 1955
8. Lang, S., Algebra, Reading (Mass.) 1965
9. Lugowski, H. – Weinert, H. J., Grundzüge der Algebra I–III, Basel
10. Noack, H., Endliche Gruppen (Anschauliche Mathematik II), Kiel 1960
11. Pickert, G., Einführung in die höhere Algebra, Göttingen 1951
12. Reiffen, H. J. – Scheja, G. – Vetter, U., Algebra, Mannheim–Wien–Zürich 1969
13. Sielaff, K., Einführung in die Theorie der Gruppen, Frankfurt a. M. 1956
14. Waerden, B. L. van der, Algebra, 2 Bände, 7./5. Aufl., Berlin 1966/1967
15. Weber, H., Lehrbuch der Algebra, 3 Bände, Braunschweig 1898/1899

B Ergänzungen

16. Bourbaki, N., Algèbre, chap. 2 (Algèbre linéaire), 3me éd., Paris 1967
17. Halmos, P. R., Naive Mengenlehre, Göttingen 1968
18. Hasse, H., Vorlesungen über Zahlentheorie, 2. Aufl., Berlin–Göttingen–Heidelberg–New York 1964
19. Kamke, E., Mengenlehre, 4. Aufl., Berlin 1962
20. Kowalsky, H. J., Lineare Algebra, 4. Aufl., Berlin 1969
21. Krull, W., Idealtheorie, 2. Aufl., Berlin–Heidelberg–New York 1968
22. Landau, E., Grundlagen der Analysis (Neudruck), New York 1960
23. Mangoldt, H. v. – Knopp, K., Einführung in die höhere Mathematik, 3 Bände, 11./12. Aufl., Stuttgart 1960–1963
24. Oberschelp, A., Aufbau des Zahlensystems, Göttingen 1968
25. Samuel, P., Théorie algébrique des nombres, Paris 1967
26. Tóth, L. F., Reguläre Figuren, Budapest 1965
27. Weyl, H., Symmetrie, Basel–Stuttgart 1955

Sachregister

Die wissenschaftlichen Veröffentlichungen aus dem Bibliographischen Institut

B. I.-Hochschultaschenbücher, Einzelwerke und Reihen

Mathematik, Informatik, Physik, Astronomie,
Philosophie, Chemie, Medizin, Ingenieur-
wissenschaften, Sprache, Geowissenschaften

Wissenschaftsverlag
Bibliographisches Institut

Inhaltsverzeichnis | Mathematik

Zeichenerklärung

HTB = B.I.-Hochschultaschenbücher.
Wv = B.I.-Wissenschaftsverlag
(Einzelwerke und Reihen).
M.F.O. = Mathematische
Forschungsberichte Oberwolfach.
Stand: November 1979

Aitken, A. C.
Determinanten und Matrizen
142 S. mit Abb. 1969. (HTB 293)

Andrié, M./P. Meier
**Lineare Algebra und analytische
Geometrie. Eine anwendungs-
bezogene Einführung**
243 S. 1977. (HTB 84)

Artmann, B./W. Peterhänsel/ E. Sachs
**Beispiele und Aufgaben zur linearen
Algebra**
150 S. 1978. (HTB 783)

Aumann, G.
Höhere Mathematik
Band I: Reelle Zahlen, Analytische
Geometrie, Differential- und
Integralrechnung. 243 S. mit Abb.
1970. (HTB 717)
Band II: Lineare Algebra, Funktionen
mehrerer Veränderlicher. 170 S. mit
Abb. 1970. (HTB 718)
Band III: Differentialgleichungen.
174 S. 1971. (HTB 761)

Barner, M./W. Schwarz (Hrsg.)
Zahlentheorie
235 S. 1971. (M. F. O. 5)

Behrens, E.-A.
Ringtheorie
405 S. 1975. (Wv)

**Böhmer, K./G. Meinardus/
W. Schempp (Hrsg.)**
**Spline-Funktionen. Vorträge und
Aufsätze**
415 S. 1974. (Wv)

Brandt, S.
**Datenanalyse. Mit statistischen
Methoden und Computerprogrammen**
342 S. mit Abb. 1975. (Wv)

Brauner, H.
Geometrie projektiver Räume
Band I: Projektive Ebenen, projektive
Räume. 235 S. 1976. (Wv)

2

Band II: Beziehungen zwischen projektiver Geometrie und linearer Algebra. 258 S. 1976. (Wv)

Brosowski, B.
Nichtlineare Tschebyscheff-Approximation
153 S. 1968. (HTB 808)

Brosowski, B./R. Kreß
Einführung in die numerische Mathematik
Teil I: Gleichungssysteme, Approximationstheorie. 223 S. 1975. (HTB 202)
Teil II: Interpolation, numerische Integration, Optimierungsaufgaben. 124 S. 1976. (HTB 211)

Brunner, G.
Homologische Algebra
213 S. 1973. (Wv)

Bundke, W.
12stellige Tafel der Legendre-Polynome
352 S. 1967. (HTB 320)

Cartan, H.
Differentialformen
250 S. 1974. (Wv)

Cartan, H.
Differentialrechnung
236 S. 1974. (Wv)

Cartan, H.
Elementare Theorie der analytischen Funktionen einer oder mehrerer komplexen Veränderlichen
236 S. mit Abb. 1966. (HTB 112)

Cigler, J./H.-C. Reichel
Topologie. Eine Grundvorlesung
257 S. 1978. (HTB 121)

Degen, W./K. Böhmer
Gelöste Aufgaben zur Differential- und Integralrechnung
Band I: Eine reelle Veränderliche. 254 S. 1971. (HTB 762)
Band II: Mehrere reelle Veränderliche. 111 S. 1971. (HTB 763)

Dinghas, A.
Einführung in die Cauchy-Weierstraß'sche Funktionentheorie
114 S. 1968. (HTB 48)

Dombrowski, P.
Differentialrechnung I und Abriß der linearen Algebra
271 S. mit Abb. 1970. (HTB 743)

Egle, K.
Graphen und Präordnungen
(Reihe: Mathematik für Wirtschaftswissenschaftler, Band 5)
208 S. 1977. (Wv)

Eisenack, G./C. Fenske
Fixpunkttheorie
258 S. 1978. (Wv)

Elsgolc, L. E.
Variationsrechnung
157 S. mit Abb. 1970. (HTB 431)

Eltermann, H.
Grundlagen der praktischen Matrizenrechnung
128 S. mit Abb. 1969. (HTB 434)

Erwe, F.
Differential- und Integralrechnung
Band I: Differentialrechnung. 364 S. mit Abb. 1962. (HTB 30)
Band II: Integralrechnung. 197 S. mit Abb. 1973. (HTB 31)

Erwe, F.
Gewöhnliche Differentialgleichungen
152 S. mit 11 Abb. 1964. (HTB 19)

Erwe, F.
Reelle Analysis
(Reihe: Mathematik für Physiker, Band 5)
360 S. 1978. (Wv)

Erwe F./E. Peschl
Partielle Differentialgleichungen erster Ordnung
133 S. 1973. (HTB 87)

Felscher, W.
Naive Mengen und abstrakte Zahlen
Band I: Die Anfänge der Mengenlehre und die natürlichen Zahlen.
260 S. 1978. (Wv)

Band II: Die Struktur der
algebraischen und der reellen Zahlen.
222 S. 1978. (Wv)
Band III: Transfinite Methoden.
272 S. 1979. (Wv)

Fuchssteiner, B./D. Laugwitz
Funktionalanalysis
(Reihe: Mathematik für Physiker,
Band 9)
219 S. 1974. (Wv)

Gericke, H.
Geschichte des Zahlbegriffs
163 S. mit Abb. 1970. (HTB 172)

Goffman, C.
Reelle Funktionen
331 S. Aus dem Englischen. 1976. (Wv)

Gottschalk, G./R. Kaiser
Einführung in die Varianzanalyse und
Ringversuche
165 S. 1976. (HTB 775)

Gröbner, W.
Algebraische Geometrie
Band I: Allgemeine Theorie der
kommutativen Ringe und Körper.
193 S. 1968. (HTB 273)

Gröbner, W.
Differentialgleichungen I.
Gewöhnliche Differentialgleichungen
(Reihe: Mathematik für Physiker,
Band 6)
188 S. 1977. (Wv)

Gröbner, W.
Differentialgleichungen II.
Partielle Differentialgleichungen
(Reihe: Mathematik für Physiker,
Band 7)
157 S. 1977. (Wv)

Gröbner, W.
Matrizenrechnung
276 S. mit Abb. 1966. (HTB 103)

Gröbner, W./H. Knapp
Contributions to the Method of Lie
Series
In englischer Sprache. 265 S. 1967.
(HTB 802)

Grotemeyer, K. P./E. Letzner/
R. Reinhardt
Topologie
187 S. mit Abb. 1969. (HTB 836)

Hämmerlin, G.
Numerische Mathematik
Band I: Approximation, Interpolation,
Numerische Quadratur,
Gleichungssysteme. 199 S. 2.,
überarbeitete Aufl. 1978. (HTB 498)

Hasse, H./P. Roquette (Hrsg.)
Algebraische Zahlentheorie
272 S. 1966. (M. F. O. 2)

Heidler, K./H. Hermes/
F.-K. Mahn
Rekursive Funktionen
248 S. 1977. (Wv)

Heil, E.
Differentialformen
207 S. 1974. (Wv)

Hein, O.
Graphentheorie für Anwender
141 S. 1977. (HTB 83)

Hein, O.
Statistische Verfahren der
Ingenieurpraxis
197 S. Mit 5 Tabellen, 6 Diagrammen,
43 Beispielen. 1978. (HTB 119)

Hellwig, G.
Höhere Mathematik
Band I/1. Teil: Zahlen, Funktionen,
Differential- und Integralrechnung
einer unabhängigen Variablen.
284, IX S. 1971. (HTB 553)
Band I/2. Teil: Theorie der
Konvergenz, Ergänzungen zur
Integralrechnung, das Stieltjes-
Integral. 137 S. 1972. (HTB 560)

Hengst, M.
Einführung in die mathematische
Statistik und ihre Anwendung
259 S. mit Abb. 1967. (HTB 42)

Henze, E.
Einführung in die Maßtheorie
235 S. 1971. (HTB 505)

Hirzebruch, F./W. Scharlau
Einführung in die Funktionalanalysis
178 S. 1971. (HTB 296)

Holmann, H.
Lineare und multilineare Algebra
Band I: Einführung in Grundbegriffe
der Algebra. 212 S. 1970. (HTB 173)

Holmann, H./H. Rummler
Alternierende Differentialformen
257 S. 1972. (Wv)

Horvath, H.
Rechenmethoden und ihre
Anwendung in Physik und Chemie
142 S. 1977. (HTB 78)

Hoschek, J.
Liniengeometrie
VI, 263 S. mit Abb. 1971. (HTB 733)

Hoschek, J./G. Spreitzer
Aufgaben zur darstellenden
Geometrie
229 S. mit Abb. 1974. (Wv)

Ince, E. L.
Die Integration gewöhnlicher
Differentialgleichungen
180 S. 1965. (HTB 67)

Jordan-Engeln, G./F. Reutter
Formelsammlung zur numerischen
Mathematik mit Fortran IV-
Programmen
360 S. mit Abb. 2. Auflage 1976.
(HTB 106)

Jordan-Engeln, G./F. Reutter
Numerische Mathematik für
Ingenieure
XIV, 364 S. mit Abb. 2., überarbeitete
Aufl. 1978. (HTB 104)

Kaiser, R./G. Gottschalk
Elementare Tests zur Beurteilung von
Meßdaten
68 S. 1972. (HTB 774)

Kießwetter, K.
Reelle Analysis einer Veränderlichen.
Ein Lern- und Übungsbuch
316 S. 1975. (HTB 269)

Kießwetter, K./R. Rosenkranz
Lösungshilfen für Aufgaben zur
reellen Analysis einer Veränderlichen
231 S. 1976. (HTB 270)

Klingbeil, E.
Tensorrechnung für Ingenieure
197 S. mit Abb. 1966. (HTB 197)

Klingbeil, E.
Variationsrechnung
332 S. 1977. (Wv)

Klingenberg, W. (Hrsg.)
Differentialgeometrie im Großen
351 S. 1971. (M. F. O. 4)

Klingenberg, W./P. Klein
Lineare Algebra und analytische
Geometrie
Band I: Grundbegriffe, Vektorräume.
XII, 288 S. 1971. (HTB 748)
Band II: Determinanten, Matrizen,
Euklidische und unitäre Vektorräume.
XVIII, 404 S. 1972. (HTB 749)

Klingenberg, W./P. Klein
Lineare Algebra und analytische
Geometrie. Übungen zu Band I u. II
VIII, 172 S. 1973. (HTB 750)

Laugwitz, D.
Infinitesimalkalkül.
Kontinuum und Zahlen. Eine
elementare Einführung in die
Nichtstandard-Analysis
187 S. 1978. (Wv)

Laugwitz, D.
Ingenieurmathematik
Band I: Zahlen, analytische Geometrie,
Funktionen. 158 S. mit Abb. 1964.
(HTB 59)
Band II: Differential- und
Integralrechnung. 152 S. mit Abb.
1964. (HTB 60)
Band III: Gewöhnliche
Differentialgleichungen. 141 S. 1964.
(HTB 61)
Band IV: Fourier-Reihen,
verallgemeinerte Funktionen,
mehrfache Integrale, Vektoranalysis,
Differentialgeometrie, Matrizen,
Elemente der Funktionalanalysis.
196 S. mit Abb. 1967. (HTB 62)
Band V: Komplexe Veränderliche.
158 S. mit Abb. 1965. (HTB 93)

Laugwitz, D./C. Schmieden
Aufgaben zur Ingenieurmathematik
182 S. 1966. (HTB 95)

Laugwitz, D./H.-J. Vollrath
Schulmathematik vom höheren
Standpunkt
Band I: Einführung in die Denk- und
Arbeitsweise der Mathematik an
Universitäten. 195 S. mit Abb. 1969.
(HTB 118)

Lebedew, N. N.
Spezielle Funktionen und ihre
Anwendung
372 S. mit Abb. 1973. (Wv)

Lighthill, M. J.
Einführung in die Theorie der
Fourieranalysis und der
verallgemeinerten Funktionen
96 S. mit Abb. 1966. (HTB 139)

Lingenberg, R.
Einführung in die lineare Algebra
(Reihe: Mathematik für Physiker,
Band 4)
236 S. 1976. (Wv)

Lingenberg, R.
Grundlagen der Geometrie
224 S. mit Abb. 3., durchgesehene
Aufl. 1978. (Wv)

Lingenberg, R.
Lineare Algebra
161 S. mit Abb. 1969. (HTB 828)

Lutz, D.
Topologische Gruppen
175 S. 1976. (Wv)

Marsal, D.
Die numerische Lösung partieller
Differentialgleichungen in
Wissenschaft und Technik
602 S. mit Abb. 1976. (Wv)

Martensen, E.
Analysis.
Für Mathematiker, Physiker,
Ingenieure
Band I: Grundlagen der
Infinitesimalrechnung. IX, 200 S.
2. Aufl. 1976. (HTB 832)
Band II: Aufbau der
Infinitesimalrechnung. VIII, 176 S. 2.,
neu bearbeitete Aufl. 1978. (HTB 833)
Band III: Gewöhnliche
Differentialgleichungen. V, 209 S.
1971. (HTB 834)

Band V: Funktionalanalysis und
Integralgleichungen. VI, 275 S. 1972.
(HTB 768)

Meinardus, G./G. Merz
Praktische Mathematik I.
Für Ingenieure, Mathematiker und
Physiker
347 S. 1979. (Wv)

Meschkowski, H.
Einführung in die moderne
Mathematik
214 S. mit Abb. 3., verbesserte Aufl.
1971. (HTB 75)

Meschkowski, H.
Elementare Wahrscheinlichkeits-
rechnung und Statistik
(Reihe: Mathematik für Physiker,
Band 3)
188 S. 1972. (Wv)

Meschkowski, H.
Funktionen
(Reihe: Mathematik für Physiker,
Band 2)
179 S. mit 66 Abb. 1970. (Wv)

Meschkowski, H.
Grundlagen der Euklidischen
Geometrie
231 S. mit Abb. 2., verbesserte Aufl.
1974. (Wv)

Meschkowski, H.
Mathematik und Realität. Vorträge
und Aufsätze
182 S. 1979. (Wv)

Meschkowski, H.
Mathematikerlexikon
328 S. mit Abb. 2., erweiterte Aufl.
1973. (Wv)

Meschkowski, H.
Mathematisches Begriffswörterbuch
315 S. mit Abb. 4. Aufl. 1976. (HTB 99)

Meschkowski, H.
Mehrsprachenwörterbuch
mathematischer Begriffe
135 S. 1972. (Wv)

Meschkowski, H.
Problemgeschichte der neueren
Mathematik (1800–1950)
324 S. mit Abb. 1978. (Wv)

Meschkowski, H.
Reihenentwicklungen in der
mathematischen Physik
151 S. mit Abb. 1963. (HTB 51)

Meschkowski, H.
Richtigkeit und Wahrheit in der
Mathematik
219 S. 2., durchgesehene Aufl. 1978.
Wv)

Meschkowski, H.
Ungelöste und unlösbare Probleme
der Geometrie
204 S. 2., verb. und erweiterte Aufl.
1975. (Wv)

Meschkowski, H.
Wahrscheinlichkeitsrechnung
133 S. mit Abb. 1968. (HTB 285)

Meschkowski, H.
Zahlen
Reihe: Mathematik für Physiker,
Band 1)
174 S. mit 37 Abb. 1970. (Wv)

Meschkowski, H./I. Ahrens
Theorie der Punktmengen
183 S. mit Abb. 1974. (Wv)

Meschkowski, H./G. Lessner
Aufgabensammlung zur Einführung in
die moderne Mathematik
136 S. mit Abb. 1969. (HTB 263)

Neukirch, J.
Klassenkörpertheorie
308 S. 1970. (HTB 713)

Niven, I./H. S. Zuckerman
Einführung in die Zahlentheorie
Band I: Teilbarkeit, Kongruenzen,
quadratische Reziprozität u. a.
213 S. 1976. (HTB 46)
Band II: Kettenbrüche, algebraische
Zahlen, die Partitionsfunktion u. a.
186 S. 1976. (HTB 47)

Noble, B.
Numerisches Rechnen
Band II: Differenzen, Integration und
Differentialgleichungen. 246 S. 1973.
(HTB 147)

Oberschelp, A.
Elementare Logik und Mengenlehre
Band I: Die formalen Sprachen, Logik.
154 S. 1974. (HTB 407)

Band II: Klassen, Relationen,
Funktionen, Anfänge der
Mengenlehre. 229 S. 1978. (HTB 408)

Peschl, E.
Differentialgeometrie
92 S. 1973. (HTB 80)

Peschl, E.
Funktionentheorie I
274 S. mit Abb. 1967. (HTB 131)

Poguntke, W./R. Wille
Testfragen zur Analysis I
96 S. 1976. (HTB 781)

Preuß, G.
Grundbegriffe der Kategorientheorie
105 S. 1975. (HTB 739)

Reiffen, H.-J./G. Scheja/U. Vetter
Algebra
272 S. mit Abb. 1969. (HTB 110)

Reiffen, H.-J./H. W. Trapp
Einführung in die Analysis
Band I: Mengentheoretische
Topologie. IX, 320 S. 1972. (HTB 776)
Band II: Theorie der analytischen und
differenzierbaren Funktionen. 260 S.
1973. (HTB 786)
Band III: Maß- und Integrationstheorie.
369 S. 1973. (HTB 787)

Rommelfanger, H.
Differenzen- und
Differentialgleichungen
(Reihe: Mathematik für
Wirtschaftswissenschaftler, Band 4)
232 S. 1977. (Wv)

Rottmann, K.
Mathematische Formelsammlung
176 S. mit Abb. 1962. (HTB 13)

Rottmann, K.
Mathematische Funktionstafeln
208 S. 1959. (HTB 14)

Rottmann, K.
Siebenstellige dekadische
Logarithmen
194 S. 1960. (HTB 17)

Rottmann, K.
Siebenstellige Logarithmen der
trigonometrischen Funktionen
440 S. 1961. (HTB 26)

Rutsch, M.
Wahrscheinlichkeit I
(Reihe: Mathematik für
Wirtschaftswissenschaftler, Band 1)
350 S. mit Abb. 1974. (Wv)

Rutsch, M./K.-H. Schriever
Wahrscheinlichkeit II
(Reihe: Mathematik für
Wirtschaftswissenschaftler, Band 2)
404 S. mit Abb. 1976. (Wv)

Rutsch, M./K.-H. Schriever
Aufgaben zur Wahrscheinlichkeit
(Reihe: Mathematik für
Wirtschaftswissenschaftler, Band 3)
267 S. mit Abb. 1974. (Wv)

Schick, K.
Lineare Optimierung
331 S. mit Abb. 1976. (HTB 64)

Schmidt, J.
Mengenlehre. Einführung in die
axiomatische Mengenlehre
Band I: 245 S. mit Abb. 2., verb. und
erweiterte Aufl. 1974. (HTB 56)

Schwabhäuser, W.
Modelltheorie
Band II: 123 S. 1972. (HTB 815)

Schwartz, L.
Mathematische Methoden der Physik
Band I: Summierbare Reihen,
Lebesque-Integral, Distributionen,
Faltung. 184 S. 1974. (Wv)

Schwarz, W.
Einführung in die Siebmethoden der
analytischen Zahlentheorie
215 S. 1974. (Wv)

Tamaschke, O.
Permutationsstrukturen
276 S. 1969. (HTB 710)

Tamaschke, O.
Schur-Ringe
240 S. mit Abb. 1970. (HTB 735)

Teichmann, H.
Physikalische Anwendungen der
Vektor- und Tensorrechnung
231 S. mit 64 Abb. 3. Aufl. 1975.
(HTB 39)

Tropper, A. M.
Matrizenrechnung in der
Elektrotechnik
99 S. mit Abb. 1964. (HTB 91)

Uhde, K.
Spezielle Funktionen der
mathematischen Physik
Band I: Tafeln, Zylinderfunktionen.
267 S. 1964. (HTB 55)
Band II: Elliptische Integrale,
Thetafunktionen, Legendre-Polynome
Laguerresche Funktionen u. a.
211 S. 1964. (HTB 76)

Voigt, A./J. Wloka
Hilberträume und elliptische
Differentialoperatoren
260 S. 1975. (Wv)

Waerden, B. L. van der
Mathematik für Naturwissenschaftle
280 S. mit 167 Abb. 1975. (HTB 281)

Wagner, K.
Graphentheorie
220 S. mit Abb. 1970. (HTB 248)

Walter, R.
Differentialgeometrie
286 S. 1978. (Wv)

Walter, W.
Einführung in die Theorie der
Distributionen
VIII, 211 S. mit Abb. 1974. (Wv)

Weizel, R./J. Weyland
Gewöhnliche Differentialgleichunge
Formelsammlung mit
Lösungsmethoden und Lösungen
194 S. mit Abb. 1974. (Wv)

Werner, H.
Einführung in die allgemeine Algebr
150 S. 1978. (HTB 120)

Wollny, W.
Reguläre Parkettierung der
euklidischen Ebene durch
unbeschränkte Bereiche
316 S. mit Abb. 1970. (HTB 711)

Wunderlich, W.
Darstellende Geometrie
Band I: 187 S. mit Abb. 1966. (HTB 9
Band II: 234 S. mit Abb. 1967.
(HTB 133)

Reihe: Jahrbuch Überblicke Mathematik

Herausgegeben von Prof. Dr. Benno Buchssteiner, Gesamthochschule Paderborn, Prof. Dr. Ulrich Kulisch, Universität Karlsruhe, Prof. Dr. Detlef Laugwitz, Techn. Hochschule Darmstadt, Prof. Dr. Roman Liedl, Universität Innsbruck.

Das Jahrbuch Überblicke Mathematik bringt Informationen über die aktuellen wissenschaftlichen, wissenschaftsgeschichtlichen und didaktischen Fragen der Mathematik. Es wendet sich an Mathematiker, die nach abgeschlossenem Studium in der Forschung, in der Lehre des Sekundar- und Tertiärbereiches und in der Industrie tätig sind und die den Kontakt zur neueren Entwicklung halten wollen.

Jahrbuch Überblicke Mathematik 1975. 181 S. mit Abb. 1975. (Wv)

Jahrbuch Überblicke Mathematik 1976. 204 S. mit Abb. 1976. (Wv)

Jahrbuch Überblicke Mathematik 1977. 180 S. mit Abb. 1977. (Wv)

Jahrbuch Überblicke Mathematik 1978. 224 S. 1978. (Wv)

Jahrbuch Überblicke Mathematik 1979. 206 S. 1979. (Wv)

Reihe: Überblicke Mathematik

Herausgegeben von Prof. Dr. Detlef Laugwitz, Techn. Hochschule Darmstadt.

Diese Reihe bringt kurze und klare Übersichten über neuere Entwicklungen der Mathematik und ihrer Randgebiete für Nicht-

Spezialisten; seit 1975 erscheint an Stelle dieser Reihe das neu konzipierte „Jahrbuch Überblicke Mathematik".

Band 1: 213 S. mit Abb. 1968. (HTB 161)
Band 2: 210 S. mit Abb. 1969. (HTB 232)
Band 3: 157 S. mit Abb. 1970. (HTB 247)
Band 4: 123 S. 1972 (Wv)
Band 5: 186 S. 1972 (Wv)
Band 6: 242 S. mit Abb. 1973. (Wv)
Band 7: 265, II S. mit Abb. 1974. (Wv)

Reihe: Methoden und Verfahren der mathematischen Physik

Herausgegeben von Prof. Dr. Bruno Brosowski, Universität Göttingen, und Prof. Dr. Erich Martensen, Universität Karlsruhe.

Diese Reihe bringt Originalarbeiten aus dem Gebiet der angewandten Mathematik und der mathematischen Physik für Mathematiker, Physiker und Ingenieure.

Band 1: 183 S. mit Abb. 1969. (HTB 720)
Band 2: 179 S. mit Abb. 1970. (HTB 721)
Band 3: 176 S. mit Abb. 1970. (HTB 722)
Band 4: 177 S. 1971. (HTB 723)
Band 5: 199 S. 1971. (HTB 724)
Band 6: 163 S. 1972. (HTB 725)
Band 7: 176 S. 1972. (HTB 726)
Band 8: 222 S. mit Abb. 1973. (Wv)
Band 9: 201 S. mit Abb. 1973. (Wv)
Band 10: 184 S. 1973. (Wv)
Band 11: 190 S. mit Abb. 1974. (Wv)
Band 12: 214 S. mit Abb. 1975.
Mathematical Geodesy, Part 1. (Wv)
Band 13: 206 S. mit Abb. 1975.
Mathematical Geodesy, Part 2. (Wv)
Band 14: 176 S. mit Abb. 1975.
Mathematical Geodesy, Part 3. (Wv)
Band 15: 166 S. 1976. (Wv)
Band 16: 180 S. 1976. (Wv)

Informatik

**Alefeld, G./J. Herzberger/
O. Mayer**
**Einführung in das Programmieren mit
ALGOL 60**
164 S. 1972. (HTB 777)

Bosse, W.
**Einführung in das Programmieren mit
ALGOL W**
249 S. 1976. (HTB 784)

Breuer, H.
Algol-Fibel
120 S. mit Abb. 1973. (HTB 506)

Breuer, H.
Fortran-Fibel
85 S. mit Abb. 1969. (HTB 204)

Breuer, H.
PL/1-Fibel
106 S. 1973. (HTB 552)

Breuer, H.
**Taschenwörterbuch der
Programmiersprachen ALGOL,
FORTRAN, PL/1**
157 S. 1976. (HTB 181)

Dotzauer, E.
Einführung in APL
248 S. 1978. (HTB 753)

Grami, J./H. Weber
**Numerische Verfahren für
programmierbare Taschenrechner I**
Etwa 200 S. 1979. (HTB 803)

Haase, V./W. Stucky
BASIC
Programmieren für Anfänger
230 S. 1977. (HTB 744)

Mell, W.-D./P. Preus/P. Sandner
**Einführung in die
Programmiersprache PL/1**
304 S. 1974. (HTB 785)

Mickel, K.-P.
**Einführung in die
Programmiersprache COBOL**
206 S. 1975. (HTB 745)

Müller, D.
**Programmierung elektronischer
Rechenanlagen**
249 S. mit 26 Abb. 3., erweiterte Aufl.
1969. (HTB 49)

Müller, K. H./I. Streker
**FORTRAN.
Programmierungsanleitung**
215 S. 2. Aufl. 1970. (HTB 804)

Rohlfing, H.
PASCAL. Eine Einführung
217 S. 1978. (HTB 756)

Rohlfing, H.
SIMULA
243 S. mit Abb. 1973. (HTB 747)

Schließmann, H.
Programmierung mit PL/1
206 S. 2., erweiterte Aufl. 1978.
(HTB 740)

Zimmermann, G./P. Marwedel
**Elektrotechnische Grundlagen der
Informatik I**
Elektrostatik, Oszillograph,
Logikschaltungen, Digitalspeicher.
200 S. mit Abb. 1974. (HTB 789)

Zimmermann, G./J. Höffner
**Elektrotechnische Grundlagen der
Informatik II**
Wechselstromlehre, Leitungen,
analoge u. digitale Verarbeitung
kontinuierlicher Signale. 194 S. mit
Abb. 1974. (HTB 790)

Reihe: Informatik

Herausgegeben von Prof. Dr. Karl Heinz Böhling, Universität Bonn, Prof. Dr. Ulrich Kulisch, Universität Karlsruhe, Prof. Dr. Hermann Maurer, Technische Universität Graz.

Diese Reihe enthält einführende Darstellungen zu verschiedenen Teildisziplinen der Informatik.

Band 1:
Maurer, H.
Theoretische Grundlagen der Programmiersprachen. Theorie der Syntax
254 S. Neudruck 1977. (Wv)

Band 2:
Heinhold, J./U. Kulisch
Analogrechnen
242 S. mit Abb. 1976. (Wv)

Band 4:
Böhling, K. H./D. Schütt
Endliche Automaten
Teil II: 104 S. 1970. (HTB 704)

Band 5:
Brauer, W./K. Indermark
Algorithmen, rekursive Funktionen und formale Sprachen
115 S. 1968. (HTB 817)

Band 6:
Heyderhoff, P./Th. Hildebrand
Informationsstrukturen.
Eine Einführung in die Informatik
218 S. mit Abb. 1973. (Wv)

Band 7:
Kameda, T./K. Weihrauch
Einführung in die Codierungstheorie
Teil I: 218 S. 1973. (Wv)

Band 8:
Reusch, B.
Lineare Automaten
149 S. mit Abb. 1969. (HTB 708)

Band 9:
Henrici, P.
Elemente der numerischen Analysis
Teil I: 227 S. 1972. (HTB 551)
Teil II: IX, 195 S. 1972. (HTB 562)

Band 10:
Böhling, K. H./G. Dittrich
Endliche stochastische Automaten
138 S. 1972. (HTB 766)

Band 11:
Seegmüller, G.
Einführung in die Systemprogrammierung
480 S. mit Abb. 1974. (Wv)

Band 12:
Alefeld, G./J. Herzberger
Einführung in die Intervallrechnung
XIII, 398 S. mit Abb. 1974. (Wv)

Band 13:
Duske, J./H. Jürgensen
Codierungstheorie
235 S. 1977. (Wv)

Band 14:
Böhling, K. H./B. v. Braunmühl
Komplexität bei Turingmaschinen
324 S. mit Abb. 1974. (Wv)

Band 15:
Peters, F. E.
Einführung in mathematische Methoden der Informatik
348 S. 1974. (Wv)

Band 16:
Wedekind, H.
Datenbanksysteme I
227 S. mit Abb. 1975. (Wv)

Band 17:
Holler, E./O. Drobnik
Rechnernetze
195 S. mit Abb. 1975. (Wv)

Band 18:
Wedekind, H./T. Härder
Datenbanksysteme II
430 S. 1976. (Wv)

Physik

Borucki, H.
Einführung in die Akustik
236 S. mit Abb. 1973. (Wv)

Donner, W.
Einführung in die Theorie der
Kernspektren
Band II: Erweiterung des
Schalenmodells, Riesenresonanzen.
107 S. mit Abb. 1971. (HTB 556)

Dreisvogt, H.
Spaltprodukttabellen
188 S. mit Abb. 1974. (Wv)

Eder, G.
Atomphysik.
Quantenmechanik II
259 S. 1978. (Wv)

Eder, G.
Elektrodynamik
273 S. mit Abb. 1967. (HTB 233)

Eder, G.
Quantenmechanik I
324 S. 1968. (HTB 264)

Feynman, R. P.
Quantenelektrodynamik
249 S. mit Abb. 1969. Aus dem
Englischen. (HTB 401)

Fick, D.
Einführung in die Kernphysik mit
polarisierten Teilchen
VI, 255 S. mit Abb. 1971. (HTB 755)

Gasiorowicz, S.
Elementarteilchenphysik
742 S. mit 119 Abb. 1975. Aus dem
Englischen. (Wv)

Groot, S. R. de
Thermodynamik irreversibler
Prozesse
216 S. mit 4 Abb. 1960. Aus dem
Englischen. (HTB 18)

Groot, S. R. de/P. Mazur
Anwendung der Thermodynamik
irreversibler Prozesse
349 S. mit Abb. 1974. Aus dem
Englischen. (Wv)

Haken, H.
Licht und Materie I.
Elemente der Quantenoptik
Etwa 200 S. 1979. (Wv)

Heisenberg, W.
Physikalische Prinzipien der
Quantentheorie
117 S. mit Abb. 1958. (HTB 1)

Henley, E. M./W. Thirring
Elementare Quantenfeldtheorie
336 S. 1975. Aus dem Englischen. (Wv)

Hesse, K.
Halbleiter.
Eine elementare Einführung
Band I: 249 S. mit 116 Abb. 1974.
(HTB 788)

Hund, F.
Geschichte der physikalischen
Begriffe
Teil I: Die Entstehung des
mechanischen Naturbildes. 221 S. 2.,
neu bearbeitete Aufl. 1978. (HTB 543)
Teil II: Die Wege zum heutigen
Naturbild. 233 S. 2., neu bearbeitete
Aufl. 1978. (HTB 544)

Hund, F.
Geschichte der Quantentheorie
262 S. mit Abb. 2. Aufl. 1975. (Wv)

Källén, G./J. Steinberger
Elementarteilchenphysik
687 S. mit Abb. 2., verbesserte Aufl.
1974. Aus dem Englischen. (Wv)

Kertz, W.
Einführung in die Geophysik
Band I: Erdkörper. 232 S. mit Abb.
1969. (HTB 275)
Band II: Obere Atmosphäre und
Magnetosphäre. 210 S. mit Abb. 1971.
(HTB 535)

Kippenhahn, R./C. Möllenhoff
Elementare Plasmaphysik
297 S. mit Abb. 1975. (Wv)

Luchner, K.
Aufgaben und Lösungen zur
Experimentalphysik
Band I: Mechanik, geometrische Optik,
Wärme. 158 S. mit Abb. 1967.
(HTB 155)
Band II: Elektromagnetische
Vorgänge. 150 S. mit Abb. 1966.
(HTB 156)
Band III: Grundlagen zur Atomphysik.
125 S. mit Abb. 1973. (HTB 157)

13

Lüscher, E.
Experimentalphysik
Band I: Mechanik, geometrische Optik,
Wärme.
1. Teil: 260 S. mit Abb. 1967. (HTB 111)
Band I/2. Teil: 215 S. mit Abb. 1967.
(HTB 114)
Band II: Elektromagnetische
Vorgänge. 336 S. mit Abb. 1966.
(HTB 115)
Band III: Grundlagen zur Atomphysik.
1. Teil: 177 S. mit Abb. 1970. (HTB 116)
Band III/2. Teil: 160 S. mit Abb. 1970.
(HTB 117)

Lüst, R.
Hydrodynamik
234 S. 1978. (Wv)

Mittelstaedt, P.
Der Zeitbegriff in der Physik
164 S. 1976. (Wv)

Mitter, H.
Quantentheorie
320 S. mit Abb. 2. Aufl. 1979. (HTB 701)

Moller, C.
Relativitätstheorie
316 S. 1977. (Wv)

Möller, F.
Einführung in die Meteorologie
Band I: Meteorologische
Elementarphänomene. 222 S. mit Abb.
1973. (HTB 276)
Band II: Komplexe meteorologische
Phänomene. 223 S. mit Abb. 1973.
(HTB 288)

Neff, H.
Physikalische Meßtechnik
160 S. mit Abb. 1976. (HTB 66)

Neuert, H.
**Experimentalphysik für Mediziner,
Zahnmediziner, Pharmazeuten und
Biologen**
292 S. mit Abb. 1969. (HTB 712)

Neuert, H.
Physik für Naturwissenschaftler
Band I: Mechanik und Wärmelehre.
173 S. 1977. (HTB 727)
Band II: Elektrizität und Magnetismus,
Optik. 198 S. 1977. (HTB 728)

Band III: Atomphysik, Kernphysik,
chemische Analyseverfahren. 326 S.
1978. (HTB 729)

Rolinik, H.
**Physikalische und mathematische
Grundlagen der Elektrodynamik**
217 S. mit Abb. 1976. (HTB 297)

Rollnik, H.
Teilchenphysik
Band I: Grundlegende Eigenschaften
von Elementarteilchen. 188 S. mit Abb.
1971. (HTB 706)
Band II: Innere Symmetrien der
Elementarteilchen. 158 S. mit Abb. z. T.
farbig. 1971. (HTB 759)

Rose, M. E.
Relativistische Elektronentheorie
Band I: 193 S. mit Abb. 1971. (HTB 422)
Band II: 171 S. mit Abb. 1971.
(HTB 554)

Scherrer, P./P. Stoll
Physikalische Übungsaufgaben
Band I: Mechanik und Akustik. 96 S.
mit 44 Abb. 1962. (HTB 32)
Band II: Optik, Thermodynamik,
Elektrostatik. 103 S. mit Abb. 1963.
(HTB 33)
Band III: Elektrizitätslehre,
Atomphysik. 103 S. mit Abb. 1964.
(HTB 34)

Seiler, H.
**Abbildungen von Oberflächen mit
Elektronen, Ionen und
Röntgenstrahlen**
131 S. mit Abb. 1968. (HTB 428)

Sexl, R. U./H. K. Urbantke
**Gravitation und Kosmologie.
Eine Einführung in die Allgemeine
Relativitätstheorie**
335 S. mit Abb. 1975. (Wv)

Teichmann, H.
Einführung in die Atomphysik
135 S. mit 47 Abb. 3. Auflage 1966.
(HTB 12)

Teichmann, H.
Halbleiter
156 S. mit Abb. 3. Auflage 1969.
(HTB 21)

Wagner, C.
Methoden der
naturwissenschaftlichen und
technischen Forschung
219 S. mit Abb. 1974. (Wv)

Wegener, H.
Der Mössbauer-Effekt und seine
Anwendung in Physik und Chemie
226 S. mit Abb. 1965. (HTB 2)

Wehefritz, V.
Physikalische Fachliteratur
171 S. 1969. (HTB 440)

Weizel, W.
Einführung in die Physik
Band II: Elektrizität und Magnetismus.
180 S. mit Abb. 5. Auflage 1963.
(HTB 4)
Band III: Optik und Atomphysik. 194 S.
mit Abb. 5. Auflage 1963. (HTB 5)

Weizel, W.
Physikalische Formelsammlung
Band II: Optik, Thermodynamik,
Relativitätstheorie. 148 S. 1964.
(HTB 36)
Band III: Quantentheorie. 196 S. 1966.
(HTB 37)

Zimmermann, P.
Eine Einführung in die Theorie der
Atomspektren
91 S. mit Abb. 1976. (Wv)

Astronomie

Becker, F.
Geschichte der Astronomie
201 S. mit Abb. 3., erweiterte Aufl.
1968. (HTB 298)

Bohrmann, A.
Bahnen künstlicher Satelliten
163 S. mit Abb. 2., erweiterte Aufl.
1966. (HTB 40)

Schaifers, K.
Atlas zur Himmelskunde
96 S. 1969. (HTB 308)

Scheffler, H./H. Elsässer
Physik der Sterne und der Sonne
535 S. mit Abb. 1974. (Wv)

Schurig, R./P. Götz/K. Schaifers
Himmelsatlas (Tabulae caelestes)
44 S. 8. Aufl. 1960. (Wv)

Voigt, H. H.
Abriß der Astronomie
556 S. mit Abb. 2., verbesserte Aufl.
1975. (Wv)

Philosophie

Glaser, I.
Sprachkritische Untersuchungen zum
Strafrecht am Beispiel der
Zurechnungsfähigkeit
131 S. 1970. (HTB 516)

Kamlah, W.
Philosophische Anthropologie.
Sprachkritische Grundlegung und
Ethik
192 S. 1973. (HTB 238)

Kamlah, W.
Von der Sprache zur Vernunft.
Philosophie und Wissenschaft in der
neuzeitlichen Profanität
230 S. 1975. (Wv)

Kamlah, W./P. Lorenzen
Logische Propädeutik.
Vorschule des vernünftigen Redens
239 S. 2., erweiterte Aufl. 1973.
(HTB 227)

Kanitscheider, B.
Vom absoluten Raum zur
dynamischen Geometrie
139 S. 1976. (Wv)

Leinfellner, W.
Einführung in die Erkenntnis- und
Wissenschaftstheorie
226 S. 2., erweiterte Aufl. 1967.
(HTB 41)

Lorenzen, P.
Normative Logic and Ethics
In englischer Sprache. 89 S. 1969.
(HTB 236)

Lorenzen, P./O. Schwemmer
Konstruktive Logik, Ethik und
Wissenschaftstheorie
331 S. mit Abb. 2., verbesserte Aufl.
1975. (HTB 700)

Mittelstaedt, P.
Philosophische Probleme der
modernen Physik
227 S. mit Abb. 5., überarbeitete Aufl.
1976. (HTB 50)

Mittelstaedt, P.
Die Sprache der Physik
139 S. 1972. (Wv)

Mittelstaedt, P.
Der Zeitbegriff in der Physik
164 S. 1976. (Wv)

Chemie

Cordes, J. F. (Hrsg.)
Chemie und ihre Grenzgebiete
199 S. mit Abb. 1970. (HTB 715)

Freise, V.
Chemische Thermodynamik
288 S. mit Abb. 2. Aufl. 1972. (HTB 213)

Grimmer, G.
Biochemie
376 S. mit Abb. 1969. (HTB 187)

Kaiser, R.
Chromatographie in der Gasphase
Band I: Gas-Chromatographie. 220 S.
mit Abb. 1973. (HTB 22)
Band IV/2. Teil: Quantitative
Auswertung. 118 S. mit Abb. 2.,
erweiterte Aufl. 1969. (HTB 472)

Laidler, K. J.
Reaktionskinetik
Band I: Homogene Gasreaktionen.
216 S. mit Abb. 1970. (HTB 290)

Preuß, H.
Quantentheoretische Chemie
Band I: Die halbempirischen Regeln.
94 S. mit Abb. 1963. (HTB 43)
Band II: Der Übergang zur
Wellenmechanik, die allgemeinen
Rechenverfahren. 238 S. mit Abb.
1965. (HTB 44)
Band III: Wellenmechanische und
methodische Ausgangspunkte. 222 S.
mit Abb. 1967. (HTB 45)

Riedel, L.
Physikalische Chemie.
Eine Einführung für Ingenieure
406 S. mit Abb. 1974. (Wv)

Schmidt, M.
Anorganische Chemie
Band I: Hauptgruppenelemente. 301 S.
mit Abb. 1967. (HTB 86)
Band II: Übergangsmetalle. 221 S. mit
Abb. 1969. (HTB 150)

Steward, F. C./A. D. Krikorian/
K.-H. Neumann
Pflanzenleben
268 S. mit Abb. 1969. (HTB 145)

Wagner, C.
Methoden der
naturwissenschaftlichen und
technischen Forschung
219 S. mit Abb. 1974. (Wv)

Wilk, M.
Organische Chemie
291 S. mit Abb. 2. Aufl. 1970. (HTB 71)

Medizin

Forth, W./D. Henschler/W. Rummel (Hrsg.)
Allgemeine und spezielle Pharmakologie und Toxikologie
Für Studenten der Medizin, Veterinärmedizin, Pharmazie, Chemie, Biologie sowie für Ärzte und Apotheker.
2., überarbeitete und erweiterte Aufl. 1977. 686 S. Über 400 meist zweifarbige Abb., sowie mehr als 320 Tabellen. Format 19x27 cm. (Wv)

Das Standardwerk für den Bereich der Pharmakologie und Toxikologie. Lehrbuchmäßige Darstellung des gesamten Stoffes für Studenten der Medizin, Veterinärmedizin, Pharmazie, Chemie, Biologie. Geeignet zum Selbststudium, zur Vorbereitung auf Seminare, als Repetitorium – vor allem aber auch als umfassendes Handbuch und Nachschlagewerk für den praktisch tätigen Arzt, den Apotheker und für Wissenschaftler verwandter Gebiete.

Ingenieurwissenschaften

Beneking, H.
Praxis des Elektronischen Rauschens
255 S. mit Abb. 1971. (HTB 734)

Billet, R.
Grundlagen der thermischen Flüssigkeitszerlegung
150 S. mit Abb. 1962. (HTB 29)

Billet, R.
Optimierung in der Rektifiziertechnik unter besonderer Berücksichtigung der Vakuumrektifikation
129 S. mit Abb. 1967. (HTB 261)

Billet, R.
Trennkolonnen für die Verfahrenstechnik
151 S. mit Abb. 1971. (HTB 548)

Böhm, H.
Einführung in die Metallkunde
236 S. mit Abb. 1968. (HTB 196)

Bosse, G.
Grundlagen der Elektrotechnik
Band I: Das elektrostatische Feld und der Gleichstrom. Unter Mitarbeit von W. Mecklenbräuker. 141 S. mit Abb. 1966. (HTB 182)
Band II: Das magnetische Feld und die elektromagnetische Induktion. Unter Mitarbeit von G. Wiesemann. 154 S. mit Abb. 2., überarbeitete Aufl. 1978. (HTB 183)
Band III: Wechselstromlehre, Vierpol- und Leitungstheorie. Unter Mitarbeit von A. Glaab. 135 S. 2., überarbeitete Aufl. 1978. (HTB 184)
Band IV: Drehstrom, Ausgleichsvorgänge in linearen Netzen. Unter Mitarbeit von J. Hagenauer. 164 S. mit Abb. 1973. (HTB 185)

Feldtkeller, E.
Dielektrische und magnetische Materialeigenschaften
Band I: Meßgrößen, Materialübersicht und statistische Eigenschaften. 242 S. mit Abb. 1973. (HTB 485)
Band II: Piezoelektrische/ magnetostriktive und dynamische Eigenschaften. 188 S. mit Abb. 1974. (HTB 488)

Glaab, A./J. Hagenauer
Übungen in Grundlagen der Elektrotechnik III, IV
228 S. mit Abb. 1973. (HTB 780)

Klein, W.
Vierpoltheorie
159 S. mit Abb. 1972. (Wv)

Mahrenholtz, O.
Analogrechnen in Maschinenbau und Mechanik
208 S. mit Abb. 1968. (HTB 154)

Marguerre, K./H. Wölfel
**Technische Schwingungslehre.
Lineare Schwingungen vielgliedriger
Gebilde**
Etwa 300 S. 1979. (Wv)

Marguerre, K./H.-T. Woernle
Elastische Platten
242 S. mit 125 Abb. 1975. (Wv)

Mesch, F. (Hrsg.)
Meßtechnisches Praktikum
217 S. mit Abb. 2. Aufl. 1977.
(HTB 736)

Pestel, E.
Technische Mechanik
Band I: Statik. 284 S. mit Abb. 1969.
(HTB 205)
Band II: Kinematik und Kinetik.
1. Teil: 196 S. mit Abb. 1969. (HTB 206)
Band II/2. Teil: 204 S. mit Abb. 1971.
(HTB 207)

Piefke, G.
Feldtheorie
Band I: Maxwellsche Gleichungen,
Elektrostatik, Wellengleichung,
verlustlose Leitungen. 264 S.
Verbesserter Nachdruck 1977.
(HTB 771)
Band II: Verlustbehaftete Leitungen,
Grundlagen der Antennenabstrahlung,
Einschwingvorgang. 231 S. mit Abb.
1973. (HTB 773)
Band III: Beugungs- und
Streuprobleme, Wellenausbreitung in
anisotropen Medien. 362 S. 1977.
(HTB 782)

Rößger, E./K.-B. Hünermann
Einführung in die Luftverkehrspolitik
165, LIV S. mit Abb. 1969. (HTB 824)

Sagirow, P.
Satellitendynamik
191 S. 1970. (HTB 719)

Schrader, K.-H.
**Die Deformationsmethode als
Grundlage einer problemorientierten
Sprache**
137 S. mit Abb. 1969. (HTB 830)

Stüwe, H. P.
Einführung in die Werkstoffkunde
197 S. mit Abb. 2., verbesserte Aufl.
1978. (HTB 467)

Stüwe, H. P./G. Vibrans
**Feinstrukturuntersuchungen in der
Werkstoffkunde**
138 S. mit Abb. 1974. (Wv)

Waller, H./W. Krings
**Matrizenmethoden in der Maschinen-
und Bauwerksdynamik**
377 S. mit 159 Abb. 1975. (Wv)

Wasserrab, Th.
Gaselektronik
Band I: Atomtheorie. 223 S. mit Abb.
1971. (HTB 742)
Band II: Niederdruckentladungen,
Technik der Gasentladungsventile.
230 S. mit Abb. 1972. (HTB 769)

Wiesemann, G.
**Übungen in Grundlagen der
Elektrotechnik II**
202 S. mit Abb. 1976. (HTB 779)

Wiesemann, G./W. Mecklenbräuker
**Übungen in Grundlagen der
Elektrotechnik I**
179 S. mit Abb. 1973. (HTB 778)

Wolff, I.
**Grundlagen und Anwendungen der
Maxwellschen Theorie**
Band I: Mathematische Grundlagen,
die Maxwellschen Gleichungen,
Elektrostatik. 326 S. mit Abb. 1968.
(HTB 818)
Band II: Strömungsfelder,
Magnetfelder, quasistationäre Felder,
Wellen. 263 S. mit Abb. 1970.
(HTB 731)

Reihe: Theoretische und experimentelle Methoden der Regelungstechnik

Herausgegeben von Gerhard Preßler, Hartmann & Braun, Frankfurt.

Die Reihe wendet sich an Studenten und praktizierende Ingenieure, die mit der Entwicklung in diesem Gebiet der technischen Wissenschaften Schritt halten wollen.

Band 1:
Preßler, G.
Regelungstechnik
348 S. mit Abb. 3., überarbeitete Aufl. 1967. (HTB 63)

Band 4:
Klefenz, G.
Die Regelung von Dampfkraftwerken
229 S. mit Abb. 2., verbesserte Aufl. 1975. (Wv)

Band 7:
Schwarz, H.
Frequenzgang- und Wurzelortskurvenverfahren
164 S. mit Abb. Verb. Nachdruck 1976. (Wv)

Band 8/9:
Starkermann, R.
Die harmonische Linearisierung
Band I: 201 S. mit Abb. 1970. (HTB 469)
Band II: 83 S. mit Abb. 1970. (HTB 470)

Band 10:
Starkermann, R.
Mehrgrößen-Regelsysteme
Band I: 173 S. mit Abb. 1974. (Wv)

Band 12:
Schwarz, H.
Optimale Regelung linearer Systeme
242 S. mit Abb. 1976. (Wv)

Band 13:
Latzel, W.
Regelung mit dem Prozeßrechner (DDC)
113 S. mit Abb. 1977. (Wv)

Reihe: Gesellschaft, Recht, Wirtschaft

Herausgegeben von Prof. Dr. Eduard Gaugler, Dr. Wolfgang Goedecke, Prof. Dr. Heinz König, Prof. Dr. Günther Wiese, Prof. Dr. Rudolf Wildenmann, Universität Mannheim. In dieser Schriftenreihe der Universität Mannheim werden Gastvorträge bedeutender auswärtiger Gelehrter sowie die Beiträge von wichtigen Symposien der Universität veröffentlicht.

Band 1:
Albert, H./M. C. Kemp/ W. Krelle/G. Menges/ W. Meyer
Ökonometrische Modelle und sozialwissenschaftliche Erkenntnisprogramme
111 S. 1978. (Wv)

Literatur und Sprache

Kraft, H. (Hrsg.)
Andreas Streichers Schiller-Biographie
459 S. mit Abb. 1974. (Wv)

Storz, G.
Klassik und Romantik
247 S. 1972. (Wv)

Trojan, F./H. Schendl
Biophonetik
264 S. mit Abb. 1975. (Wv)

Geographie/Geologie/ Völkerkunde

Ganssen, R.
Grundsätze der Bodenbildung
135 S. mit Zeichnungen und einer mehrfarbigen Tafel. 1965. (HTB 327)

Gierloff-Emden, H.-G./
H. Schroeder-Lanz
Luftbildauswertung
Band I: Grundlagen. 154 S. mit Abb. 1970. (HTB 358)

Kertz, W.
Einführung in die Geophysik
Band I: Erdkörper. 232 S. mit Abb. 1969. (HTB 275)
Band II: Obere Atmosphäre und Magnetosphäre. 210 S. mit Abb. 1971. (HTB 535)

Lindig, W.
Vorgeschichte Nordamerikas
399 S. mit Abb. 1973. (Wv)

Möller, F.
Einführung in die Meteorologie
Band I: Meteorologische Elementarphänomene. 222 S. mit Abb. und 6 Farbtafeln. 1973. (HTB 276)
Band II: Komplexe meteorologische Phänomene. 223 S. mit Abb. 1973. (HTB 288)

Schmithüsen, J.
Geschichte der geographischen Wissenschaft von den ersten Anfängen bis zum Ende des 18. Jahrhunderts
190 S. 1970. (HTB 363)

Schwidetzky, I.
Grundlagen der Rassensystematik
180 S. mit Abb. 1974. (Wv)

Wunderlich, H.-G.
Bau der Erde.
Geologie der Kontinente und Meere
Band I: Afrika, Amerika, Europa.
151 S., Tabellen und farbige Abb. 1973. (Wv)
Band II: Asien, Australien. 164 S., Tabellen und 16 S. farbige Abb. 1975. (Wv)

Wunderlich, H.-G.
Einführung in die Geologie
Band I: Exogene Dynamik. 214 S. mit Abb. und farbigen Bildern. 1968. (HTB 340)
Band II: Endogene Dynamik. 231 S. mit Abb. und farbigen Bildern. 1968. (HTB 341)

B.I.-Hochschulatlanten

Dietrich, G./J. Ulrich (Hrsg.)
Atlas zur Ozeanographie
76 S. 1968. (HTB 307)

Schaifers, K. (Hrsg.)
Atlas zur Himmelskunde
96 S. 1969. (HTB 308)

Schmithüsen, J. (Hrsg.)
Atlas zur Biogeographie
80 S.1976. (HTB 303)

Wagner, K. (Hrsg.)
Atlas zur physischen Geographie (Orographie)
59 S. 1971. (HTB 304)